ÍNDICE

Capítulo I: La capa de ozono
1. Causas y efectos de la destrucción del ozono estratosférico
2. Riesgo para la salud y el ambiente
3. Calentamiento global-causas y efectos

Capítulo II: Normativas y regulaciones para proteger la capa de ozono
1. Convenios internacionales
2. Legislación nacional

Capítulo III: Refrigeración
1. Consideraciones generales
2. Breve reseña histórica
3. Refrigeración mecánica
4. Objetivo de la refrigeración mecánica
5. Definiciones
6. Propiedades de los gases
7. Cambio de estado de los gases
8. Gráfico de Mollier
   8.1 Análisis del gráfico
   8.2 Ciclo mecánico de refrigeración
      8.2.1 Lado de alta presión
      8.2.2 Lado de baja presión
      8.2.3 Otros dispositivos
   8.3 Relación entre el ciclo de refrigeración mecánica y el gráfico de Mollier
   8.4 Herramientas computacionales para el cálculo de sistemas de refrigeración

Capítulo IV: Gases refrigerantes
1. Refrigerantes históricamente más comunes
2. Tipo de gases refrigerantes y nomenclatura
   2.1 Refrigerantes halogenados
      2.1.1 Clorofluorocarbonos (CFC)
      2.1.2 Hidroclorofluorocarbonos (HCFC)
   2.2 Mezclas
      2.2.1 Mezclas zeotrópicas
      2.2.2 Mezclas azeotrópicas
   2.3 Hidrocarburos y compuestos inorgánicos
      2.3.1 Hidrocarburos (HC)
      2.3.2 Compuestos inorgánicos
3. Consideraciones relativas a la salud y la seguridad
   3.1 Toxicidad
   3.2 Inflamabilidad
4. Efectos de algunos refrigerantes sobre la capa de ozono y el calentamiento global
5. Sustitutos transitorios
   5.1 "Retrofitting" o cambio de refrigerantes de R12 a R134a

Capítulo V: Sistemas de refrigeración
1. Sistemas de refrigeración
2. Refrigeración doméstica
   2.1 Componentes del circuito de refrigeración en neveras o congeladores domésticos
   2.2 Procedimiento de carga para sistemas de refrigeración doméstica
   2.3 Diagnóstico de fallas y reparaciones en equipos de refrigeración domésticos
3. Refrigeración comercial
   3.1 Componentes de circuitos de refrigeración comercial e industrial
   3.2 Procedimiento de carga para sistemas de refrigeración comercial
4. Aire acondicionado
   4.1 Procedimiento de carga para sistemas de aire acondicionado
   4.2 Diagnóstico de fallas y reparaciones en equipos de aire acondicionado
5. Aire acondicionado automotriz
   5.1 Procedimiento de carga para sistemas de aire acondicionado automotriz
6. Lubricación del compresor
   6.1 Cambio de aceite
   6.2 Humedad y ácidos - efectos sobre el lubricante
   6.3 Tipos de lubricantes
   6.4 Reacciones de los lubricantes con la humedad
   6.5 Eliminación de la humedad y otros contaminantes volátiles (GNC) de un sistema de refrigeración
7. Herramientas y equipos de servicio

Capítulo VI: Consideraciones sobre la instalación y mantenimiento de sistemas
1. Instalación de sistemas
2. Inspección periódica y mantenimiento preventivo
3. Diagnóstico efectivo de fallas
4. Fugas

4.1 Tipos de fugas
4.2 Métodos de localización de fugas
4.3 Verificación de la estanqueidad de un sistema sin usar refrigerante puro
5 Sustitución de componentes
 5.1 Compresor
 5.2 Ajuste del sistema a las nuevas condiciones de trabajo

Capítulo VII: Recuperación, reciclaje y regeneración

1 Definiciones
 1.1 Proceso de recuperación
 1.2 Proceso de reciclado
 1.3 Proceso de regeneración
2 Equipos y herramientas necesarias para la recuperación
 2.1 Máquinas recuperadoras o recicladoras
 2.2 Cilindros recargables para recuperar
 2.3 Otros equipos y herramientas
3 Identificación y pruebas de contaminación de los refrigerantes comunes
 3.1 Métodos para identificar el tipo de refrigerantes en sistemas
 3.2 Métodos de prueba de campo para refrigerantes y aceite
4 Métodos de recuperación de refrigerantes en sistemas
 4.1 Recuperación en fase vapor
 4.2 Recuperación en fase líquida
5 Aspectos importantes en la recuperación de gases refrigerantes
6 Método de reciclaje de refrigerante
7 Método de regeneración de refrigerante

8 Procedimientos para la recuperación de refrigerante
 8.1 Procedimiento para recuperar refrigerante en un refrigerador doméstico
 8.2 Procedimiento para recuperar refrigerante en un sistema de aire acondicionado
 8.3 Procedimiento para recuperar refrigerante en un sistema de refrigeración comercial de cámara fría
 8.4 Procedimiento para recuperar refrigerante en un sistema de aire acondicionado autonotriz

Capítulo VIII: Recomendaciones de buenas prácticas en refrigeración

1 Seguridad personal
2 Carga de refrigerante en un sistema
3 Riesgos que presentan los hidrocarburos (HC) y mezclas que contienen hidrocarburos cuando son empleados como refrigerantes
4 Manejo, uso y almacenaje seguro de gases comprimidos
 4.1 Recomendaciones para el manejo y uso
 4.2 Recomendaciones para el almacenaje
 4.3 Otras recomendaciones de manejo y almacenaje
5 Técnicas de trasegado seguras
6 Más consideraciones de buenas prácticas en refrigeración

Anexos
Bibliografía

INTRODUCCIÓN

Consideraciones generales

Este manual constituye, fundamentalmente, el material de apoyo para los instructores y participantes en los cursos de capacitación en buenas prácticas en refrigeración.

Los cursos están dirigidos a los técnicos que prestan servicio en esta área, con el objeto de capacitarlos para que realicen un mejor trabajo, sin que se produzcan emisiones de Sustancias Agotadoras del Ozono (SAO) a la atmósfera y en general, de cualquier refrigerante; y también para preservar la expectativa de vida útil de los sistemas y equipos a los que les hagan servicio y reduciendo el daño al ambiente.

Las buenas prácticas están enfocadas en particular, al manejo adecuado de las Sustancias Agotadoras del Ozono, pero sin excluir a los Hidrofluocarbonos (HFC), que aunque no actúan sobre la capa de ozono, contribuyen sensiblemente al calentamiento global del planeta que es también un daño ambiental de consecuencias catastróficas.

Organización del manual

El manual fue estructurado para que cada persona que lo consulte, pueda ubicar de manera rápida y sencilla la información deseada. Para ello, se utilizó un lenguaje sencillo y cotidiano para facilitar la comprensión de las definiciones y explicaciones contenidas.

El **capítulo I**, comienza con una breve descripción de la capa de ozono, su importancia en la atmósfera, las causas, los efectos de su destrucción y la relación con el cambio climático global. En el **capítulo II**, se describen las medidas que se han tomado a escala mundial y local, para detener la destrucción de la capa de ozono; concluyendo esta parte, con una enumeración de las normativas vigentes en Venezuela para proteger la capa de ozono; así como las disposiciones relativas al buen manejo y empleo de refrigerantes, equipos, aparatos y sistemas que utilizan estas sustancias para su funcionamiento.

El **capítulo III**, se hace una breve síntesis de la refrigeración, su historia, su importancia y su desarrollo y se describen los principios básicos que rigen el proceso, las etapas que caracterizan todo sistema de enfriamiento y los componentes que intervienen.

En el **capítulo IV**, se hace una explicación detallada de los diferentes tipos de refrigerantes: clasificación, y nomenclatura según su tipo; sus propiedades y consideraciones acerca de la inflamabilidad y aspectos relativos a la seguridad personal que debe observarse al momento de manipular estas sustancias.

Seguidamente, en el **capítulo V**, se desarrollan ampliamente, las diferentes aplicaciones de la refrigeración y el aire acondicionado; así como también una serie de informaciones que ayudarán a los técnicos en el análisis de fallas para los sistemas comunes y sus componentes. El capítulo concluye con una descripción y explicación de las herramientas y equipos con los que se debe contar para realizar un buen trabajo de mantenimiento, así como también la función y operación de cada uno de ellos.

En el **capítulo VI**, se podrá encontrar una serie de consideraciones relativas a la instalación y mantenimiento de sistemas de refrigeración: inspección periódica, mantenimiento preventivo, diagnóstico efectivo de fallas, tipos de fuga y los métodos e instrumentos.

Por último, en los **capítulos VII y VIII**, se encuentran desarrolladas las técnicas de buenas prácticas en refrigeración, aplicables a la elaboración de un diagnóstico correcto de fallas; limpieza interna y externa de sistemas de refrigeración; retiro y carga de los refrigerantes; prevención de fugas; recuperación de gases refrigerantes, almacenaje y en general, manipulación de recipientes a presión.

Todo el temario desarrollado en este manual, ha sido concebido para ayudar a los técnicos de refrigeración a corregir los errores conceptuales, de procedimientos y de manejo, que inciden en el consumo innecesario y desmesurado de SAO, mejorando la efectividad en los trabajos de instalación, mantenimiento y reparación; logrando de esta forma, que los equipos y sistemas alcancen el máximo de vida útil prevista en su diseño original y al mismo tiempo, contribuir con la conservación del ambiente; y en especial, con la capa de ozono.

CAPÍTULO I LA CAPA DE OZONO

1 Causas y efectos de la destrucción del ozono estratosférico

La capa de ozono ubicada en la estratosfera, se extiende entre los 15 y los 45 Km por encima de la superficie del planeta. Como su nombre lo indica, esta capa es rica en ozono que absorbe los rayos ultravioleta del sol, impidiendo su paso a la Tierra.

El ozono es una forma de oxígeno cuya molécula tiene tres átomos, en vez de los dos del oxígeno normal, convirtiéndose en una sustancia muy reactiva e inestable, tóxica aún inhalada en pequeñas cantidades durante períodos cortos.

En la estratosfera, el ozono se forma a partir del oxígeno del aire en presencia de la radiación ultravioleta b; ambos, oxígeno y ozono se mantienen en un equilibrio dinámico en el cual el ozono se forma y se destruye continuamente, siendo la formación mas rápida que la destrucción, por lo cual el ozono tiende a acumularse, alcanzando concentraciones de hasta 10ppm.

Si el ozono estratosférico no logra formarse o se destruye disminuyendo su concentración, la luz ultravioleta no sería absorbida y llegaría a la superficie, causando un efecto letal sobre todos los seres vivos.

En la troposfera, el ozono se origina en pequeñas cantidades durante las tormentas eléctricas; pero a nivel del suelo, el ozono es un contaminante atmosférico que se forma a partir de la reacción de las emisiones de los vehículos con otros contaminantes del aire, formando una mezcla nociva para la salud conocida como "smog fotoquímico", típica de ciudades muy contaminadas como Los Ángeles y Ciudad de México; las concentraciones de ozono superiores a 0,1ppm son peligrosas para la salud, plantas y animales.

La capa de ozono protege la vida del planeta de la radiación ultravioleta del sol; esta radiación tiene una longitud de onda menor que la de la luz visible, pero mayor que los rayos X. Dentro de este espectro se pueden distinguir tres tipos de radiación ultravioleta:

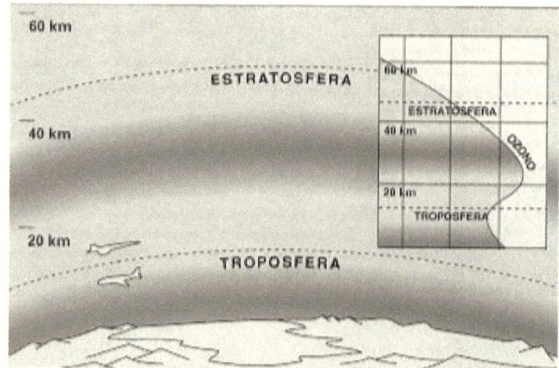

Perfil de la concentración de ozono [O_3] en la atmósfera.

Radiación ultravioleta A [UV-A], la mas cercana al color violeta de la luz visible, pasa en su totalidad a través de la atmósfera y llega a la superficie; es relativamente inofensiva, la emplean las plantas para realizar la fotosíntesis y contribuye en pequeñas dosis a fijar la vitamina A; sin embargo en exposiciones prolongadas puede ser dañina.

Radiación ultravioleta C [UV-C], la de menor longitud de onda y mas cercana a los rayos X, letal para la vida tal cual la conocemos, es totalmente absorbida por encima de la estratosfera, en la ionosfera.

Radiación ultravioleta B [UV-B], tiene una longitud de onda intermedia entre las dos anteriores, aunque es menos letal que la C, es también peligrosa aún en cantidades pequeñas, pues produce cáncer de piel, cataratas y otros daños en la vista, afecta el sistema inmunológico, y todas las formas de vida: microbios, algas, hongos, plantas, invertebrados y vertebrados; normalmente es totalmente absorbida por la capa de ozono.

En 1974, dos químicos de la Universidad de California: Sherwood Rowland y Mario Molina, planteraon la hipótesis de que la acumulación en la atmósfera de **CFC**, en presencia de radiación ultravioleta, podía desencadenar la destrucción del ozono estratosférico.

Posteriormente, en la primavera austral de 1985 se comprobó que la capa de ozono sobre la Antártida había desaparecido en más del 50%. Así mismo, hacia finales de la década del 80 se había comprobado que efectivamente la destrucción de la capa de ozono se debía a la presencia en la estratosfera de CFC, HCFC, y Halones, que liberan sus átomos de

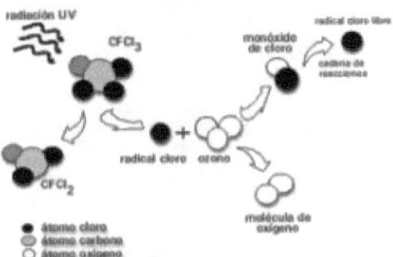

Reacción química de los CFC con el ozono en la estratosfera.

cloro y bromo por efecto de la radiación ultravioleta B, estos átomos reaccionan con el ozono y lo destruyen, comprobándose totalmente la hipótesis de Molina y Rowland, que les hizo merecedores del Premio Nóbel de Química en 1995.

Este efecto devastador sobre la capa de ozono es causado por los CFC, tales como R11, R12 y R502 (que contiene CFC115), por los Halones extintores de incendio y en menor grado por los HCFC como el R22 y el R123.

Todos estos productos al ser liberados a la atmósfera, dado que son muy estables y permanecen intactos decenas de años, pueden ser transportados por las corrientes de aire, desde el hemisferio norte hasta el Polo Sur y desde la superficie hasta la estratosfera, donde son vulnerables a la luz ultravioleta, descomponiéndose y liberando cloro el cual inicia el ciclo de destrucción del ozono.

Cada átomo de cloro que se libera puede destruir hasta 10.000 moléculas de ozono. Este ciclo destructivo se presenta al comienzo de la primavera, una vez finalizada la fase de oscuridad invernal, pero es justamente durante el período invernal que los vientos y las bajas temperaturas favorecen la acumulación de compuestos intermedios de cloro y bromo, hasta la llegada del sol en la primavera, cuando comienza la gran destrucción de ozono.

Se estima que **si se cumple cabalmente el calendario de eliminación de los CFC establecido en el Protocolo de Montreal y sus Enmiendas, la capa de ozono estará restableciéndose a partir del 2040**, pero las trazas de CFC permanecerán en la atmósfera muchísimos años más. Es por lo tanto vital que reduzcamos al mínimo y sin demora, las emisiones de sustancias agotadoras del ozono.

2 Riesgos para la salud y el ambiente

Si la cantidad de ozono disminuye en la estratosfera, más radiación ultravioleta B alcanzará la superficie del planeta. Este aumento de radiación producirá un incremento significativo de casos de cáncer de piel (melanoma y nomelanoma), cataratas y otras lesiones de la vista e insuficiencia en el sistema inmunológico en los seres humanos. En el resto de los seres vivos aparecerán efectos similares que mermarán la producción agrícola, la vida silvestre, los bosques y la diversidad biológica, reduciendo la producción de alimentos y la supervivencia. Los cambios en la estratosfera también tendrán consecuencias sobre el clima y favorecerán la formación de "smog" fotoquímico.

3 Calentamiento global - causas y efectos

El calentamiento global o **"efecto invernadero"** es un fenómeno natural que se produce cuando parte de la radiación infrarroja emitida por la Tierra, para perder el exceso de calor recibido del sol, es absorbida en la troposfera por gases normalmente presentes en el aire, como el vapor de agua, el dióxido de carbono y el metano, entre otros, impidiendo que ese calor escape al espacio y lo devuelve a la superficie como una segunda fuente de calor.

Este fenómeno hace que la temperatura diurna y nocturna en áreas húmedas y boscosas sea menos fluctuante que en zonas secas como los desiertos, que presentan diferencias de temperatura muy marcadas entre el día y la noche por la carencia de humedad del aire.

Pero la acumulación progresiva de dióxido de carbono en la atmósfera, producto de la combustión de carbón, petróleo y gas, aunado a la presencia de los CFC, HCFC y Halones, han acentuado notablemente la absorción del calor desprendido por la Tierra, aumentando la temperatura promedio y causando cambios en el clima.

A medida que la presencia de los gases que causan este calentamiento siga en aumento, los efectos serán catastróficos por las pérdidas materiales producto de las tormentas, inundaciones y sequías extremas que modificarán las ciudades, las costas, las zonas de cultivo, la productividad, y la supervivencia de las especies.

CAPÍTULO I:
LA CAPA DE OZONO

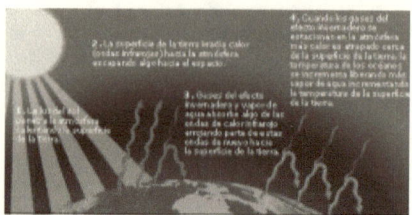

El Calentamiento Global.

Índices pluviométricos en descenso, incremento de la desertificación, temperaturas promedio anuales en aumento, aceleración en el derretimiento del hielo de los casquetes polares y los glaciares, cambios en los patrones de las corrientes oceánicas, inundaciones de áreas de baja altura adyacentes a mares y océanos, mareas más altas y huracanes, tifones y ciclones de mayor potencia, serán los fenómenos con los que tendremos que lidiar a diario a medida que siga cambiando el clima de la Tierra.

Los **CFC**, **HCFC** y los **HFC**, tienen altos potenciales de calentamiento, miles de veces superiores al del dióxido de carbono y el metano; son prácticamente indestructibles en la troposfera y sus periodos de vida superan en algunos casos los 100 años. De manera que estas sustancias que durante años se consideraron los refrigerantes perfectos, hoy sabemos que son doblemente peligrosas: en la troposfera por la cantidad de calor que atrapan y emiten, convirtiéndose en súper gases invernadero y en la estratosfera por la avidez destructora de ozono. Al dejarlas escapar se contribuye directamente con ambas catástrofes y una vez que estas sustancias han pasado al aire no hay forma de retirarlas ni de neutralizarlas, se quedarán allí haciendo daño mucho más tiempo que el que nosotros pasaremos en la Tierra, pero posiblemente sí podremos sufrir y lamentar los efectos. Por estas razones estos refrigerantes tienen que manejarse como sustancias peligrosas.

La refrigeración contribuye al calentamiento global en dos formas:

· Directamente: por la emisión de refrigerantes a la atmósfera debido a fugas en sistemas o por la liberación voluntaria y deliberada de gases refrigerantes en los **procesos de reparación y puesta fuera de servicio de equipos de refrigeración**.

· Indirectamente: por la cantidad de energía eléctrica consumida, la cual produce emisiones de dióxido de carbono cuando la energía es producida en plantas térmicas, que utilizan combustibles de origen fósil para su operación.

Es por lo tanto urgente que reduzcamos las emisiones de refrigerantes a la atmósfera para minimizar los efectos de la destrucción de la capa de ozono y el incremento del calentamiento global. Adicionalmente, es también esencial que nos aseguremos del uso eficiente de la energía a fin de reducir los efectos indirectos del calentamiento global.

Se define el **EFECTO TOTAL EQUIVALENTE DE RECALENTAMIENTO** de la atmósfera, conocido como TEWI, por sus siglas en inglés, como:

TEWI [Total Equivalent Warming Impact]
**Efecto total equivalente de recalentamiento =
Efecto directo por emisiones de refrigerantes
+
Efecto indirecto por el consumo de energía**

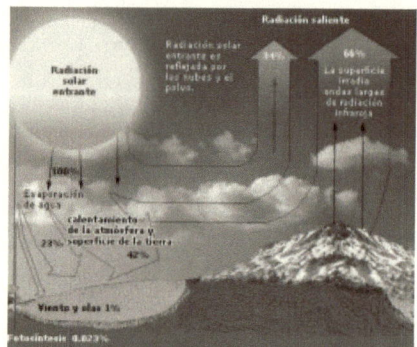

Análisis gráfico cuantitativo del Calentamiento Global.

Si bien se ha enfocado este trabajo en la eliminación de los gases refrigerantes que agotan la capa de ozono [**SAO**] por cuanto este es el alcance del programa; no podemos ignorar que con posterioridad se ha puesto en evidencia la acción de sustancias empleadas en refrigeración que, aún cuando no actúan en el balance de ozono estratosférico, tienen roles destacados en su contribución al efecto invernadero. Es por ello que se incluyen menciones a dichos efectos, que hoy en día no pueden pasarse por alto.

Los escenarios posibles en refrigeración en el siglo XXI son mucho más complejos de lo que fueron hasta el Convenio de Viena y en la actualidad, por las discusiones sobre calentamiento global que se llevan a cabo a la luz de los postulados del Protocolo de Kyoto, se complican aún más pues cuestionan soluciones, que si bien óptimas para el problema del agotamiento del ozono no son apropiadas desde el punto de vista del calentamiento global.

CAPÍTULO II
NORMATIVAS Y REGULACIONES PARA PROTEGER LA CAPA DE OZONO

1 Convenios internacionales

- **Convenio de Viena para la Protección de la Capa de Ozono**, Gaceta Oficial N° 34.818 del 19 de julio de 1988.
- **Protocolo de Montreal relativo a las Sustancias Agotadoras de la Capa de Ozono**, Gaceta Oficial N° 34.134 del 11 de enero de 1989.
- **Enmienda de Londres al Protocolo de Montreal**, Gaceta Oficial N° 4.580 Extraordinario, del 21 de mayo de 1993.
- **Enmienda de Copenhague al Protocolo de Montreal**, Gaceta Oficial N° 5.180 Extraordinario, del 4 de noviembre de 1997.
- **Enmienda de Montreal al Protocolo de Montreal**, Gaceta Oficial N° 37.217, del 12 de junio de 2001.
- **Enmienda de Beijing**, no ratificada aun por Venezuela.
- **Convenio de Cambios Climáticos Globales**, Gaceta Oficial N° 4.825 Extraordinario del 27 de diciembre de 1994.
- **Protocolo de Kyoto**, Gaceta Oficial N° 38.081 de fecha 7 de diciembre de 2004.

El **Convenio de Viena**, acordado en 1985 para la protección de la capa de ozono, establece el compromiso de realizar las investigaciones científicas con el objetivo de mejorar el conocimiento de los procesos atmosféricos y desarrollar posteriores protocolos para controlar las sustancias agotadoras de la capa de ozono. Actualmente 190 países han ratificado el Convenio de Viena.

"**Protocolo de Montreal relativo a las Sustancias que agotan la capa de ozono**" fue acordado en septiembre de 1987. El Protocolo identificó las principales sustancias que agotan el ozono (CFC11, CFC12, CFC113, CFC114, CFC 115 y tres halones) y estableció los primeros límites para reducir la producción y el consumo de dichas sustancias. Uno de los aspectos resaltantes de este acuerdo es que establece una moratoria para los países en desarrollo, en relación con el cumplimiento del calendario de reducción de las sustancias y la obligación de todos los países de informar anualmente las cantidades producidas, importadas y exportadas de cada sustancia, para verificar progresivamente el cumplimiento de las medidas. Actualmente ha sido ratificado por 189 países.

El avance científico y tecnológico condujo a las Partes a realizar la primera Enmienda del Protocolo de Montreal en 1990. Esta es la **Enmienda de Londres**, en la cual se modifica el Calendario de Reducción y se acuerda que el consumo y la producción de las 8 sustancias deben ser eliminados entre 1994 y 1996, pero se continua la moratoria de 10 años para los países en desarrollo y se crea el Fondo Multilateral para la Aplicación del Protocolo de Montreal en los países en desarrollo, de manera que puedan ir adoptando las nuevas tecnologías y eliminando el consumo de las sustancias a medida que estén disponibles en el mercado.

En 1992, se acuerda la **Enmienda de Copenhague**, que extienda la lista de las sustancias controladas y perfecciona el Calendario de Eliminación tanto para países desarrollados como para países en desarrollo. Este calendario con algunos ajustes está vigente aún.

En 1997, con motivo de los 10 años del Protocolo de Montreal se acuerda la **Enmienda de Montreal**, que establece la obligación de contar con un sistema de Licencias o similar, que permita controlar las exportaciones e importaciones de las sustancias, con el propósito de combatir el tráfico ilícito de las mismas.

En 1999, se acuerda la **Enmienda de Beijing**, que perfecciona el calendario de eliminación de los HCFC y del Bromuro de Metilo.

En el siguiente cuadro aparece un resumen de las sustancias sujetas al Protocolo de Montreal y sus Enmiendas, con los calendarios de eliminación respectivos.

Calendario de eliminación mundial de SAO

Anexos del Protocolo de Montreal	Tipo de SAO	Eliminación en países desarrollados (Artículo 5)	Eliminación en países en desarrollo (Artículo 5)
A-I	CFC(5 tipos principales)	1996	2010
A-II	Halones	1994	2010
B-I	Otros CFC	1996	2010
B-II	Tetracloruro de carbono	1996	2010
B-III	Metilcloroformo	1996	2015
C-I	CFC	2030	2040
C-II	HBFC	1996	1996
C-III	Bromoclorometano	2002	2002
E	Bromuro de metilo	2005	2015

Nota aclaratoria: Se consideran países que operan al amparo del artículo 5 los países en desarrollo que consumen anualmente menos de 0,3 kg per cápita de SAO controladas enumeradas en el Anexo A: es decir CFC11, CFC12, CFC113, CFC114, CFC115 y los Halones.

El Calendario de Eliminación de los CFC en los países en desarrollo pasa por reducciones sucesivas de 50% en el 2005, 85% en el 2007 hasta llegar a la meta de consumo 0 en los años señalados. Si este calendario se cumple a cabalidad, las investigaciones científicas y los modelos matemáticos indican que la capa de ozono habrá recuperado los niveles de 1980 en el 2040, pero sí al contrario los países hacen caso omiso de los compromisos adquiridos, la capa de ozono puede tardar más de un siglo en recuperarse y el calentamiento global por efecto de estas sustancias se habrá magnificado, produciendo cambios inimaginables de consecuencias devastadoras en todos los continentes.

El 11 de diciembre de 1992 se acordó el **Convenio para combatir el Cambio Climático Global** y luego en 1997 se acuerda el **Protocolo de Kyoto** que fija un calendario para reducir progresivamente las emisiones de gases de efecto invernadero, estableciendo obligaciones diferentes para países desarrollados y en desarrollo. Es importante señalar que en el Protocolo de Kyoto figuran no solo los CFC y HCFC sino también los sustitutos HFC, de ahí la importancia de incluir el manejo de estas sustancias en el curso de capacitación de las buenas prácticas para combatir la destrucción de la capa de ozono y el calentamiento global.

2 Legislación nacional

- **Constitución de la República Bolivariana de Venezuela de 1999.**
- **Convenios internacionales sobre la capa de ozono y cambio climático ratificados por Venezuela, mediante leyes aprobatorias que se mencionan en el párrafo anterior.**
- **Ley Penal del Ambiente**, Gaceta Oficial N° 4.358 Extraordinario, del 3 de enero de 1992.
- **Decreto N° 989, del Arancel de Aduanas**, Gaceta Oficial N° 5.039 Extraordinario, del 6 de febrero de 1996.
- **Ley Orgánica de Aduanas**, Gaceta Oficial N° 5.353 Extraordinario, del 17 de junio de 1999.
- **Ley sobre "Sustancias, Materiales y Desechos Peligrosos"**, Gaceta Oficial N° 5.554 Extraordinario, del 13 de noviembre de 2001.
- **Decreto N° 3.228, relativo a las "Normas para Regular y Controlar el Consumo, la Producción, Importación, Exportación y el Uso de las Sustancias Agotadoras de la Capa de Ozono"**, Gaceta Oficial N° 5.735 Extraordinario, del 11 de noviembre de 2004.

Constitución de la República Bolivariana de Venezuela, Artículo 127.

"Es una obligación fundamental del Estado, con la activa participación de la sociedad, garantizar que la población se desenvuelva en un ambiente libre de contaminación, en donde el aire, el agua, los suelos, las costas, el clima, la capa de ozono, las especies vivas, sean especialmente protegidos de conformidad con la ley."

Ley Penal del Ambiente, Artículo 47.

"El que viole con motivo de sus actividades económicas, las normas nacionales o los convenios, tratados o protocolos internacionales, suscritos por la República, para la protección de la capa de ozono del planeta, será sancionado con prisión de uno (1) a dos (2) años y multa de mil (1.000) a dos mil (2.000) días de salario mínimo."

Decreto N° 3.228: Normas para Regular y Controlar el Consumo, la Producción, Importación, Exportación y el Uso de las Sustancias que agotan la Capa de Ozono.

¿A quién va dirigido el Decreto?

El Decreto va dirigido a:

1) Todos los ciudadanos y ciudadanas que fabrican, importan, exportan y comercializan las sustancias agotadoras de la capa de ozono.
2) Todos los que fabrican, importan, exportan y comercializan cualquier equipo o artefacto que utilice o contenga las sustancias sujetas al Decreto.

**CAPÍTULO II:
NORMATIVAS Y REGULACIONES PARA
PROTEGER LA CAPA DE OZONO**

3) Todos los que realizan instalaciones, reparaciones y mantenimiento de los equipos y artefactos que contienen o utilizan las mismas sustancias.
4) Todos los dueños de equipos y artefactos que contienen las sustancias, que deben velar por su mantenimiento y operación correcta.
5) Todos los que se benefician de la cadena de enfriamiento para conservar alimentos, medicinas, aclimatar espacios, vivienda, vehículos y otros, para lo cual se utilizan equipos o artefactos cuyos refrigerantes dañan la capa de ozono.
6) Todos los ciudadanos y ciudadanas que residen en Venezuela sujetos a la Constitución y las leyes de la República y que son susceptibles a los daños como consecuencia de la destrucción de la capa de ozono y del calentamiento global.

¿Cómo podemos cumplir con las Normas del Decreto?

El primer paso es conocer su contenido, teniendo como escenario el daño ambiental que se quiere detener, la disponibilidad de sustitutos, avances tecnológicos, el programa de entrenamiento de buenas practicas, el uso racional de las sustancias, y el convencimiento que si todos nos esforzamos y nos comprometemos en esta cruzada, la capa de ozono puede salvarse.

¿Qué establece el Decreto?

El Decreto establece que hay una serie de sustancias que destruyen, en mayor o menor grado la capa de ozono y que su uso debe ser eliminado progresivamente, según el calendario establecido en función del daño causado y de los avances tecnológicos que permiten agilizar el cambio, empleando sustitutos mas favorables al ambiente.

No obstante, como existen una serie de equipos o aparatos de vieja tecnología que dependen todavía de las sustancias controladas, el Decreto prevé una serie de normas y procedimientos para permitir su uso controlado, minimizando el daño ambiental y monitoreando las empresas que por razones de trabajo deben manejar estas sustancias.

¿Cuáles son las sustancias sujetas al Decreto?

Las Sustancias agotadoras de la capa de ozono aparecen en las Listas A, B, C, D y E del artículo 3 del Decreto 3228.

¿Qué prohibe este Decreto?

1) Prohibe la importación de 18 sustancias que agotan la capa de ozono: CFC11, CFC12, Halón 1211, Halón 1301, Halón 2402, otros 10 CFC del grupo I de la Lista B, el Bromoclorometano, el Bromuro de Metilo y las mezclas comerciales con estas sustancias: R500, R501, R502 R503, R505, Oxyfume 12 y Bromuro de Metilo con Cloropicrina, entre otras.
2) El Decreto también prohibe la fabricación e importación de equipos, artefactos, aparatos o

Sustancias que dañan la capa de ozono.

Listas y Grupos	Sustancias	Características y aplicaciones
Lista A, Grupos I y II	CFC11, CFC12, CFC113, CFC114, CFC115, Halón 1211, Halón 1301 y Halón 2402	Son las más destructivas de ozono y también las que han sido más utilizadas. Los CFC se han utilizado principalmente como refrigerantes, en aerosoles, espumas sintéticas y solventes. Los Halones son agentes extintores de fuego. Hoy en día todos tienen sustitutos.
Lista B, Grupos I, II y III	10 CFC, Tetracloruro de Carbono y 1,1,1 Tricloroetano	Son 10 CFC menos utilizados; algunos se han empleado como refrigerantes o carecen de aplicaciones; las otras dos sustancias son utilizadas como materia prima para CFC y como solventes.
Lista C, Grupos I, II y III	38 HCFC, 34 HBFC y Bromoclorometano Bromometano o Bromuro de Metilo	Algunos son sustitutos temporales de los CFC y se les conoce como sustancias de transición por tener menores potenciales de agotamiento de ozono, pero la mayoría carece de aplicaciones al igual que el Bromoclorometano. Es un plaguicida muy tóxico y peligroso que tiene sustitutos para la mayoría de sus usos en el país.
Lista D	7 mezclas con CFC, 29 mezclas con HCFC y 2 con Bromuro de Metilo	Son mezclas identificadas como productos comerciales que se han utilizado mayormente en refrigeración, aunque las mezclas de HCFC tienen aplicaciones como sustancias de transición.

Nota: Pueden aparecer nuevas mezclas patentadas que contengan solo SAO, SAO y no-SAO o solo con No-SAO, las que contengan SAO están sujetas al Decreto.

Línea base para aplicar el Calendario de reducción.

Sustancia	Límite en Kg.		
	Producción	Importación	Consumo
Lista A, Grupo I:			
CFC11	1.114.772	0	320.000
CFC12	3.672.122	0	2.667.253
CFC113	0	20.000	20.000
CFC114, R506	0	1.000	1.000
CFC115, R502, R504	0	500	500
Lista A, Grupo II (todo)	0	0	0
Lista B, Grupo I (todo)	0	0	0
Lista B, Grupo II:			
Tetracloruro de Carbono	0	5.228.149	5.228.149
1,1,1Tricloroetano	0	10.000	10.000
Lista C, Grupo III	0	0	0
Lista D y mezclas	0	0	0
Lista E: R500, R501, R503 y R505	0	0	0

Calendario de reducción.

	2005	2007	2010
Lista A (Grupo I) y sus mezclas	50%	85%	100%
Lista B (Grupo II y III)	50%	85%	100%
	2015	2035	2040
Lista C Grupos I, II y sus mezclas	congelamiento	85%	100%

máquinas que empleen o contengan **SAO**; así como también las emisiones de **SAO** con motivo de reparaciones, limpieza y mantenimiento de equipos de refrigeración.

Los equipos que utilizan sustancias agotadoras de la capa de ozono abarcan una amplia variedad, resumida en las siguientes categorías:

- Equipos, aparatos o máquinas y bombas de calor reversibles para acondicionamiento de aire, bien sea para edificaciones o para vehículos.
- Refrigeradores, congeladores, máquinas y aparatos para producir frío, bombas de calor, refrigeradores y congeladores combinados, enfriadores de agua y de botellas, mostradores y vitrinas refrigeradas, grupos frigoríficos, máquinas de hacer hielo, liofilizadores o criodesecadores, deshumectadores, aparatos de licuar gases, entre otros.
- Vehículos terrestres o acuáticos de carga o de pasajeros que tengan compartimientos con aire acondicionado o refrigerados.

Todos estos equipos y aparatos se fabrican en la actualidad con sustitutos; sin embargo hay aparatos, equipos y máquinas fabricados años atrás, que funcionan con CFC. En el Decreto 3228 se prohíbe la importación de estos artefactos usados que contengan o estén diseñados para usar CFC.

3) Queda prohibido el envasado de SAO en cilindros a presión que por su diseño, válvulas y características de fabricación, no pueden ser recargados, por lo tanto son envases desechables; estos cilindros no pueden emplearse para importar, vender ni trasvasar CFC, HCFC ni sus mezclas.

¿Qué otras disposiciones contiene el Decreto?

Las empresas distribuidoras y vendedoras, así como las empresas del sector servicio que instalan, reparan o hacen mantenimiento de sistemas y equipos de refrigeración y aire acondicionado, que emplean las sustancias controladas, **tienen que utilizar cilindros recargables, deben disponer de equipos de recuperación y detección de fugas, para evitar las emisiones a la atmósfera y contar con un personal entrenado en el manejo de estos equipos.**

Estas disposiciones deben cumplirse para la inscripción obligatoria, a partir de los seis meses de la fecha de publicación de este Decreto, en el **Registro de Actividades Susceptibles de Degradar el Ambiente** (RASDA), a cargo del Ministerio del Ambiente y Los Recursos Naturales [MARN]. Adicionalmente se mantiene el Registro de productores, exportadores e importadores de **SAO**, complementando las condiciones para continuar en el mismo y la obligación de solicitar el permiso semestral para producir, importar y exportar las sustancias, previo cumplimiento de las condiciones para dicha solicitud.

Las empresas que importen sustancias prohibidas bajo otra denominación o mediante cualquier otro procedimiento fraudulento serán sancionadas por contrabando, de conformidad con la Ley Orgánica de Aduanas. Igualmente estarán cometiendo un ilícito aduanero quienes no presenten el permiso del Ministerio del Ambiente o incumplan con las normas de envasado. Quienes adquieran mercancías ingresadas mediante procedimientos ilícitos, también serán sancionados tras el decomiso de la mercancía.

Las infracciones al Decreto o su incumplimiento serán sancionadas de conformidad con lo establecido en las normas ambientales y de Aduanas.

¡Atención!

Las sustancias que no dañan la capa de ozono como el **HFC134a**, **HFC23**, **HFC125**, entre otras y algunas mezclas como **R507**, **R508**, **R407** y **R410**, no están sujetas al Decreto 3228, **pero son sustancias que producen calentamiento global**, por lo tanto son **también sustancias peligrosas**. Estas sustancias, como no están controladas, se pueden importar en envases desechables; sin embargo al ser envases desechables no pueden ser recargados; **los técnicos que compren estos productos en envases no recargables no deben intentar recargar el envase ni reusarlo, sino que deben destruirlos por tratarse de envases de sustancias peligrosas.**

CAPÍTULO III

REFRIGERACIÓN

1 Consideraciones generales

La refrigeración es una técnica que se ha desarrollado con el transcurso del tiempo y el avance de la civilización; al igual que la mayoría de las ciencias y técnicas, ha sido el resultado de las necesidades que la misma sociedad va creando a medida que avanzan los inventos en diferentes campos.

La refrigeración contribuye a elevar el nivel de vida de los pueblos de todos los países. Los avances logrados en refrigeración en los últimos años son el resultado del trabajo conjunto de técnicos, artesanos, ingenieros, hombres de ciencia y otros que han unido sus habilidades y conocimientos.

La base sobre la que se fabrican nuevas sustancias y materiales la suministra la ciencia. Estos conocimientos son aplicados al campo de la refrigeración por aquellos que diseñan, fabrican instalan y mantienen equipos de refrigeración.

Las aplicaciones de la refrigeración son muy numerosas, siendo unas de las más comunes la conservación de alimentos, acondicionamiento ambiental (tanto de temperatura como de humedad), enfriamiento de equipos y últimamente en los desarrollos tecnológicos de avanzada en el área de los ordenadores.

2 Breve reseña histórica

La historia de la refrigeración es tan antigua como la civilización misma. Se pueden distinguir dos períodos:
1. Refrigeración natural. Relacionada totalmente con el uso del hielo.
2. Refrigeración artificial. Mediante el uso de máquinas.

Los períodos más sobresalientes de la evolución de la refrigeración son:

Refrigeración natural

Hacia el año 1.000 AC, los chinos aprendieron que el uso del hielo mejoraba el sabor de las bebidas. Cortaron hielo en invierno y lo empacaban con paja y aserrín y lo vendían durante el verano.

Por la misma época, los egipcios utilizaron recipientes porosos colocándolos sobre los techos para enfriar el agua, valiéndose del proceso de enfriamiento que generaba la brisa nocturna.

Durante el imperio Romano, estos hacían bajar nieve y hielo de las montañas por cientos de kilómetros, colocándolos en pozos revestidos de paja y ramas y los cubrían con madera.

Durante la edad media los pueblos aprendieron a enfriar las bebidas y alimentos, observando que durante el invierno los alimentos se conservaban mejor.

En 1626, Francis Bacon trató de preservar un pollo llenándolo con nieve.

En 1683, Antón Van Leeuwenhoek inventó un microscopio y descubrió que un cristal de agua claro contenía millones de organismos vivos (microbios).

Refrigeración artificial

En 1834, Jacob Perkins solicitó una de las primeras patentes para uso de una máquina práctica de fabricación de hielo.

En 1880, Carl Linde inició el progreso rápido de construcción de maquinaria de refrigeración en base a la evaporación del amoniaco.

También en 1880 Michael Faraday descubre las leyes de la inducción magnética que fueron la base en el desarrollo del motor eléctrico.

En 1930, químicos de Dupont desarrollaron los refrigerantes halogenados.

Desde entonces se creyó haber encontrado en los refrigerantes halogenados la panacea en la refrigeración; por su seguridad, no toxicidad, no inflamabilidad, bajo costo y fácil manejo, entre otras ventajas.

No fue sino hasta los años 80 cuando los científicos advirtieron sobre los efectos dañinos de algunos productos químicos sobre la capa de ozono en la Antártida, preocupación que condujo a la investigación y selección de las sustancias potencialmente activas que podrían estarlos generando. Desde entonces, los refrigerantes halogenados principalmente (aunque no son los únicos), quedaron señalados como los causantes de tales efectos.

Actualmente se investiga un sinnúmero de procesos de refrigeración tanto en el campo mecánico como en el eléctrico, magnético y otros, según las aplicaciones y exigencias de temperaturas a procesar.

3 Refrigeración mecánica

Definimos la refrigeración mecánica como aquella que incluye componentes fabricados por el hombre y que forman parte de un sistema, o bien cerrado (cíclico), o abierto, los cuales operan en arreglo a ciertas leyes físicas que gobiernan el proceso de refrigeración.

Así, disponemos de sistemas cerrados de refrigeración mediante el uso de refrigerantes halogenados como los **CFC**, **HCFC**, **HFC** y otros (sistemas de absorción de amoníaco, de bromuro de litio, entre los más usuales); máquinas de aire en sistemas abiertos o cerrados (muy ineficientes); equipos de enfriamiento de baja capacidad (hasta 1 ton de refrig.) que usan el efecto Peltier o efecto termoeléctrico; otros sistemas refrigerantes a base de propano o butano y para refrigeración de muy baja temperatura se utiliza CO_2.

La criogenia en sí constituye un área altamente especializada de la refrigeración para lograr temperaturas muy bajas hasta cerca del cero absoluto (-273°C), cuando se trata de licuar gases como helio, hidrógeno, oxígeno, o en procesos de alta tecnología y energía atómica.

La refrigeración mecánica se usa actualmente en acondicionamiento de aire para el confort así como congelación, almacenamiento, proceso, transporte y exhibición de productos perecederos. Ampliando estos conceptos, se puede decir que sin la refrigeración sería imposible lograr el cumplimiento de la mayoría de los proyectos que han hecho posible el avance de la tecnología, desde la construcción de un túnel, el enfriamiento de máquinas, el desarrollo de los plásticos, tratamiento de metales, pistas de patinaje, congelamiento de pescados en altamar, hasta la investigación nuclear y de partículas, aplicaciones en el campo de la salud y otros.

Clasificación según la aplicación:
1. Refrigeración doméstica.
2. Refrigeración comercial.
3. Refrigeración industrial.
4. Refrigeración marina y de transporte.
5. Acondicionamiento de aire de "confort".
6. Aire acondicionado automotriz
7. Acondicionamiento de aire industrial.
8. Criogenia.

4 Objetivo de la refrigeración mecánica

El objetivo de la refrigeración mecánica es enfriar un objeto o ambiente por medio de los dispositivos desarrollados por el ser humano para este fin.

Para lograr este propósito partimos de conocimientos de la física de los materiales y en particular, los gases, según los cuales, el calor, como forma de energía, siempre tiende a fluir hacia un contorno más frío. Este proceso físico se efectúa a mayor o menor velocidad según las características de resistencia que oponga el material por el cual el calor circula, si es un sólido; o según la velocidad, forma, posición, densidad y otras propiedades, si se trata de un fluido como el aire o el agua.

Por consiguiente, se ha hecho necesario definir una serie de fenómenos que involucran el proceso de enfriamiento y también crear herramientas que faciliten tanto el uso de esas definiciones como la comprensión directa a partir de las características de cada fenómeno representado. Tal es el caso de los diagramas, gráficos y ecuaciones, por citar algunos.

5 Definiciones

Debemos saber que la técnica de la refrigeración está íntimamente ligada con la termodinámica; es decir relacionada con la transferencia de calor. Con el fin de entender bien la acción de los refrigerantes dentro de un sistema es necesario conocer las leyes que gobiernan el proceso.

Temperatura: La temperatura de un cuerpo es su estado relativo de calor o frío. Cuando tocamos un cuerpo, nuestro sentido del tacto nos permite hacer una estimación aproximada de su temperatura, de modo análogo a como la sensación de esfuerzo muscular nos permite apreciar aproximadamente el valor de una fuerza. Para la medida de la temperatura debemos hacer uso de una propiedad física medible que varíe con aquella, lo mismo que para la medida de una fuerza empleamos alguna propiedad de un cuerpo que varía con la fuerza, tal como un resorte en espiral. El instrumento utilizado para la medición de temperatura se denomina termómetro, en el cual se emplean diversas propiedades de materiales que varían con la temperatura, tales como: la longitud de una barra, el volumen de un líquido, la resistencia eléctrica de un alambre o el color del filamento de una lámpara, entre otros.

Escalas termométricas: Se ha definido dos escalas de temperatura, una en el Sistema Internacional [**SI**], cuya unidad es el grado centígrado [**°C**] y la otra en el sistema inglés, en el cual la unidad es el grado Fahrenheit [**°F**].

Ambas se basan en la selección de **dos temperaturas de referencia**, llamados puntos fijos: el **punto de fusión del hielo** [mezcla de agua saturada de aire y hielo] y el **punto de ebullición del agua**, ambos a la presión de una atmósfera.

En la escala del SI [centígrada] el punto de fusión del hielo **corresponde al** cero **de la escala y** el punto de ebullición del agua **a la división** 100. En la escala del sistema inglés [**Fahrenheit**], estos puntos característicos corresponden a las divisiones **32** y **212** respectivamente.

CAPÍTULO III:
REFRIGERACION

En la escala **centígrada** cada división es **1/100** parte del rango definido y se le denomina **grado centígrado**. En la escala **Fahrenheit** se obtiene dividiendo la longitud de la columna entre los puntos fijos en **180** divisiones. Ambas escalas pueden prolongarse por fuera de los puntos de referencia. No existe un límite conocido para la máxima temperatura alcanzable, pero sí lo hay para la temperatura mínima. Este valor se denomina cero absoluto y corresponde a -273,2°C.

Escala absoluta	Temperatura de fusión del hielo	Temperatura de ebullición del agua
Kelvin	273K	373K
Rankine	492R	672R

Existe una **tercera escala** cuyo punto cero coincide con el cero absoluto y tiene sus equivalencias en la escala centígrada y Fahrenheit. Estas escalas se denominan absolutas. **La escala centígrada absoluta se denomina también Kelvin y la escala Fahrenheit absoluta se denomina Rankine**. Las temperaturas de la escala **Kelvin** exceden en **273°** las correspondientes de la escala **centígrada** y la escala **Rankine** en **460°** a las de la escala Fahrenheit. Por lo tanto los puntos de fusión del hielo y de evaporación en las escalas equivalentes absolutas serán:

Expresado en fórmulas:

$$T_K \text{ [Kelvin]} = 273 + t_C$$
$$T_R \text{ [Rankine]} = 460 + t_F$$

En virtud de que las escalas, centígrada y Fahrenheit se dividen en 100 y 180 divisiones respectivamente, el intervalo de temperatura correspondiente a **un grado centígrado** es 180/100 o sea **9/5** del intervalo de temperatura correspondiente a **un grado Fahrenheit**.

El punto cero de la escala Fahrenheit está evidentemente 32F por debajo del punto de fusión del hielo. Se consideran **negativas** las temperaturas por debajo del **cero de cada escala**.

Para convertir una temperatura expresada en una escala en su valor correspondiente en la otra escala, recurrimos al siguiente razonamiento, a partir de un ejemplo: una temperatura de **15°C** es un valor situado 15 unidades en esa escala por encima del punto de fusión del hielo. Puesto que ya vimos que una división en la escala centígrada equivale a **9/5** de división en la escala Fahrenheit, un intervalo de **15°C** corresponde a un intervalo de **15 x 9/5 = 27F** y por consiguiente esta temperatura se encuentra un intervalo de **27F** por encima del punto de fusión del hielo.

Como la temperatura de fusión del hielo en la escala Fahrenheit está **32F** por encima del cero de esta escala, debemos sumarle esto al resultado anterior para encontrar su equivalencia: 27 + 32 = 59F.

Expresado esto como una fórmula:

$$t_F = 9/5 \ t_C + 32$$

y su inversa:

$$t_C = 5/9 \ (t_F - 32)$$

Fórmulas éstas muy fáciles de memorizar y de gran utilidad cuando no se dispone de una tabla de conversión y se necesita hacer la conversión en el campo.

Energía: Un cuerpo posee energía cuando es capaz de hacer trabajo mecánico mientras realiza un cambio de estado. La unidad de energía térmica es el joule [**J**], la kilocaloría [**kcal**], y British Thermal Unit [**Btu**]; para la energía eléctrica es el kilovatio hora [**Kwh**].

- **Energía cinética:** es la energía que posee un cuerpo debido a su movimiento.
- **Energía potencial:** es la energía debida a su posición o configuración.
- **Energía interna:** podemos elevar la temperatura de un cuerpo, bien poniéndolo en contacto con otro segundo cuerpo de temperatura más elevada, o realizando trabajo mecánico sobre él; por ejemplo, el aire comprimido por una bomba de bicicleta se calienta cuando empujamos el pistón hacia abajo, aunque también podría calentarse colocándolo en un horno. Si analizáramos una muestra de este aire caliente, sería imposible deducir si fue calentado por compresión o por flujo calorífico procedente de un cuerpo más caliente. Esto promueve la cuestión de si está justificado hablar del calor de un cuerpo, puesto que el estado presente del cuerpo puede haberse alcanzado suministrándole calor o haciendo trabajo sobre él. El término adecuado para definir este estado es el de **energía interna**. La energía interna de un gas a baja presión puede identificarse con la suma de las energías cinéticas de sus moléculas. Tenemos evidencias exactas de que las energías de las moléculas y sus velocidades, sea el cuerpo sólido, líquido o gaseoso, aumentan al aumentar la temperatura.

Equivalente mecánico del calor: La energía en forma mecánica se mide en **ergios, julios, kilográmetros, o libras-pie**; la energía en forma térmica se mide en **caloría, kilocaloría o Btu**.

Se define la **kilocaloría como 1/860 Kw-h**, luego, por definición:

1 cal = 4,18605 julios

1 kilocaloría = 4186,05 julio = 427,1 kgm

1 Btu = 778.26 libras-pie

Trabajo: se lo representa por la letra [**W**], es el resultado de aplicar una fuerza sobre un objeto y obtener movimiento en el sentido de la fuerza aplicada.

Calor: se lo representa generalmente por la letra [Q]. Es una forma en que se manifiesta la energía. El calor, como la energía mecánica, es una cosa intangible, y una unidad de calor no es algo que pueda conservarse en un laboratorio de medidas. La cantidad de calor que interviene en un proceso se mide por algún cambio que acompaña a este proceso, y una unidad de calor se define como el calor necesario para producir alguna transformación tipo convenida. Citaremos tres de estas unidades: la **caloría-kilogramo**, la **caloría-gramo** y la unidad térmica británica [**Btu**].

- Una **caloría-kilogramo** o **kilocaloría** es la cantidad de calor que ha de suministrarse a un kilogramo de agua para elevar su temperatura en un grado centígrado
- Una **caloría-gramo** es la cantidad de calor que ha de suministrarse a un gramo de agua para elevar su temperatura en un grado centígrado.
- Un **Btu** es la cantidad de calor que ha de suministrarse a una libra de agua para elevar su temperatura en un grado Fahrenheit.

Evidentemente, **1 caloría-kilogramo = 1000 calorías-gramo**

Puesto que **1 libra = 0,454 kilogramos y 1F = 5/9°C**, la **Btu** puede definirse como la cantidad de calor que ha de suministrarse a 0,454 kg de agua para elevar su temperatura en 5/9°C, y equivale a:

1 Btu = 0,454 kilogramos X 5/9°C = 0,252 kcal.

Por consiguiente,

> 1 Btu = 0,252 kcal = 252 cal

Relación cuyo valor es muy útil recordar para cálculos en el campo.

Las unidades de calor definidas varían levemente con la temperatura inicial del agua. Se conviene generalmente utilizar el intervalo de temperatura entre 14,5°C y 15,5°C en el sistema internacional SI y entre 63F y 64F en el sistema inglés de medidas. Para la mayor parte de los fines la diferencia es lo bastante pequeña para que pueda considerarse despreciable.

Es esencial aclarar la diferencia entre cantidad de calor y temperatura. Estas expresiones suelen confundirse en la vida ordinaria. Para ello, un ejemplo:

Supuestos dos recipientes idénticos, montados sobre mecheros de gas idénticos, uno de ellos con una pequeña y el otro con una gran cantidad de agua, ambos a la misma temperatura inicial, digamos 20°C; si los calentamos durante el mismo tiempo comprobaremos mediante termómetros, que la temperatura de la pequeña cantidad de agua se habrá elevado más que la de la gran cantidad. En este ejemplo se ha suministrado la misma cantidad de calor a cada recipiente de agua obteniéndose un incremento de temperatura distinto. Continuando el experimento, si nos proponemos alcanzar una misma temperatura final, digamos 90°C, es evidente que la alcanzaremos más rápidamente en el recipiente con menor cantidad de agua, o lo que es igual, habremos necesitado menor cantidad de calor en este caso; o sea para un mismo rango de temperatura, las cantidades de calor necesarias han sido significativamente distintas.

En términos termodinámicos se interpreta que el calor es la forma de energía que pasa de un cuerpo a otro en virtud de una diferencia de temperatura entre ellos.

Termodinámica

La termodinámica estudia cuestiones eminentemente prácticas. Considera un sistema perfectamente definido (el gas contenido en un cilindro, una cantidad de determinada sustancia, por ejemplo vapor de un gas refrigerante que se expande al pasar por un orificio, etc.), el cual es obligado a actuar directamente sobre el medio exterior y realizar, mediante la generación de fuerzas que producen movimientos, una acción útil. No toma en consideración los procesos internos de la materia que no afectan al medio circundante y que no tienen utilidad práctica o ser medidos, por ejemplo la acción intermolecular o entre los electrones interactuando entre sí que solo originan trabajo interno.

Primer principio de la termodinámica

Trabajo y calor en ciclo cerrado: si consideramos dos estados posibles [U_1] y [U_2] de energía interna de una sustancia (un gas refrigerante), definidos por: una presión, una temperatura y un volumen, p_1, t_1, v_1 y p_2, t_2, v_2; confinada en un sistema cerrado, compuesto de dos serpentines [A] y [B], separados por un compresor y un orificio de restricción del flujo, conectados a ambos de manera que la sustancia pase del serpentín [A] al [B] por el compresor y del [B] al

CAPÍTULO III: REFRIGERACION

[A] por el orificio, cerrando un circuito; para que haya un cambio desde uno de estos estados, [U1] al otro, [U$_2$] hay que realizar un trabajo [W] sobre él, para lo cual empleamos el compresor, enviando la sustancia hacia el serpentín [B], donde adopta la condición de estado definida por p_2, t_2, v_2. Posteriormente se lo devuelve al estado inicial [U$_1$], permitiéndole perder presión hasta el valor inicial haciéndole pasar por el orificio desde el serpentín [B] al serpentín [A], donde alcanza el estado definido por p_1, t_1, v_1. La expansión del gas produce un efecto refrigerante que necesita absorber calor [Q].

En el proceso descrito vemos que hemos pasado de una condición de estado a otra mediante el aporte de trabajo mecánico [W] y hemos vuelto a la condición de estado primitiva, no por vía de trabajo mecánico, sino por absorción de calor [Q].

Se puede hacer la siguiente afirmación, expresada en forma matemática:

$$U_2 - U_1 = Q - W$$

Despejando [Q]:

$$Q = U_2 - U_1 + W$$

Conocida como la expresión del primer principio de la termodinámica: **"La variación de la energía interna de una sustancia no depende de la manera en que se efectúe el cambio [la trayectoria del trabajo] por el cual se haya logrado esa variación".**

Es el principio fundamental en que se basa la refrigeración y en la práctica significa que es imposible crear o destruir energía, también enunciado como: **"nada se pierde, nada se gana, todo se transforma".**

Segundo principio de la termodinámica

El segundo principio de la termodinámica establece que **"es imposible construir un motor o máquina térmica tal que, funcionando periódicamente, no produzca otro efecto que el de tomar calor de un foco calorífico y convertir íntegramente este calor en trabajo".**

Aplicado a máquinas frigoríficas, las cuales pueden ser consideradas como motores térmicos funcionando en sentido inverso, podemos establecer un enunciado aplicable a estas: **"es imposible construir una máquina frigorífica que, funcionando periódicamente (según un ciclo), no produzca otro efecto que transmitir calor de un cuerpo frío a otro caliente."**

Una máquina frigorífica toma calor [Q$_1$] a baja temperatura, el compresor suministra trabajo mecánico [W] y la suma de ambos se expulsa al exterior en forma de calor [Q$_2$] a temperatura más alta.

Del primer principio, esto se expresa:

$$Q_2 = Q_1 + W$$

Esto significa que el serpentín que se emplea para enfriar el gas (el condensador) debe manejar (entregar al medio externo de intercambio (aire o agua) la suma del trabajo realizado por el compresor, además del calor extraído de la máquina frigorífica.

La búsqueda de la eficiencia es una meta principal en refrigeración y para medirla definimos la relación entre trabajo consumido [W] y calor extraído [Q$_1$], como:

$$Q_1/W$$

Y como $W = Q_2 - Q_1$, la expresión para la eficiencia térmica queda:

$$\text{Eficiencia} = \frac{Q_1}{Q_2 - Q_1}$$

El **coeficiente de desempeño** se usa para definir la eficiencia de un compresor. Se lo expresa como la relación entre la cantidad de calor que el compresor puede absorber, bajo condiciones de funcionamiento normalizadas, y la potencia eléctrica suministrada a este para tal fin. Las unidades empleadas son: [Btu/Wh] o Kcah/kwh].

A mayor capacidad de un compresor, aumenta este valor por cuanto los componentes intrínsecos que consumen energía, tales como fricción, pérdidas de carga, etc. son proporcionalmente menores, así, en pequeños compresores empleados en refrigeración doméstica este valor es del orden de 4 ~ 5 Btu/Wh, en tanto que en compresores de mayores capacidades, estos valores son típicamente de 10 ~12 Btu/Wh.

Calor específico: es numéricamente igual a la cantidad de calor que hay que suministrar a la unidad de masa de una sustancia para incrementar su temperatura en un grado. Las sustancias difieren entre sí en la cantidad de calor necesaria para producir una elevación determinada de temperatura sobre una masa dada. Si suministramos a un cuerpo una cantidad de calor, que llamaremos Q, que le produce una elevación Δt de su temperatura, llamamos capacidad calorífica de ese cuerpo a la relación Q/Δt y se expresa ordinariamente en calorías por grado centígrado [cal/°C] o en British Thermal Units por grado Fahrenheit [Btu/F]. Para obtener una cifra que caracterice a la sustancia de que está hecho un cuerpo, se define la capacidad calorífica específica, o abreviadamente calor específico, a la capacidad calorífica por unidad de masa de esa sustancia y lo denominamos c =capacidad calorífica/masa = Q/Δt/m = Q/Δt.m

El calor específico de una sustancia puede considerarse constante a temperaturas ordinarias y en intervalos no demasiado grandes. A temperaturas muy bajas, próximas al cero absoluto, todos los calores específicos disminuyen, y para ciertas sustancias se aproximan a cero.

Calor latente de vaporización: es el calor en **BTU [KCAL]** requerido para llevar **1 libra [1 kilogramo]** de un fluido, de estado líquido a gaseoso en estado de saturación a presión constante. Este valor desciende inversamente con el cambio de presión. La temperatura se mantiene constante durante todo el proceso de cambio.

Calor latente de fusión: es el calor necesario en **BTU [KCAL]** necesario para cambiar **1 libra [1 kilogramo]** de una sustancia de estado sólido a líquido. La temperatura se mantiene constante durante el proceso.

Energía térmica - Formas de transmisión

La **energía térmica** se puede transmitir como calor de tres maneras:

Radiación: es la transmisión de energía cinética interna en forma de emisión de ondas electromagnéticas de un cuerpo a otro (no necesita medio sólido ni fluido).

Conducción: se efectúa en sólidos y se entiende como la transferencia de energía cinética como vibración molecular.

Convección: es la transferencia de energía térmica por el movimiento de masa.

Se han enunciado solamente algunos de los principios termodinámicos que los técnicos de refrigeración deben reconocer y aplicar en sus actividades cotidianas; pero es necesario profundizar en su conocimiento y en el de todos los fenómenos físicos que se producen en un sistema de refrigeración. Se recomienda que los técnicos adquieran estos conocimientos en cursos especializados.

6 Propiedades de los gases

Para comprender bien un sistema de refrigeración es necesario conocer las propiedades fundamentales de los gases refrigerantes empleados.

Las propiedades de presión, temperatura y volumen se dan por conocidos. Otras propiedades termodinámicas definidas son:

- **Energía interna:** está identificada como **U** y se expresa como **BTU/libra**, o Kcal/kg. Es producida por el movimiento y configuración de las moléculas, los átomos y las partículas subatómicas. La parte de energía producida por el movimiento de las moléculas es llamada energía sensible interna y se mide con el termómetro; la energía producida por la configuración de los átomos en las moléculas es denominado calor latente y no se puede medir con termómetro.

- **Entalpía:** está identificada como una **h** y se expresa en **BTU/libra**, o **Kcal/kg**. Es el resultado de la suma de la energía interna **U** y el calor equivalente al trabajo hecho sobre el sistema en caso de haber flujo. En estado estacionario es igual al calor total contenido o **Q**.

- **Entropía:** está identificada como **S** y se expresa en **BTU/°F*libra** o **Kcal/°C*kg**. El cambio de entropía es igual al cambio de contenido de calor dividido por la temperatura absoluta T_k.

7 Cambio de estado de los gases

Los cambios termodinámicos de un estado a otro tienen lugar de varias maneras, que se denominan procesos.

- **Adiabático:** es aquel en el cual no hay entrada ni salida de calor. El proceso de expansión de un gas comprimido se entiende como adiabático porque se efectúa muy rápido.

- **Isotérmico:** el cambio se efectúa a temperatura constante durante todo el proceso.

- **Isoentrópico:** el cambio se efectúa a entropía constante.

- **Politrópico:** el cambio se efectúa según una ecuación exponencial.

8 Gráfico de Mollier

Todos los gases refrigerantes tienen tabuladas sus propiedades en función de la temperatura, presión y volumen. Además se han diseñado herramientas de ayuda para facilitar el entendimiento y cálculo del comportamiento de ellos durante los cambios de estado o en cualquier condición que se encuentren.

Para ello es necesario conocer la Presión o la temperatura si el gas está en cambio de fase, o conocer presión y temperatura si es un gas sobrecalentado.

El gráfico de Mollier es una ayuda de gran valor tanto para calcular como para visualizar un proceso y o analizar un problema en cualquier equipo que se esté diagnosticando.

Aquí es importante destacar que de la comparación entre gráficos de distintos gases, permite apreciar las diferencias de presiones y temperaturas de operación que se lograrán en un mismo sistema si se efectúa una sustitución de refrigerante y las consecuencias en cuanto a seguridad, pérdida o ganancia de eficiencia y logro de la temperatura de trabajo deseada.

CAPÍTULO III:
REFRIGERACIÓN

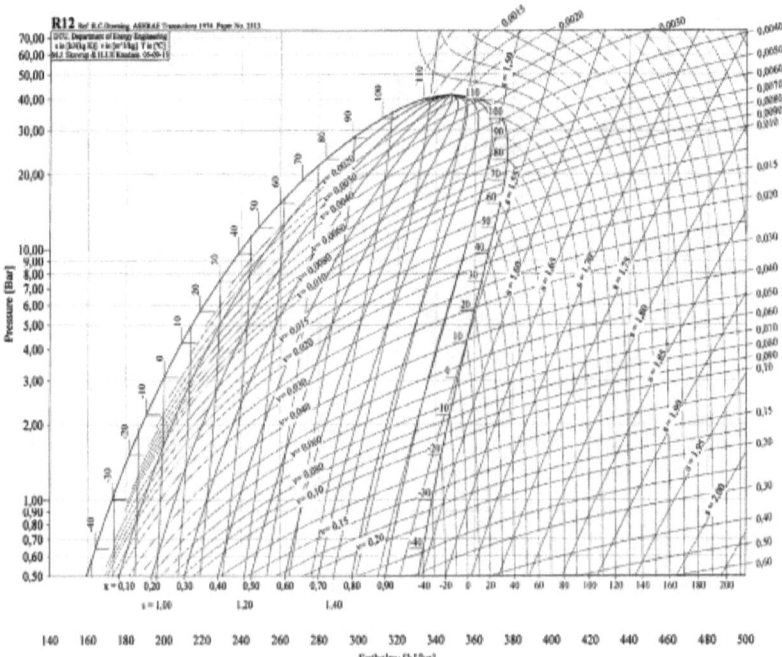

Gráfico de Mollier.

8.1 Análisis del gráfico

El gráfico tiene en su **ordenada** la **presión absoluta** [en **psia** o en **Kg/cm$_2$** absolutos] a **escala logarítmica** y en la **coordenada o abcisa**, la **entalpía** en BTU/lb$_m$ o en Kcal/kg$_m$ a **escala lineal**.

Ahora bien, en este gráfico encontramos tres zonas bien definidas:

- **Zona de líquido.**
- **Zona de vapor** (o cambio de estado de líquido a gas en la ebullición).
- **Zona de gas.**

La **línea izquierda** de la curva indica el inicio de la evaporación y se denomina línea de **líquido saturado**. En este punto se inicia la evaporación del líquido (en nuestro caso del refrigerante) y varía según la presión y la temperatura.

La zona de vapor indica el paso de líquido a gas y ocurre a presión y temperatura constante, hasta que todo el fluido se haya evaporado. Por consiguiente, durante este proceso vemos que la cantidad de líquido va disminuyendo mientras que el vapor va aumentando, cambiando solamente la entalpía.

La **línea derecha** de la curva indica el fin de la evaporación, se denomina **línea de vapor saturado** y en este punto se inicia el proceso denominado de recalentamiento y por lo tanto todo el gas es sobrecalentado. Después de esa línea todo el fluido o refrigerante poseerá otras condiciones que dependen de la temperatura y la presión.

El punto de unión **de las líneas de líquido saturado** y de **vapor saturado** se denomina **punto crítico** y en él, tanto la temperatura como la presión se denominan **temperatura crítica** y **presión crítica** respectivamente. En este punto el refrigerante puede estar como líquido o como vapor y no tiene un valor determinado de calor latente de vaporización. Por encima de este punto el gas no pasa a fase líquida a pesar de la presión.

El proceso de evaporación bajo las condiciones de presión o temperatura predeterminada, es progresivo y un punto cualquiera de él identifica porcentualmente la cantidad de líquido convertido en vapor y se define como **calidad del vapor** y en el gráfico podemos leer la entalpía [**h**] que le corresponde, o sea la entalpía que el refrigerante tiene en ese punto. Esas líneas están dibujadas en la zona de evaporación de arriba hacia abajo y naturalmente están contenidas entre 0 (totalmente líquido) y 1 (totalmente vapor). La suma de puntos de calidad 1 corresponde a la línea de vapor saturado.

Por fuera de la **curva de vapor**, las líneas de temperatura constante están dibujadas casi verticalmente hacia arriba en la zona de líquido y casi verticalmente hacia abajo en la zona de gas sobrecalentado.

Las **líneas de entropía** [**s**] constante están dibujadas en la zona de gas sobrecalentado. En el caso de un ciclo de refrigeración, representan el proceso de compresión del refrigerante, el cual sucede isoentrópicamente.

Las **líneas de volumen específico constante** del gas refrigerante están indicadas en metros cúbicos por kilogramo del material [m^3/kg] y están dibujadas en la zona de gas sobrecalentado. Esta información nos permite conocer las características del gas en un punto y en particular, en el ciclo de refrigeración, para conocer el volumen o la masa manejados por el compresor.

La breve descripción del gráfico de Mollier [Figura IV-a] antes hecha se puede entender mejor con ejercicios de aplicación en cada caso particular, o con ejemplos, como veremos a continuación.

8.2 Ciclo mecánico de refrigeración

En el gráfico siguiente se superponen un esquema de un sistema de refrigeración y un gráfico de Mollier para destacar la correlación que existe entre ambos cuando se identifican los procesos que se llevan a cabo en cada uno de los cuatro componentes principales de un sistema de refrigeración con los puntos característicos que identifican cada uno de los pasos en el diagrama de Mollier.

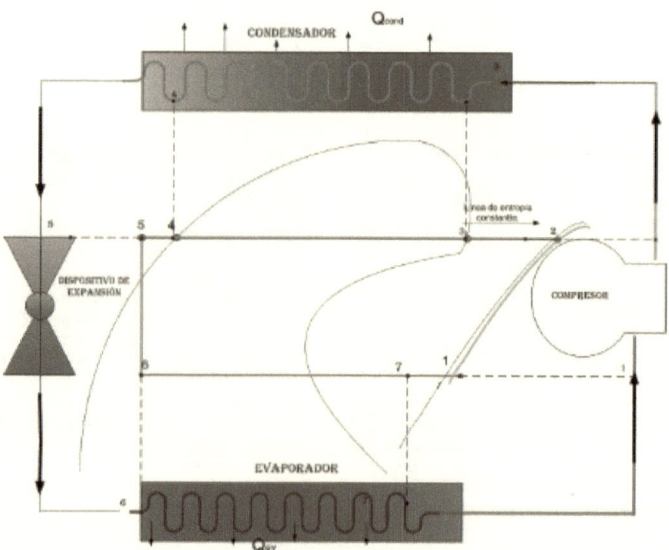

Diagrama de un ciclo básico de refrigeración.

CAPÍTULO III: REFRIGERACION

Debemos recordar que el objeto de un proceso de refrigeración es **extraer calor de los materiales:** alimentos, bebidas, gases y de cualquier otro material que deseemos enfriar, valiéndonos de los principios de la física como del conocimiento del ingenio humano sobre el comportamiento de los fluidos y materiales desarrollados durante el avance de la tecnología.

Como su nombre, **ciclo**, lo indica, se trata de un proceso cerrado en el cual no hay pérdida de materia y todas las condiciones se repiten indefinidamente.

Dentro del ciclo de refrigeración y basado en la presión de operación se puede dividir el sistema en dos partes:

- Lado de alta presión: parte del sistema que esta bajo la presión del condensador.
- Lado de baja presión: parte del sistema que esta bajo la presión del evaporador.

El proceso básico del ciclo consta de cuatro elementos.

8.2.1 Lado de alta presión

Compresor: (1-2) **comprime** el refrigerante en forma de gas sobrecalentado. Este es un proceso a entropía constante y lleva el gas sobrecalentado de la presión de succión (ligeramente por debajo de la presión de evaporación) a la presión de condensación, en condiciones de gas sobrecalentado.

Condensador: (3-4) **extrae** el calor del refrigerante por medios naturales o artificiales (forzado). El refrigerante es recibido por el condensador en forma de gas y es enfriado al pasar por los tubos hasta convertir toda la masa refrigerante en líquido; su diseño debe garantizar el cumplimiento de este proceso, de lo contrario se presentarán problemas de funcionamiento.

Para condensadores enfriados por aire, puede decirse que la temperatura del refrigerante en un condensador debe estar 15K por encima de la temperatura promedio del aire alrededor de este (**temperatura del condensador = temperatura ambiente + 15 °C**).

Dispositivo de expansión: (5-6) es el elemento que **estrangula el flujo** del líquido refrigerante para producir una caída súbita de presión obligando al líquido a entrar en evaporación. Puede ser una válvula de expansión o un tubo de diámetro muy pequeño en relación a su longitud [capilar].

8.2.2 Lado de baja presión

Evaporador: (6-7) **suministra calor** al vapor del refrigerante que se encuentra en condiciones de cambio de estado de líquido a gas, extrayendo dicho calor de los productos o del medio que se desea refrigerar.

El evaporador debe ser calculado para que garantice la evaporación total del refrigerante y producir un ligero sobrecalentamiento del gas antes de salir de él, evitando el peligroso efecto de entrada de líquido al compresor, que puede observarse como presencia de escarcha en la succión, lo cual prácticamente representa una condición que tarde o temprano provocará su falla.

Cumpliendo el ciclo, el sistema se cierra nuevamente al succionar el refrigerante el compresor en condiciones de gas sobrecalentado.

8.2.3 Otros dispositivos

Adicionalmente, usualmente se insertan a ambos lados de presión (alta/Baja) en el sistema, con fines de **seguridad y de control**, varios dispositivos como son:

Filtro secador: su propósito es retener la **humedad residual** contenida en el refrigerante y al mismo tiempo filtrar las partículas sólidas tanto de metales como cualquier otro material que circule en el sistema. Normalmente se coloca después del condensador y antes de la entrada del sistema de expansión del líquido. La selección del tamaño adecuado es importante para que retenga **toda la humedad remanente**, después de una buena limpieza y evacuación del sistema.

Visor de líquido: su propósito es el de supervisar el estado del refrigerante (líquido) antes de entrar al dispositivo de expansión. Al mismo tiempo permite ver el grado de sequedad del refrigerante.

Separador de aceite: como su nombre lo indica, retiene el exceso de aceite que es bombeado por el compresor con el gas como consecuencia de su miscibilidad y desde allí lo retorna al compresor directamente, sin que circule por el resto del circuito de refrigeración. Solo se lo emplea en sistemas de ciertas dimensiones.

Existen otros dispositivos que han sido desarrollados para **mejorar la eficiencia del ciclo de refrigeración**, tanto en la capacidad de enfriamiento (subenfriamiento), como en el funcionamiento (control de ecualización); o para **proteger el compresor** como es el caso de los presostatos de alta y baja que bloquean el arranque del compresor bajo condiciones de presiones en exceso o en defecto del rango permitido de operación segura, e impiden que el compresor trabaje en sobrecarga o en vacío y los filtros de limpieza colocados en la línea de succión del compresor en aquellos casos en que se sospeche que el sistema pueda tener vestigios no detectados de contaminantes.

8.3 Relación entre el ciclo de refrigeración mecánica y el gráfico de Mollier

Es importante recordar que el gráfico de Mollier indica en el eje horizontal (o abcisa) la variación de la entalpía y en el eje vertical (u ordenada), la variación de la presión absoluta. En el ciclo de refrigeración ilustrado se ha presentado al mismo tiempo el **ciclo teórico** y el **ciclo real**. Allí, al analizar con atención podemos observar y visualizar todos los pasos que ocurren dentro del sistema de refrigeración, así:

Arrancamos el proceso desde el punto 1 representado en la figura. Involucra el proceso [1-2] correspondiente al trabajo introducido por el compresor que lleva el gas del punto 1 al 2 transcurriendo a entropía constante. El refrigerante sale en forma de gas sobrecalentado y va perdiendo calor rápidamente (de 2 a 3), a presión aproximadamente constante. Luego dentro del condensador, bien sea por medios naturales (convección natural) o por ventilación forzada, se extrae el calor del refrigerante (de 3 a 4), proceso que transcurre a presión y temperatura constantes. Allí, el refrigerante pasa de ser vapor saturado seco (gas), en el punto 3, a líquido o vapor saturado húmedo en el punto 4 y aproximadamente una vuelta antes de la salida del condensador. En la última parte del condensador, que corresponde al segmento [4-5], el refrigerante en forma de líquido experimenta un enfriamiento adicional (tendiendo a la temperatura ambiente) y menor que la temperatura de condensación; denominando a esta parte zona de subenfriamiento. Los procesos descriptos hasta ahora están dentro de lo que se definió como lado de alta presión del sistema.

Luego de estar en el punto [5], se inicia una caída súbita de presión que ocurre en el dispositivo de expansión, correspondiendo a los puntos [5-6]. Este es un proceso adiabático, es decir que sucede a entalpía constante. Podemos observar que la salida del vapor en el punto 6 no corresponde con la línea de líquido saturado sino que se presenta como una mezcla de vapor con baja calidad (Baja sequedad). En ese punto se inicia el recorrido del vapor por el evaporador entre los puntos 6 y 7, tomando el calor que necesita para completar la evaporación a presión y temperatura constantes y es en este proceso cuando se realiza el efecto de refrigeración, o lo que es igual el enfriamiento de las superficies que están en contacto con el evaporador. Antes de salir del evaporador (algunas vueltas) el refrigerante ha llegado a condiciones de saturado seco (gas) en 7 y sigue calentándose hasta llegar a la succión del compresor de 7 a 1, nuevamente a presión aproximadamente constante. Este sobrecalentamiento nos permite asegurar que el refrigerante será aspirado siempre como gas. Esta parte del sistema es lo que se conoce como lado de baja presión del sistema.

En ocasiones se aprovecha la baja temperatura, a través de una disposición de las tuberías de retorno de gas al compresor y el dispositivo de expansión (en caso de que este sea un tubo capilar), dispuestas en contacto directo, en forma de intercambiador de calor, para subenfriar el refrigerante después de la salida del condensador, permitiendo ganar rendimiento del evaporador equivalente al segmento [4-5].

Adicionalmente, el profesional que analiza el diagrama de Mollier podrá calcular para cualquier ciclo diseñado, la cantidad de calor que debe ser manejado en él y seleccionar el equipamiento necesario (compresor, condensador, válvula de expansión, evaporador) según la masa de refrigerante a circular por el sistema.

8.4 Herramientas computacionales para el cálculo de sistemas de refrigeración

Se recomienda a los profesionales de la refrigeración que aún no estén familiarizados con la navegación en Internet, que adquieran las habilidades necesarias para hacerlo, pues en Internet se publican informaciones valiosas que deben ser tenidas en cuenta para mejorar los procedimientos empleados en servicios y se obtiene información actualizada sobre las características y principios de funcionamiento de gran cantidad de dispositivos y sistemas que pueden serle de valiosa ayuda en su trabajo.

Debido a la complejidad de los cálculos para un sistema de refrigeración o para el acondicionamiento de ambientes, aunado a la tendencia y necesidad de orden mundial cada vez mayor, de ser eficientes energéticamente hablando, se han desarrollado un gran número de herramientas computacionales (software) para la asistencia en el diseño de estos sistemas.

La **Universidad Técnica de Dinamarca**, por ejemplo, ha desarrollado un programa de cálculo de sistemas de refrigeración que cubre diversos aspectos de diseño y aplicaciones, de libre acceso, que resulta ser una herramienta de gran utilidad para explicar los diversos fenómenos que se llevan a cabo en un sistema de refrigeración. También resulta de utilidad práctica como guía para el cálculo efectivo de sistemas y la toma de decisiones en el diseño. El idioma empleado es el inglés. La dirección de Internet [URL] en la **WWW [World Wide Web]** es:

http://www.et.web.mek.dtu.dk/Coolpack/UK/download.html

CAPÍTULO IV:
GASES
REFRIGERANTES

CAPÍTULO IV   GASES REFRIGERANTES

Los refrigerantes son los fluidos de transporte que conducen la energía calorífica desde el nivel a baja temperatura [evaporador] al nivel a alta temperatura [condensador], donde pueden ceder su calor.

Los atributos que deben considerarse en los sistemas de compresión de vapor son:
- El punto de ebullición normal.
- El punto de condensación normal.

Ambos deben encontrarse a temperaturas y presiones manejables y seguras para reducir los riesgos de entrada de aire al sistema.

Adicionalmente, el **punto crítico** debe ser lo más alto posible para hacer más eficiente el proceso de evaporación.

Las propiedades térmicas deseadas en los refrigerantes son:
- Presiones convenientes de evaporación y condensación,
- Alta temperatura crítica y baja temperatura de congelamiento,
- Alto calor latente de evaporación y alto calor específico del vapor,
- Baja viscosidad y alta conductividad térmica de la película.

Otras propiedades deseables son:
- Bajo costo.
- Químicamente inerte bajo las condiciones de operación.
- Químicamente inerte con los materiales con que esté construido el sistema de refrigeración.
- Bajo riesgo de explosión solo o al contacto con el aire.
- Baja toxicidad y potencial de provocar irritación.
- Debe ser compatible y parcialmente miscible con el aceite utilizado en el sistema.
- Las fugas deben ser detectadas fácilmente.
- No debe atacar el medio ambiente ni actuar como agente catalizador que deteriore el equilibrio ecológico.

1 Refrigerantes históricamente más comunes

Los refrigerantes más comunes, empleados tradicionalmente en refrigeración se mencionan a continuación:

R11 [CFC11], (punto de evaporación 23,8°C), empleado en chillers centrífugos y como agente espumante. **SAO**, cuya producción y empleo está actualmente siendo eliminado progresivamente.

R12 [CFC12], (punto de evaporación -29,8°C), se le ha empleado desde su desarrollo en una amplia variedad de sistemas de refrigeración y A/A; conocido como: Forane 12, Isotrón 12, Genetrón 12, Freón 12 o simplemente refrigerante F12; **SAO**, cuya producción y empleo está actualmente siendo eliminado progresivamente.

R22 [HCFC22], (punto de evaporación -40,8°C), empleado en A/A residencial. Si bien su **PAO** es menor que el de los CFC, su producción y empleo comenzará a reducirse a partir de 2016 y eliminada después de 2040.

R502 [mezcla azeotrópica de R22 (48,8%) y R115 (51,2%), (punto de evaporación -45,4°C), empleado en refrigeración industrial de baja temperatura. Ya casi no se lo utiliza debido a su escasez. Ha sido sustituido por otras mezclas con menor **PAO**.

R717 [NH_3], amoníaco, (punto de evaporación -33°C) se ha usado desde un principio en una amplia gama de aparatos y sistemas de refrigeración y recientemente se le sigue empleando en grandes instalaciones industriales y comerciales. Es tóxico, de acción corrosiva sobre las partes de cobre, zinc o sellos que contengan estos metales; tiene elevado calor latente de evaporación, y relación de presión-volumen específico, convenientes.

R744, [CO_2] dióxido de carbono, (punto de evaporación -78.5°C) fue usado mucho tiempo como refrigerante seguro; la exposición en recintos cerrados no es peligrosa a bajas concentraciones, pero tiene el inconveniente de requerir elevadas presiones.

R764, [SO_2] dióxido de azufre, (punto de evaporación -10°C) sólo se usó en pequeños equipos de refrigeración. Es muy irritante y corrosivo y su uso en grandes instalaciones resulta peligroso. Por tal razón su uso fue discontinuado.

R40, [CH_3Cl] cloruro de metilo, también conocido como clorometano o monoclorometano, (punto de evaporación -23.8°C) fue usado en unidades de aire acondicionado pequeñas y medianas. Es altamente inflamable (temperatura de ignición 632°C), de uso altamente peligroso, anestésico en concentraciones del 5 al 10% por volumen y fue reemplazado por los CFC y HCFC. Pequeñas cantidades de humedad en el sistema producen congelamiento en la válvula de expansión.

2 Tipo de gases refrigerantes y nomenclatura

2.1 Refrigerantes halogenados

Llamados así por contener en su estructura molecular átomos de cloro, flúor o ambos. Sustituyeron a la mayor parte de los refrigerantes, tales como el amoníaco [NH_3], el anhídrido carbónico [CO_2], El dióxido de azufre [SO_2], el cloruro de metilo [$ClCH_3$], el dicloroetano [$C_2H_4Cl_2$], cuando su aplicación cumplía los requerimientos del diseño del equipo, tanto en temperaturas como presiones.

Son químicamente estables, de baja toxicidad, con características térmicas muy buenas y **hasta los años 70** fueron considerados ideales para la refrigeración; **cuando las investigaciones sobre el daño a la capa de ozono, los hicieron sospechosos de participar en el proceso de degradación del ozono estratosférico que protege al planeta contra la radiación UV B proveniente del sol. Hoy en día esas hipótesis han sido científicamente comprobadas.**

Son derivados halogenados de los hidrocarburos, muy estables a nivel troposférico, pero que se descomponen en la estratosfera como resultado de la acción combinada de la baja temperatura y la radiación ultravioleta (especialmente en el casquete polar antártico). Dada la importancia de su rol, a partir de su invención (década de 1930) en el avance de la industria de la refrigeración y hasta nuestros días, nos detendremos a analizar cuidadosamente su influencia tanto en la industria como en el ambiente.

Los refrigerantes basados en hidrocarburos halogenados se designan con una letra "**R**" seguida de tres números que indican:

" El primero, el número de **átomos de carbono menos 1**.
" El segundo, el número de **átomos de hidrógeno más 1**.
" El tercero, el número de **átomos de flúor**.

Ejemplo: **Refrigerante R134a** - FORMULA QUÍMICA: $C_2H_2F_4$

R > Refrigerante.
1 > Número de átomos de carbono [C_2] menos 1.
   (En el ejemplo: 2 átomos de carbono [C_2] - 1 = 1).
3 > Número de átomos de hidrógeno [H_2] más 1.
   (En el ejemplo: 2 átomos de hidrógeno [H_2] + 1 = 3).
4 > Número de átomos de flúor [F_4].
a > Isómero del 134 (disposición de los átomos diferente).

Los refrigerantes halogenados más comunes son clorofluorocarbonos, hidroclorofluorocarbonos e hidrofluorocarbonos.

2.1.1 Clorofluorocarbonos [CFC]

R12 (CFC12), nomenclatura científica: diclorodifluorometano [CFl_2Cl_2], fue sintetizado en 1928 por científicos de una transnacional automotriz iniciando su producción en 1936. Fue ampliamente utilizado en casi todos los equipos de refrigeración doméstica y aire acondicionado de vehículos. Aún es muy popular en los servicios de reparación y justamente por lo extensivo de su empleo, los instructores y técnicos deben cerciorarse de que los participantes en los talleres de capacitación sobre **BPR** asimilen los conocimientos necesarios para evitar descargar voluntariamente al aire los refrigerantes puros o contaminados de los equipos en servicio o mantenimiento.

Su **Potencial de Agotamiento del Ozono [PAO]** es igual a 1 para el Protocolo de Montreal, valor igual al del **CFC11**, que fuera establecido como referencia para la medición relativa de todas las SAO. Otras entidades consideran que el valor es 0,82.

Otros CFC, igualmente importantes por su uso en la industria son: **CFC11**, **CFC113**, **CFC114**, **CFC115**; todos ellos con elevado **PAO** (entre 0.8 y 1), con características de **Vida Media Atmosférica [VMA]** tan alta como 50 años de permanencia para el **CFC11**, 102 años para el **CFC12** y 85 años para el **CFC113**. Estos gases han sido utilizados como espumantes, propelentes de aerosoles, limpiadores en electricidad y otras muchas aplicaciones.

2.1.2 Hidroclorofluorocarbonos [HCFC]

R22 (HCFC22), nomenclatura científica: monoclorodifluorometano [$CHClFl_2$], Se comenzó a fabricar en 1936, tiene un potencial de destrucción del ozono [**PAO**] de 0,055. Es utilizado en sustitución del amoníaco, especialmente en aire acondicionado y refrigeración comercial.

Su bajo **PAO**, 18 veces menor al **CFC12** y seis veces menor al **R502** (0,32), ha hecho que se le considere para sustituirlos en ocasiones cuando sea posible su aplicación como refrigerante de transición, pero también **dejará de fabricarse a partir del 1º de enero de 2014 en la Unión Europea y el 1º de enero de 2040 en los países firmantes del Protocolo de Montreal amparados en el Artículo 5.**

HCFC123 fue considerado sustituto ideal del CFC11 en refrigeración (enfriadores), pero las características de alta toxicidad lo han relegado a aplicaciones de aire acondicionado central (compresores centrífugos).

2.2 Mezclas

Pueden contener dos o más refrigerantes y pueden ser zeotrópicas o azeotrópicas.

2.2.1 Mezclas zeotrópicas

Se identifican por **un número de tres cifras que comienza con la cifra "4"**, seguido de una letra para diferenciar diversas proporciones de mezcla de las mismas sustancias químicas, como por ejemplo: R401A, R401B.

Están formadas por dos o más sustancias simples o puras, que al mezclarse en las cantidades preestablecidas generan una nueva sustancia la cual tiene temperaturas de ebullición y condensación variables. Para estas mezclas se definen el punto de burbuja como la temperatura a la cual se inicia la evaporación y el punto de rocío como la temperatura a la cual se inicia la condensación. También se requieren definir otras características como el **Fraccionamiento**, que es el cambio en la composición de la mezcla cuando ésta cambia de líquido a vapor (evaporación) o de vapor a líquido (condensación), y **el deslizamiento de la temperatura**, que es el cambio de temperatura durante la evaporación debido al fraccionamiento de la mezcla. Estas mezclas aceptan lubricantes minerales, Alquilbenceno o poliolester, según los casos, facilitando enormemente el retrofit; ejemplos: **R404A, R407A, R407B, R407C, R410A, R410B**.

Las mezclas zeotrópicas **deben ser cargadas en su fase de líquido** en razón de la tendencia de fraccionamiento en estado de reposo. Cuando se requiere cargar en estado de vapor, debe recurrirse a emplear un dispositivo intermedio de trasvase.

2.2.2 Mezclas azeotrópicas

Se identifican por **un número de tres cifras que comienza con la cifra "5"**, como por ejemplo: **R502, R500, R503**. Están formadas por dos o más sustancias simples o puras que tienen un punto de ebullición constante y se comportan como una sustancia pura (ver cuadro de refrigerantes), logrando con ellas características distintas de las sustancias que las componen, pero mejores.

El **R502** es una **mezcla azeotrópica** de **HCFC22** (48.8%) y **CFC115** (51.1%). Ideal para bajas temperaturas (túneles de congelamiento, cámaras frigoríficas y transporte de sustancias congeladas). Posee cualidades superiores al **HCFC22** para ese rango de trabajo. Posee un PAO de 0,32 pero tiene más elevado potencial de calentamiento global (PCG) igual a (5,1). La dificultad para conseguir **CFC115** ha dificultado su producción y facilitado la introducción de mezclas sustitutivas, de entre las cuales la más adoptada hasta ahora ha sido **R404A**.

2.3 Hidrocarburos y compuestos inorgánicos

Basados en hidrocarburos saturados o insaturados, los cuales pueden ser usados como refrigerantes solos o en mezclas. Ejemplo: etano, propano, isobutano, propileno y sustancias inorgánicas naturales.

Las sustancias inorgánicas naturales han sido conocidas y su utilización se redujo con la aparición de las sustancias halogenadas.

2.3.1 Hidrocarburos (HC)

Fueron usados por décadas como refrigerantes en grandes plantas industriales (refinerías de petróleo, petroquímica) así como en pequeños sistemas de baja temperatura. Son compatibles con el cobre y los aceites minerales, tienen buenas propiedades como refrigerantes y algunos son excelentes alternativas para sustituir el **CFC12** y el **HFC134a**. Su impacto ambiental es casi nulo comparado con los **CFC**, los **HCFC** y los **HFC**.

El servicio de mantenimiento no difiere mucho del practicado con el **CFC12** o el **HCFC22**; **salvo el riesgo de inflamabilidad.** Los técnicos de servicio de mantenimiento y reparación con hidrocarburos deben ser capacitados especialmente. El diseño y construcción de los equipos para manejar hidrocarburos debe considerar y aplicar todas las normas de seguridad emitidas para tal propósito.

Propiedades de los hidrocarburos: comparados con los halocarburos (**CFC, HCFC** y **HFC**), los hidrocarburos usados como refrigerantes se distinguen por las siguientes características:

- Calor latente de vaporización mayor.
- Densidad menor. (un sistema que originalmente empleara **CFC12** usaría el mismo volumen de **una mezcla 50/50(% en volumen) de isobutano/propano**, pero sólo pesaría el 41% de la carga de **CFC12**.

- **Inflamabilidad**: los hidrocarburos son inflamables mezclados con aire, cuando la proporción está dentro de ciertos límites de inflamabilidad inferior [**LFL** (Lower Flamability Level)], y superior [**UFL** (Upper Flamability Level)]. Esa proporción varía para cada hidrocarburo o para cada mezcla de hidrocarburos. Un 1,93% de la mezcla de isobutano/propano en el aire [**LFL**] es equivalente a 35 gr/m3, en tanto que un 9.1% en el aire [**UFL**] es equivalente a 165 g/m3.

Por seguridad no debería excederse un límite práctico de 8 gr de mezcla 50/50 de isobutano/propano por metro cúbico de aire, en un espacio o habitación cerrados. El gas que se fuga tiende a acumularse a bajo nivel (por densidad).

Para iniciar la combustión se necesita **una fuente de ignición**: llama, chispa o electricidad estática. Es improbable que la combustión ocurra en un sistema cerrado o hermético porque no existe la proporción necesaria HC/aire. **Para que se cree una situación de riesgo debe producirse una fuga de refrigerante a la atmósfera de tal magnitud que alcance o sobrepase el nivel del límite inferior de inflamabilidad [LFL] y que esté presente una fuente de ignición.**

Pureza de los HC como refrigerantes: deben ser de alta pureza, con bajos niveles de contaminantes, muy baja humedad y estar desodorizados.

Si la humedad presente en un sistema de refrigeración satura el filtro secador se acelera la producción de ácidos conduciendo al llamado baño metálico en el compresor, en tanto que la presencia de odorizantes ataca el bobinado del motor del compresor.

Lo anterior indica que **sólo debe usarse HC refrigerante especialmente identificado y aprobado para tales propósitos.**

Especificaciones de un HC
para ser usado como refrigerante.

PARÁMETRO	VALOR
Grado de pureza	Superior al 99,5%
Contenido de agua	Máximo 10 ppm
Contenido de otros hidrocarburos	Máximo 5000 ppm
Impurezas cloradas y fluoradas	No debe contener

La mezcla 50/50 de Propano e Isobutano, es una mezcla zeotrópica, tiene condiciones operativas equivalentes al **CFC12**, con presión de condensación menor y un coeficiente de desempeño [**COP**] superior en 10%. El compresor es el mismo con pocos **pero fundamentales** cambios en los componentes eléctricos, por razones de seguridad.

El deslizamiento (diferencia de temperatura entre el inicio de la evaporación y el fin), es de aproximadamente 8°C, generando una formación no uniforme de hielo en el evaporador.

Debemos recordar que esta mezcla es más densa que el aire, lo cual obliga a ventilar cuidadosamente los espacios cerrados o sótanos donde se opere con esta. Además se requiere usar guantes y anteojos en el proceso de manipuleo para evitar quemaduras (Temperatura de evaporación= -31,5°C).

Propano [R290], tiene capacidad volumétrica superior al **CFC12**, lo cual requiere redimensionar el compresor, y trabaja a presiones superiores, lo cual incrementa el riesgo de fugas; por lo tanto no es un sustituto del **CFC12**, aunque sí del **HCFC22**.

El uso de hidrocarburos como sustancias refrigerantes requiere de una **preparación mental enfocada en la prevención de situaciones de riesgo**, que muchas veces escapan a la simple observación visual y requieren de una investigación de condiciones del entorno que puedan convertirse en detonantes de una situación catastrófica por imprevisión. Por lo demás, **las técnicas de servicio no difieren de las empleadas con gases no inflamables, con excepción del énfasis que es necesario hacer en la prevención de situaciones de riesgo de ignición de la sustancia que pueda liberarse inadvertidamente**. La combinación del uso de gases inflamables en sistemas controlados con circuitos eléctricos en el mismo equipo, incrementa notablemente las probabilidades de accidentes de trabajo con consecuencias serias, no sólo para el técnico sino para otras personas en el entorno, además de los daños materiales que puedan generarse.

Considerando lo dicho anteriormente, en Venezuela no estamos aún preparados para entrar en la etapa de utilización de hidrocarburos como refrigerantes.

Sí debemos tomar conciencia de las diferencias y comenzar desde ya a preparar nuestras mentes para asumir el reto del cambio a mediano plazo.

Mientras no se introduzcan en el mercado equipos diseñados en base a estos refrigerantes y no haya disponibilidad de hidrocarburos aprobados para su uso como refrigerantes (grado de pureza y ausencia de contaminantes que cumplan con las normas para estos productos), no es una opción experimentar con hidrocarburos comerciales (destinados al empleo en cocinas domésticas y otras aplicaciones donde estos productos son empleados como combustible) pues estos no cumplen las exigencias de calidad necesarias para su empleo en refrigeración y los equipos de refrigeración existentes en el mercado no han sido construidos con los recaudos necesarios para prevenir una situación de riesgo implícita en el uso de refrigerantes inflamables.

Características comparativas de algunos HC vs. CFC12 Y HFC134a.

PARÁMETROS	CFC R12	HFC R134a	Isobutano R600a	Mezcla 50/50 Isobutano/Propano	Propano R290
Presión relativa de evaporación [Bar]	0,8	0,6	-0,1	0,65	1,9
(psig)	(11,6)	(8,7)	(-1,5)	(9,43)	(27,5)
Presión relativa de condensación [Bar]	11,9	12,9	6,8	11,1	18,5
(psig)	(173)	(187)	(99)	(161)	(268)
Relación de presiones	7,2	8,7	8,7	7,3	6,4
Coeficiente de desempeño (COP) comparado con CFC-12 [Ref.]	Ref.	Inferior	Igual	Superior	Igual
Capacidad volumétrica comparado con CFC-12 [Ref.]	Ref.	Igual	Inferior	Igual	Muy superior
Temperatura de descarga °C	77	72	58	63	74
Temperatura de ebullición °C	-29,8	-15,1	-12	-31,5	-42

2.3.2 Compuestos inorgánicos

Incluyen gases simples como el oxígeno [O_2], nitrógeno [N_2], y compuestos inorgánicos como el anhídrido carbónico o dióxido de carbono [CO_2] **R744**, agua [H_2O], amoníaco [NH_3] **R717**, y otros.

Anhídrido carbónico [CO_2], R744

Es el refrigerante natural más económico, siendo al mismo tiempo seguro por ser: inodoro, no inflamable, no tóxico, químicamente estable y no tener efecto sobre la capa de ozono. Sus características termodinámicas hacen que se lo considere un refrigerante con un coeficiente de desempeño bueno.

La baja temperatura de evaporación (-78,5°C), permite alcanzar temperaturas de congelamiento 10°C menos que las normalmente usadas.

Además, tiene un rendimiento volumétrico mucho mayor que el amoníaco, permitiendo tuberías, condensadores y evaporadores de menor tamaño.

Las principales desventajas consisten en que los sistemas deben ser diseñados para alta presión, con accesorios y equipos de control que prevengan el aumento de la presión cuando el sistema se encuentre en reposo.

Si observamos el gráfico de cambios de fase para el R744, observamos las tres fases: sólido, líquido y vapor. Los límites entre ellas representan los procesos de cambio de fase: evaporación y condensación para el límite entre las fases líquido y vapor (curva de presión de vapor). El punto triple representa la condición en que las tres fases pueden coexistir en equilibrio. A temperaturas por debajo de la temperatura del punto triple, no puede existir líquido. En otras palabras, la temperatura del punto triple determina la temperatura límite más baja para cualquier proceso posible de transferencia de calor basado en evaporación o condensación. En el otro extremo de la curva de presión de vapor el punto crítico marca el límite superior para los procesos de transferencia de calor. A temperaturas por encima de la temperatura crítica, todos los procesos de transferencia de calor serán procesos dentro de una misma fase. El término crítico no es empleado en el sentido de definición de "peligroso" o "serio". Su uso indica una condición límite, a partir de la cual la distinción entre líquido y vapor se torna difícil.

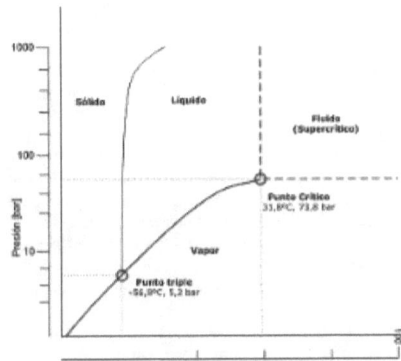

Diagrama de cambios de fase del CO_2 [R744].

La terminación de la curva de presión de vapor en el punto crítico significa que a temperaturas y presiones por encima de las que determinan este punto no se puede distinguir claramente entre lo que se define como líquido o vapor. Por lo tanto, existe una región que se extiende indefinidamente hacia arriba e indefinidamente hacia la derecha del punto crítico que es llamada la región de fluido. En el gráfico se ha caracterizado a esta región entre dos líneas punteadas que no representan transiciones de fase, sino que separan el fluido supercrítico de lo que comúnmente conocemos como vapor o líquido.

Todas las sustancias poseen un punto triple y un punto crítico, pero para la mayoría de las sustancias empleadas como refrigerantes, estos puntos se presentan para condiciones que normalmente se presentan fuera de la zona de aplicación. En la siguiente tabla se comparan las presiones y temperaturas críticas de algunos refrigerantes comunes.

Propiedades críticas de algunos refrigerantes.

Refrigerante	Presión crítica [bar]	Temperatura crítica [°C]
R22	49,9	96,7
R134a	40,6	101,1
R404A	37,3	72,0
R410A	49,0	71,4
R600a	36,4	134,7
R717 (amoníaco)	113,3	132,3
R744 (anhídrido carbónico)	73,8	31,0

Los refrigerantes normalmente tienen temperaturas críticas por encima de 90°C, pero hemos seleccionado algunos en la tabla (R404A y R410A y el R744) cuyas temperaturas críticas están por debajo de ese valor.

Para el R134a la temperatura crítica es 101,1°C. Esto significa que para este gas los procesos de intercambio térmico por condensación pueden alcanzar esa temperatura, la cual es suficientemente alta para los procesos de intercambio térmico con el aire a temperatura ambiente en la casi totalidad de sus aplicaciones.

Para el R744 la temperatura crítica es de solo 31,0°C. Esto quiere decir que los procesos de intercambio térmico por condensación solo pueden establecerse a temperaturas por debajo de esta, la cual es mucho más baja que lo necesario para intercambiar calor con el aire a temperatura ambiente en muchas aplicaciones de refrigeración. Considerando la diferencia de temperatura [?t] necesaria en un intercambiador de calor, un valor práctico para el límite superior de un proceso de intercambio de calor basado en condensación para R744 debe fijarse con temperatura ambiente de alrededor de 20°C.

Para muchas aplicaciones de refrigeración la temperatura ambiente está por encima de este valor práctico. Sin embargo, ello no significa que el CO_2 no pueda ser empleado como un refrigerante en aplicaciones que intercambian calor con el ambiente a temperaturas por encima de 20°C. El anhídrido carbónico puede ser empleado como refrigerante en estas aplicaciones, solo que el proceso de intercambio térmico en estas aplicaciones no puede depender del proceso de condensación.

En estas aplicaciones habrán dos ciclos de refrigeración en el proceso: uno, en el que las presiones en todas las etapas se mantendrán por debajo de la presión crítica y otro, donde las presiones durante el proceso de transferencia térmica se mantendrán por encima de la presión crítica. Puesto que las presiones en todas las fases del primer ciclo están por debajo de la presión crítica, nos referimos a este como "proceso de ciclo subcrítico". Cuando partes del proceso cíclico se llevan a cabo a presiones por encima del punto crítico y otras partes se efectúan por debajo de este, nos referimos a este como "proceso de ciclo transcrítico". En el proceso de ciclo transcrítico la transferencia de calor se efectúa a presiones y temperaturas por encima del punto crítico.

La terminología empleada para los procesos y los componentes son casi idénticos para los dos ciclos de proceso para las partes que intervienen en el proceso de transferencia térmica. En el proceso de ciclo transcrítico, el intercambio térmico se denomina enfriamiento del gas "gas cooling" y consecuentemente el intercambiador de calor empleado es denominado enfriador de gas "gas cooler".

Los compresores son sustancialmente diferentes pues deben efectuar la compresión en dos etapas en cascada debido a que la diferencia de presión es muy grande para una sola etapa.

Estos compresores están en la etapa de desarrollo avanzado llevados a cabo por algunos fabricantes, con la intención de disponer de productos comerciales antes de 2007.

Actualmente se desarrollan proyectos basados en equipos de refrigeración en base a CO_2, con el objetivo de sustituir al HFC 134a. Estos sistemas serán más pequeños y más eficientes pero a la vez mucho más complejos por las altas presiones que deberán manejarse.

Grandes corporaciones multinacionales ya han asumido compromisos, al máximo nivel corporativo, para sustituir sus equipos comerciales de conservación refrigeración y congelación, que actualmente operan con **R134a**, con sistemas desarrollados para el empleo de CO_2 a nivel mundial, para 2007.

La industria automotriz, también presionada por la necesidad de reducir su aporte a los gases de efecto invernadero, llevan por lo menos 10 años desarrollando sistemas de aire acondicionado

automotriz empleando CO_2, con el mismo objetivo en términos de tiempo.

Puede estimarse que el CO_2 tiene grandes posibilidades de ser el refrigerante de selección de la industria para aplicaciones comerciales e industriales de capacidad intermedia y aire acondicionado automotriz.

Amoníaco [NH_3], R717

Es utilizado en grandes instalaciones industriales y comerciales. Es económico, posee alto calor latente de evaporación y relación presión-volumen específico conveniente. Es un producto altamente tóxico, inflamable y corrosivo que ataca el cobre y sus aleaciones, razones por las que se debe manejar con mucho cuidado.

Para refrigeración de alimentos y con el fin de evitar la contaminación de estos, se acostumbra usar fluidos refrigerantes intermedios a base de alcoholes, manteniendo la sala de máquinas separada y distante de los alimentos y las personas que pudieran verse afectados ante posibles fugas.

Su temperatura de evaporación a presión atmosférica es de -34°C y su rendimiento térmico es 4 a 5 veces mayor que el de los CFC22 o CFC12, dado que se requiere mucho menos masa para hacer el mismo trabajo.

Otras ventajas son: su costo, que es aproximadamente el 10% de los HFC, se detecta fácilmente y no es sensible a la presencia de agua o aire húmedo y no se mezcla con el aceite.

La inflamación sucede con una concentración del 16 al 25% en aire y la temperatura de autoinflamación es de 651°C.

La disolución de amoníaco en agua o las soluciones acuosas de amoníaco tiene una reacción exotérmica (riesgos de quemaduras en los ojos en medio contaminado por él).

El valor límite de exposición para el hombre es de 25 ppm, su olor es muy irritante y en altas concentraciones provoca dificultades respiratorias y ahogo, siendo mortal en concentraciones de 30.000 ppm.

Este refrigerante puede ser utilizado por el sistema convencional de compresión mecánica, para lo cual se requiere diseñar y construir las partes del equipo con los materiales apropiados que no tengan cobre o sus aleaciones, pudiendo usarse tuberías de acero (no galvanizado) o aluminio.

Los sistemas en donde esta sustancia es más utilizada es el conocido como de absorción, en el cual el amoníaco actúa como refrigerante y el agua actúa como absorbente. A continuación una breve explicación sobre el funcionamiento de estos procesos.

Sistema de absorción

El proceso de absorción de amoníaco elimina el uso de bombas u otro tipo de partes móviles. La presión del gas es uniforme en todo el sistema sellado herméticamente; la diferencia entre la presión de vapor de amoníaco en el condensador y en el evaporador es compensada por la presencia de hidrógeno (o helio). La suma de las presiones parciales del hidrógeno y del vapor de amoníaco en el evaporador es igual a la suma de las presiones parciales en el condensador.

Funcionamiento: se puede utilizar una mezcla de amoníaco (como refrigerante) y agua (como

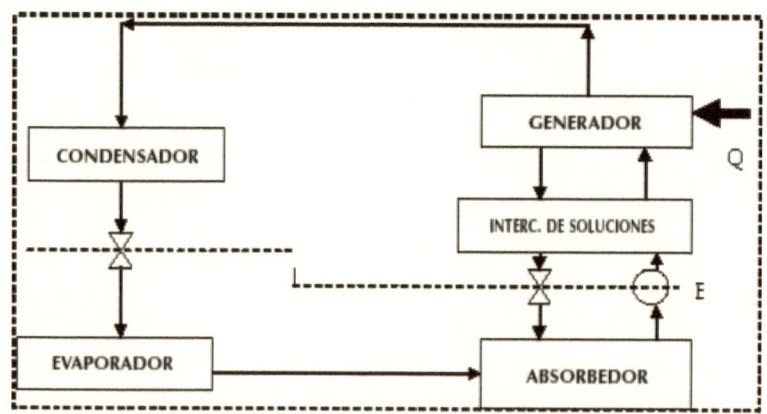

Representación esquemática de un sistema de absorción.

absorbente); o de bromuro de litio (como absorbente) y agua destilada (como refrigerante). El sistema está compuesto por un generador, un condensador, un evaporador, un absorbedor, utilizando calentamiento directo o indirecto mediante electricidad, gas natural, vapor de agua o calor residual.

El calor suministrado en el generador calienta la solución y hace que el refrigerante amoníaco se evapore y pase al condensador donde es enfriado y se condensa; pasa luego por la válvula de expansión al evaporador donde toma calor del medio y pasa luego al absorbedor donde se disuelve nuevamente con el agua. La solución pobre en amoníaco que se encuentra en el generador vuelve al absorbedor impulsado por el calor suministrado. El hidrógeno o helio agregado al sistema actúa como compensador de presión entre los lados de alta y baja.

A pesar de sus desventajas en los aspectos de seguridad de uso, las cuales pueden ser vencidas con diseños seguros; sus buenas propiedades como refrigerante, bajo costo y prácticamente inocuidad ambiental, lo convierten en un refrigerante con futuro en los sistemas industriales de grandes dimensiones, en todas aquellas instalaciones donde la seguridad pueda ser mantenida indefinida y confiablemente.

En el Cuadro se listan algunos de los refrigerantes más comunes, con su denominación ASHRAE, su nombre técnico, su fórmula química y sus aplicaciones más frecuentes.

En el caso de las mezclas, en lugar de la composición química se muestran los componentes simples y, entre paréntesis, los porcentajes de cada uno de estos, en el mismo orden en que se muestran los primeros.

CLASIFICACIÓN DE ALGUNOS REFRIGERANTES MÁS COMUNES.

N° Refrigerante	Nombre	Composición química	Aplicaciones
		COMPUESTOS INORGÁNICOS	
R717	Amoníaco	NH_3	Refrigeración industrial.
R718	Agua	H_2O	Refrigeración industrial.
R744	Dióxido de carbono	CO_2	Refrigeración industrial.
		COMPUESTOS ORGÁNICOS	
Hidrocarburos			
R170	Etano	CH_3CH_3	Refrigeración industrial. Sistemas en cascada.
R290	Propano	$CH_3CH_2CH_3$	Mezclas, enfriadores industriales, A/A pequeños.
R600a	Isobutano	$CH(CH_3)2CH_3$	Refrigeración doméstica. Inflamable.
		Hidrocarburos Halogenados	
Clorofluorocarbonos (CFC)			
R11	Triclorofluorometano	CCl_3F	Chillers de baja presión, espumado.
R12	Diclorodifluorometano	CCl_2F_2	Refr. Doméstica, A/A vehículos.
R115	Cloropentafluoroetano	$C2F_5CL$	Baja temperatura. Efecto invernadero alto.
Hidroclorofluorocarbonos (HCFC)			
R22	Clorodifluorometano	$CHClF_2$	A/A, Bombas de calor, refrigeración comercial e industrial.
R141b	1,1 dicloro-1-fluoroetano	CH_3CCl_2F	Espumado, solvente.
R142b	1-cloro-1,1-difluoroetano	CH_3CClF_2	Alta temperatura. Inflamable.
Hidrofluorocarbonos (HFC)			
R32	Difluorometano	CH_2F_2	Baja temperatura, inflamable.
R125	Pentafluoroetano	CHF_2CF_3	Efecto invernadero alto, baja y media temperatura.
R134a	1,1,1,2- tetrafluoroetano	CH_2FCF_3	Refrigeración doméstica y comercial, A/A vehículos, transporte refrigerado.
R143a	1,1,1-trifluoroetano	CH_3CF_3	Acelera el desgaste de compresor. Inflamable.
R152a	1,1-difluoroetano	CH_3CHF_2	Inflamable.
Mezclas Azeotrópicas			
R502	HCFC+CFC	R22/R115 (48.8/51.2)	Refrigeración comercial baja temperatura, refrigerante. de equipos móviles
R507	HFC+HFC	R125/R143a (50/50)	Reemplaza al R502, gabinetes de supermercados, temperaturas baja y media.
Mezclas Zeotrópicas			
R404A	HFC+HFC+HFC	R125/R143a/R134a (44/52/4)	Máquinas para hielo, reemplaza al R502, retrofit R502.
R407C	HFC+HFC+HFC	R32/R125/R134a (23/25/52)	Reemplaza al R22 en A/A, bombas de calor, refrigeración comercial e industrial, retrofit R22.
R410A	HFC+HFC	R32/R125 (50/50)	A/A, Bombas de calor, refrigeración comercial e industrial.
Isobutano/Propano	HC+HC	R600a/R290 (50/50)	Reemplazo R12 "drop in". Inflamable.

3 Consideraciones relativas a la salud y la seguridad

Muchas sustancias químicas, entre las que se cuentan los refrigerantes pueden ser peligrosas si se utilizan del modo indebido. Dos categorías importantes de aspectos relativos a la salud y la seguridad son: **la toxicidad y la inflamabilidad**.

3.1 Toxicidad

La **toxicidad** puede medirse de diversas maneras. En general hay límites para la cantidad de refrigerante que una persona puede tolerar en un breve lapso de tiempo (efectos agudos) y en un período prolongado (efectos crónicos de largo plazo). Con base a resultados del Programa de alternativas para la toxicidad del fluorocarbono (PAFT) los fabricantes han recomendado concentraciones que el ser humano puede tolerar durante determinado tiempo sin efectos perjudiciales, denominados **límites permitidos de Exposición** "Authorized Exposure Levels" [**AEL**]. Estos valores se establecen en **partes por millón** [**ppm**], indicando la cantidad máxima de refrigerante que puede tolerarse sin peligro. Otros indicadores de la toxicidad incluyen los **valores límites de umbral** "Threshold Limit Values" [**TLV**] y los **valores de exposición permitidos** "Permited Exposure Levels" [**PEL**]. Los fabricantes de refrigerantes indican los **AEL**, **TLV** y el **PEL** del refrigerante en la hoja de datos de seguridad del material [**MSDS**].

La **Norma 34 de ASHRAE** clasifica la **toxicidad** en dos grupos:

Clase A: refrigerantes con **baja toxicidad**, con un **TLV** ponderado en función del tiempo superior a 400 ppm. Es decir, que son de preocupar únicamente las concentraciones superiores a 400 ppm durante períodos prolongados.

Clase B: refrigerantes con **toxicidad elevada** con un **TLV** ponderado en función del tiempo inferior a 400 ppm.

3.2 Inflamabilidad

También se mide en el laboratorio la **inflamabilidad**, o sea: la capacidad de un producto químico de mantener la combustión, lo cual depende del grado de concentración de refrigerante en aire y de la cantidad de energía liberada por la combustión.

Los refrigerantes se clasifican en general como **No inflamables, de baja inflamabilidad o de alta inflamabilidad**.

Por ejemplo, el R152a tiene un límite de inflamabilidad del 4%. Esto significa que en 100 kg de aire, 4 kg de refrigerante tomarán fuego. Se considera al R152a como de baja inflamabilidad. El propano R290 tiene un límite de inflamabilidad de 2% por lo que se le clasifica como de alta inflamabilidad.

La **Norma 34 de ASHRAE** clasifica cada refrigerante en uno de los tres grupos de inflamabilidad. Hay definiciones científicas rigurosas para estos grupos, pero en general pueden categorizarse como sigue:

Grupo 1: ninguna inflamabilidad.
Grupo 2: baja inflamabilidad.
Grupo 3: alta inflamabilidad.

Combinando los criterios de toxicidad e inflamabilidad se obtiene una matriz que clasifica un refrigerante en la clase **A1, A2, A3, B1, B2 ó B3**, como puede verse en el cuadro siguiente.

La Norma 15 de ASHRAE, sobre el **código de seguridad para la refrigeración mecánica**, trata el tema relativo al modo en que se pueden emplear los refrigerantes que han sido clasificados en la Norma 34 de ASHRAE. La Norma 15 refleja ya la introducción de refrigerantes de sustitución. Entre otras cosas, esta Norma trata de los requisitos relativos a la instalación. Señala la necesidad de sensores de oxígeno, detectores de vapores y, en determinadas situaciones, de aparatos para respiración autónomos.

Además de la toxicidad y la inflamabilidad, debe recordarse que todos los refrigerantes a base de fluorocarbono son más pesados que el aire y si se liberan en un espacio cerrado pueden causar asfixia.

Norma 34 de ASHRAE con algunos ejemplos de refrigerantes.

GRUPO	AUMENTA TOXICIDAD →		
1	R600a (ISOBUTANO) R290 (PROPANO)	R1140 (CLORURO DE VINILO)	A U M E N T A I N F L A M A B I L I D A D
2	HFC32 HFC143a HFC152a	R717 (AMONÍACO)	
3	CFC11 CFC12 HCFC22 HFC125 HFC134a	HCFC123	
CLASE	A	B	

MANUAL DE BUENAS
PRÁCTICAS EN
REFRIGERACIÓN

4 Efectos de algunos refrigerantes sobre la capa de ozono y el calentamiento global

En el gráfico puede observarse el potencial de agotamiento del ozono estratosférico y el potencial de calentamiento global de algunas sustancias empleadas como refrigerantes.

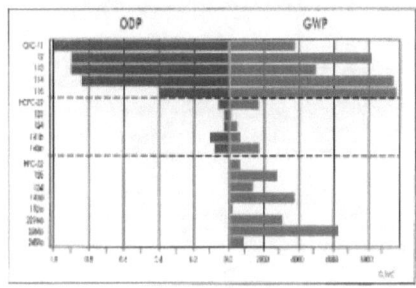

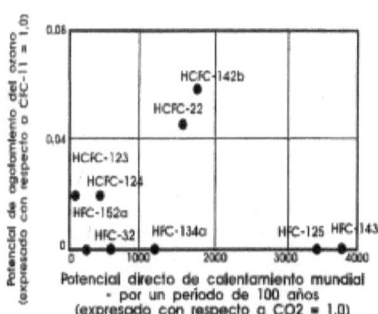

PAO versus PCG para algunos refrigerantes comunes.

5 Sustitutos transitorios

En cumplimiento de los acuerdos suscritos en del Protocolo de Montreal, los fabricantes de refrigerantes y demás **SAO** han lanzado al mercado alternativas equivalentes que sustituyen a todas esas sustancias y en ese sentido han desarrollado nuevos productos, que hasta el momento no es posible afirmar si permanecerán como definitivos o solo serán utilizados temporalmente mientras se desarrollan otras alternativas que satisfagan más ampliamente las condiciones ambientales, de seguridad y económicas.

R134a. Es un refrigerante **HFC** identificado químicamente como CF_3CH_2F, no es inflamable y posee niveles de toxicidad aceptables. Entre todos los sustitutos desarrollados el **R134a** ha sido aceptado en un amplio rango de aplicaciones puesto que su rendimiento termodinámico es equivalente al del **R12** cuando la temperatura de evaporación es de -2°C. Sin embargo, cuando la temperatura desciende hasta -18°C, el rendimiento aminora proporcionalmente, llegando a ser 6% inferior y cuando la temperatura se ubica en 10°C el rendimiento aumenta igualmente hasta en un 6%, lo cual hace que su empleo como sustituto no sea ideal en todos los casos, habiéndose desarrollado mezclas que operan mejor en condiciones de trabajo de baja temperatura de evaporación, que es donde el **R134a** no se comporta aceptablemente.

Este es un compuesto halogenado sin átomos de cloro [**Cl**] pero si de flúor [**F**]. Podemos apreciar en el gráfico que el **R134a** tiene un **PAO** igual a 0 pero su potencial de calentamiento global **PCG** es **1300**. Esta es la razón por la cual no se le puede considerar un gas ideal para reemplazar definitivamente al **R12**.

Su empleo requiere tener en cuenta ciertas características que le son propias y lo diferencian de alguna manera en su aplicación con relación al **R12** que sustituye.

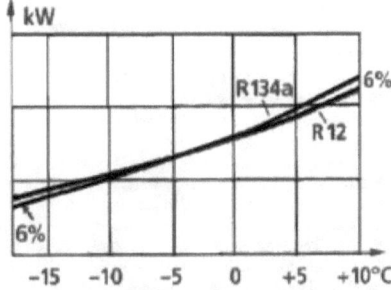

Gráfico IV-d - Esquema comparativo de rendimiento entre R12 Y R134a.

Tanto el **HFC134a** como el **HCFC22**, en condiciones de exposición a humedad, **absorben mayor cantidad de agua en estado líquido** (son más higroscópicos) que el **CFC12**; por tal razón será menos probable que se tapone un capilar en un sistema de baja temperatura, **pero** esto no reduce la necesidad de usar un dispositivo de secado apropiado, pues

CAPÍTULO IV:
GASES REFRIGERANTES

la humedad atrapada en el refrigerante, reacciona químicamente con este produciendo ácido fluorhídrico, cuyo efecto corrosivo sobre los metales es altamente dañino para el sistema.

La selección de los tubos capilares debe ajustarse al nuevo gas, pues el **HFC134a** tiene un efecto refrigerante mayor que **CFC12**, reduciendo la masa necesaria para la misma aplicación, por lo tanto se debe, o **aumentar la longitud**, o **reducir el diámetro interno** (lo que depende de la disponibilidad de diámetros de capilares en existencia; una vez tomada esta decisión se ajusta la longitud necesaria hasta encontrar el punto de equilibrio del sistema); siendo siempre necesario hacer evaluaciones posteriores con el sistema en funcionamiento para verificar presiones y temperaturas para la carga de refrigerante especificada.

Tabla comparativa de propiedades de R12, R134a y R22 a temperatura de evaporación de -15°c y temperatura de condensación de 30°c (MI)

Refrigerante Fórmula química		CFC12 CCl_2F_2	HFC134 a CF_3CH_2F	HFC22 $CHClF_2$
Presión de evaporación	PSIG BAR	11,8 0,814	9,1 0,627	28,2 1,944
Presión de condensación	PSIG BAR	93,3 6,432	97 6,688	158,2 10,908
Densidad de vapor saturado a -15°C	[Kg/m³]	10,987	8,214	12,936
Densidad de líquido saturado a 30°C	[Kg/m³]	1292,69	1190,17	1174,16
Calor latente de vaporización a -15°C	[Kcal/kg]	37,813	49,512	51,674

Miscibilidad: Es la capacidad de un lubricante de mezclarse con un refrigerante. Esta propiedad es muy importante para garantizar el retorno del aceite al compresor.

El **HFC134a** y **los aceites minerales no son miscibles**. Por esta razón se han desarrollado nuevos lubricantes que se adapten a esta exigencia. Los **poliolésteres** (**POE**) y los **polialquilglicoles** (**PAG**) son miscibles con este refrigerante.

Algunos tipos de **POE** son completamente miscibles con **R134a**, tal como lo es el alquilbenceno con el **R22**, mientras que otros **POE** son parcialmente miscibles.

Los lubricantes POE tienen una capacidad higroscópica 100 veces mayor que los aceites minerales, siendo esta humedad más difícil de remover. Por esta razón los compresores cargados con aceites POE no deben ser expuestos a la atmósfera por más de 15 minutos, recomendándose **mantener taponados los compresores que contengan POE hasta justo el momento de hacer las soldaduras a los tubos del sistema sellado**. La humedad máxima admisible es de 100 PPM. Los filtros secadores recomendados son los compatibles con **R22** como XH-7 y XH-9. Los filtros con núcleo de bauxita tienen la tendencia a absorber el POE y la humedad, con el consiguiente proceso de hidrólisis para formar ácidos, lo cual finalmente afectará al compresor.

Los **refrigerantes HFC no son tan tolerantes a los materiales de proceso de fabricación de los componentes del sistema** (inhibidores de corrosión y limpiadores) como el **CFC12**, siendo arrastrados por el **POE** en el sistema hasta el tubo capilar o la válvula de expansión taponándolos.

Los fabricantes de compresores han hallado que **la presencia de cloro** en sistemas cargados con **R134a** genera reacciones químicas indeseables de modo que todo residuo clorado en el sistema se considera contaminante y debe ser eliminado.

Para evacuar un sistema que utilice **HFC134a** se deben tomar varias precauciones:

- Los equipos y uniones que se utilizan deben ser estrictamente para **HFC134a**.
- El vacío debe hacerse tanto por el lado de baja como por alta con vacío profundo hasta 200 micrones o menos.
- El máximo de **gases no condensables [GNC]** permisibles en el sistema es del 2%.

Para cargar el **HFC134a** se puede hacer en fase líquida (lado de alta) o de vapor (lado de baja), en este último caso, mientras el compresor está funcionando. En caso de carga en fase líquida por alta, siempre se debe permitir el paso de algo de refrigerante al lado de baja (succión del compresor) en fase de vapor antes de arrancar el compresor.

5.1 "*Retrofitting*" o cambio de refrigerante de R12 a R134a

Teniendo en cuenta las precauciones ya mencionadas es posible hacer cambio de **R12** a **HFC134a** siguiendo procedimientos rigurosamente controlados, tal como se describe a continuación:

- Recupere el gas y aceite que se encuentren en el sistema, con el equipo apropiado y tomando la precaución de no dejar mucho tiempo expuestos los tubos abiertos al ambiente.
- Sople el sistema con nitrógeno en ambos sentidos, para eliminar residuos de aceite mineral.
- Cambie el tubo capilar o válvula de expansión por los especificados.
- Reemplace el filtro secador por el indicado para R134a.
- Sustituya el compresor de CFC12 por un compresor de HFC134a.
- Realice el vacío **[por alta y baja]** a los valores recomendados por el fabricante del compresor y por un tiempo que garantice la eliminación de humedad del sistema.
- Cargue el sistema con la cantidad adecuada de R134a, que generalmente es menor que con CFC12.
- Verifique que el sistema funcione correctamente.

Este proceso, en equipos pequeños, es complicado, delicado y costoso; por tal razón, la experiencia ha demostrado su poca practicidad y en la actualidad su recomendación ha perdido vigencia.

En caso de equipos comerciales o industriales, la decisión deberá ser tomada luego de un detallado análisis de la situación.

Existe otro procedimiento posible que consiste en **cambiar solamente de refrigerante CFC12 a HFC134a**, lo cual implica sustituir también el lubricante. Esta opción es aún menos recomendable y más costosa, puesto que los fabricantes de compresores aceptan un máximo contenido de 1% de aceite mineral diluido en POE, y lograr extraer el aceite mineral de un sistema hasta alcanzar este valor no es tarea fácil, pues implica una limpieza reiterada del sistema hasta alcanzar los niveles de dilución aceptables.

CAPÍTULO V — SISTEMAS DE REFRIGERACIÓN

1 Sistemas de refrigeración

La diversidad de equipos empleados para refrigeración y acondicionamiento de aire es muy grande y su funcionamiento se ajusta, en términos generales, a los principios ya enunciados. Cada sistema tiene sus características particulares. Cada tipo de compresor opera según distintos mecanismos de compresión (alternativos, rotativos, helicoidales "scroll", entre otros). Cada dispositivo de control está diseñado para mantener algún parámetro de funcionamiento de un equipo entre determinados límites (principalmente: temperaturas, presiones, acumulación de hielo, entre otros fenómenos que se desea controlar).

A continuación se cubrirán los aspectos destacados de los sectores en que se clasifica normalmente la refrigeración [Ver capítulo IV - 3].

2 Refrigeración doméstica

Existen tres tipos básicos de artefactos destinados a este sector: **neveras**, **diversas combinaciones de nevera - congelador y congeladores** Las neveras y congeladores de mayor precio están equipadas con circuitos para su descongelamiento automático, en tanto que las combinaciones nevera - congelador siempre cuentan con este circuito auxiliar. Adicionalmente, las neveras y combinaciones de nevera - congelador pueden ser equipadas con sistemas automáticos fabricadores de hielo y otros dispositivos de confort, tales como puntos dispensadores de agua potable, proveniente de la red externa, enfriada, circuitos de enfriamiento rápido de productos, controles de funcionamiento sofisticados basados en microprocesadores y en equipos de última generación, interfaz para conexión vía Internet con el taller de servicio autorizado para realizar un prediagnóstico antes del envío del técnico de servicio.

- **Neveras domésticas**

Las neveras pueden presentarse en dos configuraciones básicas: una o dos puertas; en este último caso las puertas pueden estar dispuestas una arriba de la otra o lado a lado. Desde el punto de vista de comodidad de uso, se ofrecen dos opciones: con y sin escarcha. El tamaño de una nevera se define en base a la capacidad interna del gabinete, que es igual a su volumen interno, y se expresa en pies cúbicos ["cu. ft." en el sistema inglés] o litros (en el sistema internacional [SI]). [1 pie cúbico = 28,3168 lts].

Las neveras comienzan a fabricarse a partir de los 2 cu. ft. ≈ 57 lts y llegan hasta los 12 cu. ft ≈ 340 lts. Las pequeñas neveras son empleadas mayormente en cuartos de hotel, mientras que algunas de mediano tamaño están dirigidas al sector oficinas, por lo que se las denomina ejecutivas y el resto está destinado al uso doméstico y en este rango son normalmente de bajo costo. En estas neveras existe una sección con temperaturas de congelación en el interior del evaporador y sus paredes. Este se moldea en forma de paralelepípedo, con la cara posterior abierta, pero a corta distancia de la pared posterior interna del gabinete y la anterior normalmente cerrada por una puerta interna que disminuye y controla el intercambio con el resto del compartimiento. El evaporador se fija a la cara superior del interior del gabinete de manera que provea enfriamiento al resto del compartimiento de alimentos por convección. La zona adyacente al evaporador hacia abajo generalmente se emplea para conservar alimentos que requieren de temperatura más baja (generalmente se dispone en esta posición una bandeja identificada para conservación de carnes). A continuación se disponen rejillas para facilitar el almacenaje de mercancía a conservar y en la parte inferior uno o dos recipientes para el almacenaje de vegetales y otros productos que requieran temperaturas menos bajas.

Las combinaciones nevera - congelador usualmente comienzan en los 13 cu. ft. ≈ 368 lts. y llegan hasta los 26 cu. ft. ≈ 736 lts. En estos casos, los modelos de menor capacidad 13 hasta 18 cu. ft. (368 lts hasta 510 lts) poseen compartimiento de congelación y compartimiento de alimentos separados y accesibles mediante dos puertas independientes, arriba para el congelador y abajo para el compartimiento de alimentos (aunque existen versiones con el compartimiento de congelación abajo); en tanto que las neveras - congelador por encima de 20 cu. ft ≈ 566 lts. y hasta 26 cu. ft. ≈ 736 lts. posicionan los compartimientos de congelación y de alimentos lado a lado "side by side", cada cual con su puerta dispuesta verticalmente. El volumen interno se distribuye entre las dos secciones nevera - congelador en una proporción aproximada de 1 - 3 [congelador - nevera].

MANUAL DE BUENAS PRÁCTICAS EN REFRIGERACIÓN

Neveras: 1 puerta, dos puertas verticales, dos puertas horizontales.

- **Sistemas de refrigeración en neveras domésticas**

    Circuito elemental

En cuanto a los sistemas de refrigeración empleados, las más sencillas y económicas (entre 2 cu. ft. ≈ 57 lts y 12 cu. ft. ≈ 340 lts) generalmente utilizan compresores herméticos enfriados por convección natural, con potencias que varían desde 1/20 h.p. ≈ 37 w hasta 1/6 h.p. ≈ 124 W [1 h.p.$_{US}$ = 745,7 vatios [W]]; condensadores de tubo - alambre o tubo - lámina, enfriados por convección natural, montados externamente en la pared posterior del gabinete; evaporadores de tipo "roll-bond" (consistente en dos láminas de aluminio adheridas una a la otra, excepto en un trazado continuo interno, en relieve, que se ha diseñado para que circule el gas refrigerante en el dispositivo de expansión, que en estos casos siempre es un tubo capilar, y la línea de retorno de gas compresor; estos evaporadores exponen un gran á superficial destinada a absorber calor del interior gabinete para que sea retirado de allí por el flujo refrigerante en evaporación y normalmente incluye cerca de la salida, un acumulador de líquido (que observa como un ensanchamiento del trazado relieve cercano al punto de conexión de la línea retorno al compresor), que minimiza el riesgo retorno de líquido a aquel en ocasiones de ca crítica del sistema (baja absorción de calor en evaporador y falla de corte oportuno del termostato exceso de carga de refrigerante).

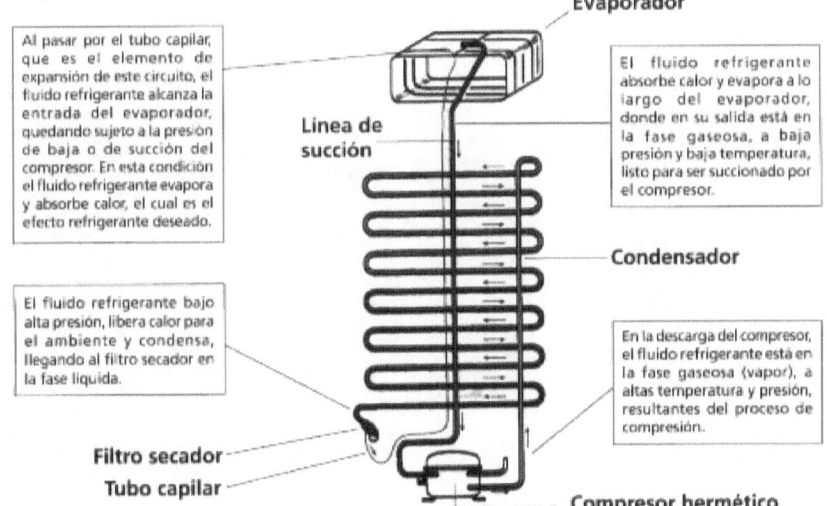

Al pasar por el tubo capilar, que es el elemento de expansión de este circuito, el fluido refrigerante alcanza la entrada del evaporador, quedando sujeto a la presión de baja o de succión del compresor. En esta condición el fluido refrigerante evapora y absorbe calor, el cual es el efecto refrigerante deseado.

El fluido refrigerante bajo alta presión, libera calor para el ambiente y condensa, llegando al filtro secador en la fase líquida.

Evaporador

Línea de succión

El fluido refrigerante absorbe calor y evapora a lo largo del evaporador, donde en su salida está en la fase gaseosa, a baja presión y baja temperatura, listo para ser succionado por el compresor.

Condensador

En la descarga del compresor, el fluido refrigerante está en la fase gaseosa (vapor), a altas temperatura y presión, resultantes del proceso de compresión.

Filtro secador
Tubo capilar

Compresor hermético

CAPÍTULO V: SISTEMA DE REFRIGERACIÓN

- **Control termostático**

El control de funcionamiento del compresor se logra mediante un termostato de diafragma, sensible a la temperatura, en un punto predeterminado por el fabricante en el interior del gabinete, el cual abre el circuito de alimentación eléctrica del compresor al alcanzarse la temperatura deseada [seleccionable por el usuario dentro de un rango distribuido en un número de divisiones (usualmente 5 o 7) y que en la mayoría de los casos incluye un interruptor para abrir manualmente el circuito] y cierra nuevamente el circuito cuando la temperatura asciende y alcanza un valor diferencial (no programable por el usuario). El diferencial entre la temperatura de arranque y parada del compresor es prefijado en la fábrica y es un valor de compromiso que establece la mínima variación de temperatura que permita que el tiempo de trabajo - reposo del compresor tenga una distribución de 50% - 50% en condiciones normales de operación (Existen normas de diseño de artefactos que establecen los parámetros considerados como "condiciones normales de operación").

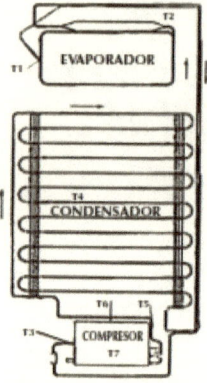

Circuito elemental mostrando puntos de lectura de temperaturas de diseño.

Condiciones normales de funcionamiento. Temperaturas y presiones

Las temperaturas de diseño son, normalmente, las siguientes:

T_1 = temperatura a la entrada del evaporador = - 25°C ~ - 26°C.

T_2 = temperatura a la salida del evaporador = - 26°C.

T_3 = temperatura a la entrada del compresor = 3 ~ 5°C < T_{amb}.

T_4 = temperatura de condensación = 10 ~ 13°C > T_{amb}.

T_5 = temperatura de la descarga compresor = 120°C.

T_6 = temperatura del domo del compresor = 110°C.

T_7 = temperatura del bobinado del motor del compresor < 130°C.

Estos límites de temperatura deben ser respetados rigurosamente pues de ello depende que el compresor funcione bien durante el total de su vida útil. Estas son las razones:

Las temperaturas a la entrada y salida del evaporador [T_1] y [T_2] iguales, o casi iguales determinan que se está empleando este a su plena capacidad y dependen de la temperatura de evaporación del gas empleado.

La temperatura a la entrada del compresor [T_3] depende de que el proceso de evaporación se haya completado dentro del evaporador y del trayecto del vapor por la línea de succión. Para obtener una temperatura aceptable se suele recurrir a un intercambio de calor entre el tubo capilar y el tubo de retorno desde el evaporador a la succión del compresor. El rango de esta temperatura tiene por objeto: por el límite inferior, que no haya retorno de líquido al compresor y por el superior, que el gas de retorno no llegue excesivamente caliente pues el equilibrio térmico de funcionamiento, en este caso de un compresor de baja presión de succión [LBP] requiere de la baja temperatura del gas de retorno para enfriar el compresor y mantener sus temperaturas críticas por debajo de los límites aceptables.

La temperatura de condensación [T_4] deben estar por encima de la temperatura ambiente para que haya intercambio de calor desde el gas refrigerante hacia el aire que rodea el condensador. Asimismo, debe ser tal que respete la máxima presión de descarga recomendada para el compresor.

La temperatura de descarga [T_5], usualmente medida en el tubo de descarga, a 5 cm de la carcasa, es un fiel reflejo de la temperatura de la válvula de descarga. Si la temperatura en la válvula de descarga supera el valor límite hay riesgo de carbonización del lubricante en el asiento de la válvula, con la consiguiente pérdida de compresión.

La temperatura medida en el domo [T_6] (el centro de la tapa del compresor) normalmente se correlaciona con la temperatura del bobinado del motor, siendo la temperatura del domo aproximadamente 20°C más baja que la temperatura de bobinas.

Finalmente, **la temperatura de los bobinados del motor [T_7]**, que solamente podemos medir por el método de variación de la resistencia, pues no podemos acceder a ellos con instrumentos de medición directa de la temperatura; se especifica en función de la clase térmica del barniz empleado en la fabricación del alambre esmaltado de las bobinas.

Tan importantes como las temperaturas mencionadas son las **presiones de trabajo**. Las presiones de diseño dependen del gas refrigerante empleado y deben fijarse teniendo en cuenta además, de los valores necesarios para un funcionamiento adecuado del sistema aquí indicados, la presión crítica del refrigerante:

Los siguientes valores son recomendaciones válidas para una $T_{amb} = 43°C$.

Fluido refrigerante	Presiones máximas Psig		Aplicación
R12	Presión de equilibrio [lados alta - baja]	80 - 80	Baja presión de retorno [LBP].
	Presión de pico	260	
	Presión de descarga estabilizada	212	
R134a	Presión de equilibrio [lados alta - baja]	85 - 85	Baja presión de retorno [LBP] - Sustituto R12
	Presión de pico	290	
	Presión de descarga estabilizada	230	

La **presión de equilibrio** que alcance el circuito de refrigeración durante los períodos de reposo del compresor dependerá de la carga de gas del sistema, que deberá ser calculada de manera de lograr el efecto máximo de enfriamiento en el evaporador (que se observa cuando las temperaturas de entrada y salida son iguales o casi iguales). Un exceso de carga producirá como efecto: Primero que las presiones de equilibrio sean superiores a lo especificado y segundo, retorno de líquido al compresor.

La **presión de pico** es la consecuencia de: a) la presencia de gases no condensables en el sistema o b) que se ha cargado una mezcla zeotrópica indebidamente, o sea en fase vapor, y como consecuencia el gas resultante no responde a las especificaciones de presiones - temperaturas correspondientes a la mezcla correcta o c) que se haya introducido una carga térmica en el gabinete demasiado elevada, provocando que el gas de retorno se sobrecaliente en exceso y al ser comprimido en el compresor se eleve temporalmente la presión que alcanza en el condensador. El protector térmico debe estar en capacidad de detectar esta situación y detener temporalmente el compresor.

La **presión de descarga** estabiliza depende del gas en el circuito y nuevamente de la carga de gas. Las presiones de descarga elevadas pueden ser producto de una sobrecarga de gas en el sistema, así como de un condensador sucio o mal ventilado, por falla del ventilador (si es de enfriamiento forzado) u obstrucción en el flujo regular de aire de enfriamiento.

Otros componentes del circuito eléctrico de un sistema de refrigeración doméstica

En un circuito básico de refrigeración se encuentran, además de los elementos descritos, los accesorios externos propios del compresor hermético: relé de arranque [amperométrico o PTC], protector térmico [bimetálico] de accionamiento por temperatura y/o consumo del compresor, y eventualmente un capacitor de arranque destinado a mejorar el par de arranque del compresor cuando este debe arrancar cuando las presiones del sistema [alta - baja] no tienen oportunidad de equilibrarse o cuando existen condiciones de alimentación eléctrica tales que la tensión en bornes del compresor desciende excesivamente debido a que el consumo de corriente de arranque produce una caída de tensión temporal en la línea de alimentación del artefacto. Los compresores de alta eficiencia llevan siempre un capacitor permanente [capacitor de marcha], destinado a disminuir el consumo de energía.

El circuito eléctrico elemental solo requiere de un dispositivo de control de funcionamiento del motocompresor, el cual en refrigeración doméstica es normalmente un termostato. En aplicaciones comerciales puede también encontrarse un dispositivo de control basado en la presión de retorno al compresor, empleando un presostato. Más adelante veremos el funcionamiento de estos dispositivos.

En el circuito eléctrico, a continuación del dispositivo de control primario del motocompresor y en aplicaciones de equipos sin escarcha puede encontrarse otro dispositivo, un reloj de descongelamiento con su circuito asociado, consistente en una resistencia eléctrica de descongelamiento y un dispositivo bimetálico para la desconexión de esta, cuyo funcionamiento también veremos más adelante.

Otros componentes que pueden encontrarse, a medida que los modelos crecen en capacidad y requieren de estos accesorios son: un electroventilador de condensación, un electroventilador de evaporación y accesorios varios.

CAPÍTULO V:
SISTEMA DE REFRIGERACIÓN

Como circuito auxiliar, no relacionado con el sistema de refrigeración, estos artefactos, casi sin excepción, disponen de un circuito de iluminación dentro del gabinete, operado por un interruptor de puerta, a fin de que la fuente de luz incandescente no irradie calor cuando la puerta está cerrada.

- **Circuito con enfriamiento por radiador sumergido en el depósito de aceite del compresor**

A partir del circuito básico detallado precedentemente, se desarrollan variantes que son determinadas por las mayores exigencias debidas a la mayor capacidad interna del gabinete. A partir de 1/5 h.p. ≈ 149 W y hasta ¼ h.p. ≈ 186 W los compresores requieren enfriamiento adicional al que puede obtenerse mediante convección natural y entonces se recurre a modificar el circuito de refrigeración, creando una derivación en el condensador, en un punto tal que la temperatura del gas comprimido haya perdido suficiente calor como para que su temperatura sea inferior a la del compresor y pueda absorber calor del interior de este mediante un radiador sumergido en el aceite que reposa en el fondo del compresor y que se conecta a los dos extremos de la derivación. Este circuito se emplea en artefactos de costo intermedio del rango entre 13 cu. ft. = 368 lts y 16 cu. ft. = 453 lts.

descongelamiento automático, a partir del hielo que recubre al evaporador y que es llevada hasta esta bandeja mediante una manguera conectada a un punto en el interior del gabinete donde se colecta el agua de descongelación. El calor del precondensador se utiliza para evaporar el agua proveniente del descongelamiento automático y evitar que esta se derrame o que se requiera una conexión a un drenaje de piso para deshacerse de ella. Sin precondensador el descongelamiento automático no es práctico pues el agua derretida en el proceso se acumularía y derramaría.

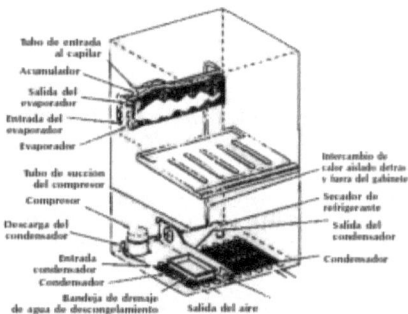

Nevera en transparencia mostrando parte del condensador utilizado para evaporar el agua drenada durante el ciclo de descongelamiento.

Compresor de 5 tubos.

- **Aprovechamiento del circuito de preenfriamiento para descongelamiento automático del evaporador**

En artefactos de rango medio de mayor costo se aprovecha esta variación para ofrecer descongelamiento automático. La primera parte del condensador se construye como un precondensador separado montado en una bandeja que es utilizada para recibir el agua que se licua durante el proceso de

- **Circuito de descongelamiento**

El descongelamiento se logra mediante un circuito eléctrico consistente en un temporizador de descongelamiento (de los cuales existen variantes en cuanto a los intervalos a los cuales se efectuará el proceso y al tiempo de reposo durante el cual se llevará a cabo) y que se ubica en un sitio accesible, externo, del gabinete.

Este circuito opera como se describe a continuación:

a) Desconecta la alimentación eléctrica al compresor (proveniente del circuito del termostato);

b) Simultáneamente energiza una resistencia eléctrica que está adosada al evaporador en la zona de aquel en que hay mayor posibilidad de acumulación de hielo, y cuyo circuito de alimentación eléctrica se cierra a través de un dispositivo bimetálico de control de deshielo cuyos contactos están normalmente cerrados dentro del rango de temperaturas normales en el interior del gabinete, y que abre sus contactos desenergizando la resistencia cuando la temperatura sensada por el bimetal indica que ya no hay más hielo presente, con lo cual se persigue que la resistencia entregue solo la cantidad de calor necesaria solo para derretir el hielo y no aporte calor adicional que eleve la temperatura en el interior del gabinete. Existen distintos modelos de resistencia de deshielo, generalmente de baja potencia, de construcción hermética para evitar que el agua de descongelamiento provoque un cortocircuito, cuya selección depende del diseño del evaporador. El dispositivo bimetálico de control de deshielo debe estar encapsulado herméticamente pues es un dispositivo conductor de electricidad que está colocado en un medio con alto contenido de humedad. Los terminales de conexión de estos componentes deben estar también protegidos contra la humedad pues todo el circuito está sometido a condiciones de riesgo de cortocircuito por efecto del agua de descongelamiento.

c) El tiempo de reposo del temporizador debe concluir siempre después de haberse abierto los contactos del dispositivo bimetálico de deshielo a fin de que se haya asegurado la eliminación de todo el hielo.

d) Al concluir el período de reposo el temporizador vuelve a cerrar el circuito de alimentación del compresor (y simultáneamente abre el de alimentación de la resistencia). Entonces, si el termostato ha alcanzado la temperatura máxima y ha cerrado sus contactos, el compresor arrancará y proseguirá su ciclo de funcionamiento normal controlado por el termostato hasta que el temporizador de descongelamiento vuelva a accionarse, en un tiempo que normalmente oscila entre 6 y 8 horas.

Las causas más probables de falla de este circuito se encuentran en la posibilidad de que los contactos del temporizador fallen, o el motor deje de girar, como consecuencia de insectos que se introducen en el interior del mecanismo y son atrapados por este. Esta falla se puede reparar sopleteando el dispositivo y comprobando su funcionamiento y el cierre y apertura de los contactos cuando el actuador lo determine. El circuito de descongelamiento se verifica en cuanto a que exista continuidad en la resistencia y que el bimetálico esté cerrado por debajo de 0°C y abierto por encima de esta temperatura. La posición de estos elementos en el evaporador también requiere de atención pues si alguno de ellos no se encuentra en la posición correcta, el funcionamiento puede ser errático.

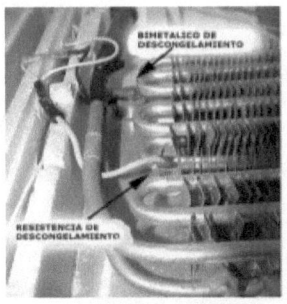

Reloj de descongelamiento, resistencia y bimetálico de descongelamiento.

A medida que las dimensiones internas de los gabinetes aumentan, desde los 18 cu. ft. ≈ 509 lts. y hasta 26cu.ft. ≈ 736 lts., se requieren compresores de mayor capacidad, existiendo una zona de transición en los gabinetes más pequeños, en la cual el fabricante del artefacto puede recurrir al circuito mencionado previamente, para los modelos más económicos o recurrir a compresores enfriados por aire y en ese caso se produce simultáneamente la transición hacia unidades condensadoras también enfriadas por aire, puesto que ya es necesario un ventilador para enfriar el compresor cuya función puede utilizarse simultáneamente para enfriar el condensador.

A partir de los 12 cu ft. ≈ 340 lts, puede observarse, en algunos modelos sofisticados, la aparición de evaporadores de tubos y aletas con intercambio forzado. En estos casos la distribución de temperatura dentro del gabinete se hace más uniforme debido al intercambio de aire forzado.

CAPÍTULO V: SISTEMA DE REFRIGERACIÓN

También se recurre al intercambio forzado en el caso de neveras con congelador separado (llamadas de dos puertas verticales) a partir de los 16 cu. ft ≈ 453 lts., en las cuales la temperatura del compartimiento de alimentos se logra forzando aire proveniente del congelador a través de un pasaje o ducto, en el cual se regula el caudal mediante un "damper" cuya apertura gradúa el usuario para alcanzar la temperatura que desea en este compartimiento, mientras que la operación del compresor es controlada, como siempre, por el termostato, cuyo bulbo sensor se ubica en el evaporador. En estas neveras, ya generalmente sin escarcha, se utiliza el mismo circuito de descongelamiento ya descrito.

mediante un control por "damper" cuyo funcionamiento se describió más arriba.

Nevera de 2 puertas horizontales "side by side".

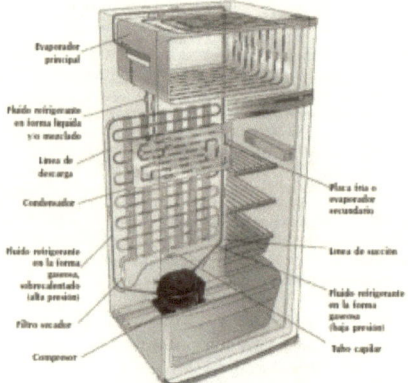

Nevera de 2 puertas verticales (transparencia).

Las neveras de mayores dimensiones, por encima de 20 cu. ft. ≈ 566 lts., normalmente son construidas con dos puertas orientadas verticalmente y reciben el nombre corriente de "side by side" (lado a lado), refiriéndose a la ubicación de las dos puertas correspondientes al congelador y al compartimiento de alimentos. Estas neveras requieren de compresores de ¾ h.p. ≈ 186 W hasta 1/3 h.p. ≈ 249 W, los cuales indefectiblemente requieren de enfriamiento forzado, circunstancia que determina que todas ellas utilicen condensadores de tubo y aletas que aprovechan el caudal de aire de enfriamiento del compresor para el doble propósito de enfriar en cascada el condensador. El evaporador, que puede ser de tubo y aletas o de placa (tipo "roll bond"), dispuesto en la pared posterior del congelador, siempre es de intercambio de aire forzado y en estos casos se aprovecha la diferencia de presiones entre el aire más frío en la parte inferior del congelador y el aire más caliente en la parte superior para enviar una parte de este flujo al compartimiento de alimentos para enfriar este,

Básicamente, el funcionamiento es controlado de la misma manera que en el circuito básico y solo difiere por el agregado ocasional de servicio tales como fabricador de hielo o enfriamiento de agua proveniente de un circuito alimentado por la red externa de agua potable.

- **Control centralizado por microprocesador**

Con el desarrollo tecnológico se han incorporado innovaciones tales como control centralizado por microprocesador, el cual sustituye los componentes tradicionales tales como el termostato de diafragma y el control de descongelamiento y los reemplaza por un dispositivo electrónico que, mediante señales recibidas a través de termocuplas ubicadas estratégicamente, no solo lleva a cabo el control de funcionamiento sino que registra continuamente las condiciones de trabajo, indica las temperaturas de trabajo y en situaciones de riesgo, genera señales de alarma para el usuario y servicio técnico. Esta forma de control tiene además como objetivo optimizar la operación del sistema eléctrico para minimizar el consumo de energía de estas unidades, normalmente en cumplimiento de exigencias de límites impuestos por entidades reguladoras, tales como la "Environmental Protection Agency" [EPA] de Estados Unidos y la entidad reguladora de la Comunidad Europea [CE].

Estos controles electrónicos requieren que el técnico adquiera destrezas en el campo de la electrónica; que incluye conocimientos sobre tecnologías de circuitos de estado sólido, tarjetas de circuito impreso, termocuplas, programación, interfaces equipo - usuario, a fin de estar en condiciones de

Control electrónico.

resolver algunos problemas en aquellos artefactos dotados de este tipo de controles.

Los problemas más sencillos de solucionar están relacionados con las fallas de conexiones, que se pueden determinar simplemente verificando la continuidad de cada uno de los contactos; pero si la falla se localiza en una tarjeta de circuito, lo más probable y seguro es recurrir a su sustitución, a menos que los conocimientos del técnico en electrónica le permitan enfrentar el reto de reparar estos componentes.

Ya existe la tecnología de compresores de velocidad variable controlable por microprocesador. Estos sistemas son más eficientes que los que utilizan compresores de velocidad fija puesto que su régimen de funcionamiento es directamente proporcional a los requerimientos de temperatura en el gabinete y no desperdician energía, en tanto que sus antecesores trabajan con un ritmo de encendido - apagado que responde al diferencial fijado en el termostato y que normalmente consume más energía, pero su costo hace que su uso no se haya difundido.

- **Control de la humedad en el contorno de las puertas**

Todos los gabinetes requieren que se prevenga la formación de condensación de humedad alrededor de la/s puerta/s, provocada por el contacto de la humedad ambiente con el aire frío que surge del gabinete al abrirse estas. Diseños clásicos recurren al empleo de resistencias eléctricas de puertas (de baja potencia), alimentadas permanentemente por el circuito de alimentación eléctrica del artefacto. Para eliminar este consumo de electricidad se puede emplear una parte del circuito del condensador, enrutado alrededor de los marcos de puerta, para lograr el mismo efecto, aprovechando la temperatura del gas del condensador. Aún cuando el uso del gas caliente para impedir la condensación es una práctica conocida desde el principio, se usaba con preferencia la resistencia eléctrica por su simplicidad, pero los requisitos de reducción de consumo energético han hecho que este método se haya adoptado en forma general en neveras de producción reciente.

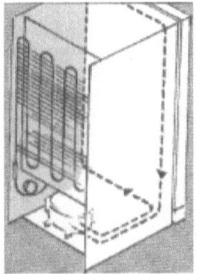

Nevera en transparencia mostrando circuito de precondensador utilizado para evitar condensación de humedad en el contorno de la puerta.

- **Condensador distribuido en el gabinete**

En equipos de reciente diseño, se encuentran otras variantes constructivas, tales como condensadores de enfriamiento por convección distribuidos y adheridos a la cara interna de las paredes exteriores; tanto las laterales como la posterior, del gabinete. Esto tiene como objetivo prescindir del enfriamiento forzado, a fin de reducir el consumo de energía. Estas neveras normalmente emplean compresores de alta eficiencia que operan con enfriamiento vía intercambiador con el aceite del compresor, a fin de lograr una mayor eficiencia energética del artefacto y reducir los niveles de ruido.

Estas disposiciones constructivas que distribuyen parte o todo el condensador oculto dentro del gabinete presentan un grave inconveniente, casi que insalvable, si se produce una fuga de refrigerante en el lado de alta del sistema, debido a que su detección, localización y reparación dependerán de que el sitio sea accesible, sin desbaratar estéticamente el gabinete; o de que el fabricante haya previsto esta posible necesidad de reparación, diseñando el gabinete de manera que el condensador sea accesible sin dañar el gabinete o sin incurrir en costos inadmisibles.

- **Congeladores domésticos - verticales y horizontales**

Los congeladores domésticos son unidades destinadas a la conservación a largo plazo de productos perecederos, a temperaturas que garanticen la detención de cualquier proceso de reproducción bacteriana. Las bajas temperaturas minimizan el deterioro de los alimentos, reducen la multiplicación de

CAPÍTULO V: SISTEMA DE REFRIGERACIÓN

bacterias, microorganismos y enzimas en células y fibras vivas, y reducen la pérdida de fluidos de los alimentos. Existen numerosos estudios que han determinado cuantitativamente la temperatura ideal de conservación de los diversos alimentos que componen la dieta del ser humano; en este contexto podemos generalizar diciendo que para conservar cierto tipo de alimentos más comunes por períodos largos la temperatura debe ser estar por debajo de -18°C, e idealmente menor que -20°C.

Existen versiones verticales (que externamente son exactamente iguales a una nevera), pero que internamente están construidos para trabajar a temperaturas de congelación. En el interior del gabinete se distribuyen parrillas destinadas a acomodar las mercancías que se desea congelar, tal como las parrillas de una nevera. El termostato opera, por supuesto, en un rango de temperaturas más bajo que el de una nevera y requieren compresores de mayor potencia para una misma capacidad interna. Existen congeladores sin escarcha, que dependen de un circuito de descongelamiento similar al de las neveras, así como otros que no eliminan el hielo y que deben ser descongelados manualmente con cierta periodicidad, dependiendo fundamentalmente de la humedad relativa ambiente de la zona y de la frecuencia de apertura de puerta.

Congelador vertical.

Otra configuración disponible en el mercado de aplicaciones domésticas es la que, a similitud de las unidades comerciales, está dispuesta en una caja o gabinete de acceso por arriba, llamados congeladores horizontales; usualmente no disponen de parrillas que permiten una mejor acomodación de las mercancías, pero son más efectivas en mantener la temperatura interior al abrir la puerta de acceso.

Congelador horizontal.

Los congeladores domésticos de menor capacidad interior (hasta aproximadamente 9 cu. ft. [250 lts]) emplean compresores dotados de circuito enfriador de aceite, que no requiere ventilación forzada, y en tal caso el circuito será idéntico al que se emplea en neveras con precondensador, descrito más arriba; pero la gran mayoría trabaja con sistemas de compresores herméticos y condensadores enfriados por ventilador; en tanto que los evaporadores pueden ser de tubo y aletas, o placa, en las versiones verticales y siempre de placa en las versiones horizontales.

El principio de funcionamiento es el mismo que el explicado para neveras, excepto por los mayores requerimientos de potencia del compresor para alcanzar y mantener las temperaturas de congelación. Los congeladores horizontales casi siempre requieren descongelación manual y la descarga de agua de deshielo se efectúa a través de un orificio en el piso obstruido por un tapón.

En cuanto a la estructura de los congeladores horizontales, estos son simples cajas aisladas térmicamente, con una tapa superior sujeta por bisagras con resortes de compensación que reducen el esfuerzo necesario para abrirla y dependen de su peso y del estado de la empacadura de puerta para cerrar herméticamente la caja. El exterior de la caja puede ser metálico o plástico, en tanto que su interior es siempre metálico (aluminio liso o corrugado) al cual se fija mecánicamente o mediante adhesivo especial una longitud de tubería de cobre que actúa como evaporador y cuya distribución es tal que las paredes y piso del congelador actúen como intercambiadores de calor absorbiendo el calor de la mercancía contenida en su interior. El compartimento de alojamiento de la unidad condensadora se obtiene a expensas del volumen interno de la caja de manera que la superficie exterior del congelador sea un paralelepípedo sin protuberancias. Este compartimento donde se alojan: compresor, condensador, ventilador, termostato, elementos de protección del compresor y el exceso de tubo capilar, está diseñado como un túnel, de tal manera de proporcionar un flujo de aire de enfriamiento correcto al compresor y al condensador por lo que tiene rejillas de ventilación observables en las paredes exteriores del congelador, estratégicamente ubicadas para orientar adecuadamente este flujo. Debe tenerse cuidado de mantener una distancia de al menos 5 centímetros entre estas rejillas y la pared más próxima y evitar obstruir de cualquier manera el flujo de aire que es absolutamente necesario para el buen funcionamiento de la unidad.

2.1 Componentes del circuito de refrigeración en neveras o congeladores domésticos

Señalamos que no existen diferencias fundamentales entre una nevera y un congelador domésticos en cuanto a sus características constructivas y principios generales de funcionamiento. El tipo de compresor que se ha establecido como el patrón de referencia para casi todas estas aplicaciones domésticas es el motocompresor hermético reciprocante o alternativo, por sus ventajas comparativas de bajo costo, funcionamiento confiable, bajo nivel de ruido, tamaño reducido y alta eficiencia. Neveras y congeladores domésticos comparten el mismo tipo de componentes pero con sutiles diferencias en lo que respecta a las características operativas. Describiremos las características más importantes de estos, así como el lubricante y los problemas relacionados con este en función de su rol en el compresor y su influencia en el sistema de refrigeración.

- **Motocompresor hermético reciprocante o alternativo**

Este componente, conocido también como unidad sellada, compresor o simplemente (e impropiamente así llamado) "motor", consiste en un conjunto compresor - motor, ensamblados bajo estrictas normas de limpieza y con tolerancias y ajustes de alta precisión y sujetos dentro de una carcasa soldada herméticamente la cual es previamente configurada habiéndose soldado eléctricamente a ella: un conector eléctrico de tres pines para la alimentación de las bobinas de marcha [M], arranque [A] y común [C] del motor; y unidos por soldadura fuerte un mínimo de tres (y un máximos de cinco) tubos destinados a conectar el compresor con el sistema de refrigeración en que vaya a ser empleado.

Motocompresor hermético de potencia fraccionaria.

- **Rangos de aplicación**

Los compresores pueden clasificarse según su rango de aplicación, disposición para el arranque y gas refrigerante, en las siguientes familias:

Presión de retorno	Par de arranque	Gas refrigerante
Baja presión de retorno [LBP] (low back pressure)	Normal [LST] (low starting torque)	R12, R134a, R600a, R22, R502, R404A, R507, R290, etc.
	Alto par de arranque [HST] (high starting torque)	
Presión de retorno media [MBP] (middle back pressure)	Normal [LST] (low starting torque)	
	Alto par de arranque [HST] (high starting torque)	
Presión de retorno alta [HBP] (high back pressure)	Normal [LST] (low starting torque)	
	Alto par de arranque [HST] (high starting torque)	
Presión de retorno alta / aire acondicionado	Normal [LST] (low starting torque)	
Presión de retorno comercial [CBP] (commercial back pressure)	Normal [LST] (low starting torque)	
	Alto par de arranque [HST] (high starting torque)	

Donde se definen:

Rango de aplicación	Temperatura de evaporación	
	°C	°F
Baja presión [LBP]	-34,4 ~ -12,2	-30 ~ -10
Presión comercial [CBP]	-17,8 ~ 10,0	0 ~ 50
Media / Alta presión	-20,0 ~ 12,8	-4 ~ 55
Aire acondicionado / Alta presión	0,0 ~ 12,8	32 ~ 55

CAPÍTULO V: SISTEMA DE REFRIGERACIÓN

Par de arranque

Normal [LST] (bajo par de arranque): no requiere capacitor de arranque y se diseña para que arranque cuando las presiones en el sistema alcanzan a equilibrarse en los valores máximos establecidos para cada gas refrigerante ya vistos más arriba en este mismo capítulo. Normalmente se emplean solo en sistemas que funcionan con tubo capilar. Pueden estar dotados de un capacitor de marcha, pero este sólo se emplea para aumentar la eficiencia del compresor. Ocasionalmente pueden encontrarse compresores con motores de bajo par de arranque a los cuales se ha conectado un capacitor de arranque para asistirlo cuando las condiciones de tensión de línea son bajas y dificultan el arranque. Esto aumenta el par de arranque aproximadamente un 30 ~ 50%, pero no logra el mismo efecto que se obtiene en un motor diseñado para alto par de arranque, donde este llega a ser 100% mayor que el de un motor de bajo par de arranque.

Alto par de arranque: el motor está diseñado para arrancar cuando se alimenta su bobina auxiliar a través de un capacitor de arranque cuyo valor de capacitancia es calculado para lograr el máximo par de arranque posible cuando se lo conecta con un bobinado de las características propias de ese motor. Montar un capacitor de otro valor no va a lograr el mismo efecto y puede provocar tensiones eléctricas mayores en las bobinas del motor. Están diseñados para aplicaciones en las cuales es imprededcible conocer si las presiones del sistema alcanzarán el equilibrio mencionado más arriba, antes que el compresor reciba la señal de arranque, tal como aplicaciones comerciales donde la apertura de puerta del artefacto es frecuente.

El gas que se vaya a emplear en un determinado compresor determina, entre otras cosas, el torque de arranque necesario pues las presiones del sistema varían notablemente entre unos y otros y esto debe tenerse en cuenta al diseñar el motor correspondiente, también fija las limitaciones a tener en cuenta en función de las características de seguridad del gas (inflamable o no, entre otras) pues de ello depende el tipo de accesorios requeridos (normales o herméticamente sellados, etc.)

• **Consideraciones particulares relacionadas con el rango de aplicación de un compresor**

En aplicaciones domésticas particularmente, es muy importante verificar que la presión de succión del compresor esté dentro del rango aceptable según su clasificación [LBP - MBP - HBP - AA] puesto que ello esta vinculado con la temperatura de retorno del gas y su efecto de contribución al enfriamiento del compresor. Una presión de retorno más elevada significa gas más caliente y menos enfriamiento. En algunos casos, el fabricante especifica un rango extendido de aplicación, o sea que el mismo compresor puede funcionar en LBP, MBP o HBP, con solo cambiar algunos componentes, tales como relé y protector térmico, pero antes de tomar la decisión de emplear un determinado tipo de compresor el técnico debe verificar las especificaciones del fabricante.

En refrigeración doméstica, la mejor presión de retorno posible, siempre y cuando se cumplan todos los requisitos de enfriamiento solicitados por la aplicación para la mercadería contenida, o sea, una vez lograda la temperatura de evaporación deseada, es la más baja presión posible, sin que en ninguna condición de trabajo esta llegue a alcanzar niveles de vacío.

• **Capacidad del compresor**

Definamos primero las condiciones de medición de capacidad de un compresor establecidas por ASHRAE, que son las que emplean la gran mayoría de fabricantes de compresores para clasificar sus productos:

Temperaturas	ASHRAE			
°C / (°F)	LBP	CBP	M/HBP	HBP/AC
Evaporación	-23,3 / (-10)	-6,7 / (20)	7,2 / (45)	7,2 / (45)
Condensación	54,4 / (130)	54,4 / (130)	54,4 / (130)	54,4 / (130)
Gas de retorno	32,2 / (90)	35,0 / (95)	35,0 / (95)	35,0 / (95)
Líquido	32,2 / (90)	46,1 / (115)	46,1 / (115)	46,1 / (115)
Ambiente	32,2 / (90)	35,0 / (95)	35,0 / (95)	35,0 / (95)

Estas son las condiciones de ensayo que deben ajustarse en el calorímetro donde se esté determinando la capacidad de un compresor. La capacidad frigorífica, medida en estas condiciones, es la que permite comparar dos compresores, cualquiera sea su fabricante. Normalmente se efectúa el ensayo a 60 Hz y a la tensión para la cual fue diseñado el motor. La capacidad equivalente a 50 Hz puede calcularse dividiendo la capacidad a 60 Hz por 60 y multiplicándola por 50 pues la capacidad es función del rendimiento volumétrico, que es proporcional a la velocidad del motor y puesto que la velocidad es proporcional a la frecuencia, la relación se mantiene para la capacidad.

La capacidad del compresor puede expresarse en Kcal/hr en el Sistema Internacional o Btu/hr en el sistema inglés, con la siguiente relación entre ellas:

1 Btu/hr = 0,252 kcal/hr = 252 cal/hr

La costumbre ha popularizado el uso del término HP para definir la capacidad de un compresor, denominación que tiene su origen histórico en la época de la máquina de vapor, de donde provienen las definiciones siguientes:

Media/Alta Presión de Evaporación [M/HBP]y Acondicionamiento de aire [HBP-AC]:

$$\text{Capacidad en HP} = \frac{\text{Capacidad frigorífica en Btu/hr @ 60 Hz}}{12.000}$$

Ejemplo: un compresor que rinde **24.000 Btu/hr**, [medidos en condiciones ASHRAE @ 60 Hz] es llamado un compresor de **2 HP**.

Presión Comercial [CBP]

$$\text{Capacidad en HP} = \frac{\text{Capacidad frigorífica en Btu/hr @ 60 Hz}}{8.000}$$

Ejemplo: un compresor que rinde **4.000 Btu/hr**, [medidos en condiciones ASHRAE @ 60 Hz] es llamado un compresor de **1/2 HP**.

Baja Presión [LBP]

$$\text{Capacidad en HP} = \frac{\text{Capacidad frigorífica en Btu/hr @ 60 Hz}}{4.000}$$

Ejemplo: un compresor que rinde **1.000 Btu/hr**, [medidos en condiciones ASHRAE @ 60 Hz] es llamado un compresor de **1/4 HP**.

Sin embargo, los fabricantes de compresores se han desviado un poco de estas equivalencias y puesto que se obtienen mayores coeficientes de desempeño en la actualidad **[COP]** ("Coefficient of performance" por sus iniciales en inglés) para un mismo desplazamiento volumétrico del compresor, en la actualidad se han abandonado estas equivalencias atribuyéndose a los compresores valores en HP que no coinciden totalmente con estos criterios.

Es recomendable que los técnicos conozcan la capacidad frigorífica de un compresor al hacer un reemplazo por otro de otra marca o idealmente el desplazamiento volumétrico puesto que esto es lo que determina la verdadera equivalencia en cuanto a la aplicación determinada. Un mejor COP le permitirá reducir el consumo de energía, pero en lo que respecta al trabajo termodinámico, es mejor indicativo emplear el desplazamiento volumétrico o cilindrada al momento de tomar una decisión de sustitución de compresores.

- **Descripción de las funciones de los tubos en la carcaza del compresor**

Dos de estos tubos son accesos directos al interior de la carcaza y se emplean, uno para conectar un tubo de servicio y carga [denominado "tubo de servicio"] y el otro para la conexión de la línea de retorno del evaporador [denominado "tubo de succión" del compresor]. Si bien ambos tubos pueden ser usados indistintamente para cualquiera de las dos funciones: succión o servicio, pues no hay ninguna diferencia entre ellos, es importante destacar que en los manuales de compresores, el fabricante define cual debe usarse para tal o cual fin. La razón reside en que, en compresores de fabricación moderna, el tubo definido como de succión por el fabricante es el que garantiza que el gas a baja temperatura retorne al compresor e ingrese en una cámara interna llamada silenciadora "muffler" que, por una parte, minimiza el sonido de la válvula de lámina "flapper" de succión y por la otra dirige inmediatamente el gas a la succión del mecanismo de compresión para ganar eficiencia.

El tercer tubo corresponde a la descarga del gas comprimido a alta presión. El gas comprimido en el mecanismo de compresión es retenido por la válvula de lámina "flapper" de descarga, y antes de dejar el cuerpo, debe pasar por cámaras/s destinadas a atenuar el nivel de ruido de las válvulas de succión y descarga, antes de ser enviado al exterior de la carcaza a través de un tubo de pequeño diámetro conformado con formas geométricas curvas diseñadas para que absorban gran parte de la vibración, el cual se suelda internamente al tercer tubo ya mencionado, denominado "de descarga" del compresor, de tal modo que al conectar el compresor al sistema de refrigeración en que va a trabajar el amortiguamiento de ruido sea el máximo posible.

Los "dos" tubos adicionales que salen de la carcaza en la parte más cercana al fondo de esta, en las versiones de cinco tubos, realmente corresponden a los "dos extremos de un tubo" plegado, doblado, curvado y conformado para acomodar una determinada longitud en el menor área posible, para que se sumerja totalmente en el aceite de lubricación que se mantiene en el fondo de la carcaza, con la finalidad de enfriar el aceite con gas proveniente del condensador, tomado desde un punto en el que ya haya perdido parte del calor ganado en el proceso de compresión, y devuelto posteriormente al mismo punto en el

CAPÍTULO V: SISTEMA DE REFRIGERACIÓN

condensador para que prosiga perdiendo calor hasta alcanzar el estado líquido, antes de llegar al filtro secador y el dispositivo de expansión.

Los compresores alternativos dependen de un delicado sistema de suspensión interna, basado en resortes, en algunos casos de tracción y más modernamente de compresión, destinado a minimizar la transferencia a la carcaza de la vibración propia del motor eléctrico y el mecanismo de compresión de gas. Sin esta suspensión el nivel de ruido de los compresores sería inaceptable para un artefacto que funciona durante las veinticuatro horas del día en el entorno hogareño. Adicionalmente, la carcaza debe ser montada sobre bases amortiguadoras, generalmente de caucho blando, ajustadas a una cierta tensión, cuya función es reducir aún más el nivel de vibración que el compresor pueda transferir al gabinete.

Se han hecho progresos importantes en la reducción de los niveles de ruido de los compresores alternativos, así como en el desempeño desde el punto de vista de consumo de energía.

- Tipos de motores herméticos de potencia fraccionaria

Los motores eléctricos de estos compresores son del tipo monofásico, de inducción, de potencia fraccionaria (menor que ⅓ hp) y puede clasificarse por su forma de arrancar y posterior funcionamiento, en tres familias principales:

Motor hermético.

- **Arranque por fase dividida:** RSIR [por sus iniciales en inglés: "Resistance Start Induction Run"] o **PTCSIR** [por sus iniciales en inglés: "PTC Start Induction Run"].

En estos casos se emplean uno u otro de los siguientes tipos de relé:

Relé amperométrico.

Relé **"PTC"** [por sus iniciales en inglés: Positive Temperature Coefficient].

Relé voltimétrico. (Poco empleado en refrigeración doméstica pero sí en aire acondicionado).

Motores con torque normal de arranque, adecuados para aplicación en sistemas de refrigeración con dispositivo de control de flujo de refrigerante por tubo capilar, en los cuales las presiones alcanzan el equilibrio antes del arranque. El relé alimenta la bobina de arranque directamente hasta que la corriente en la bobina de marcha indica que el rotor ha alcanzado velocidad suficiente para generar su propio campo electromagnético rotativo que mantiene el movimiento.

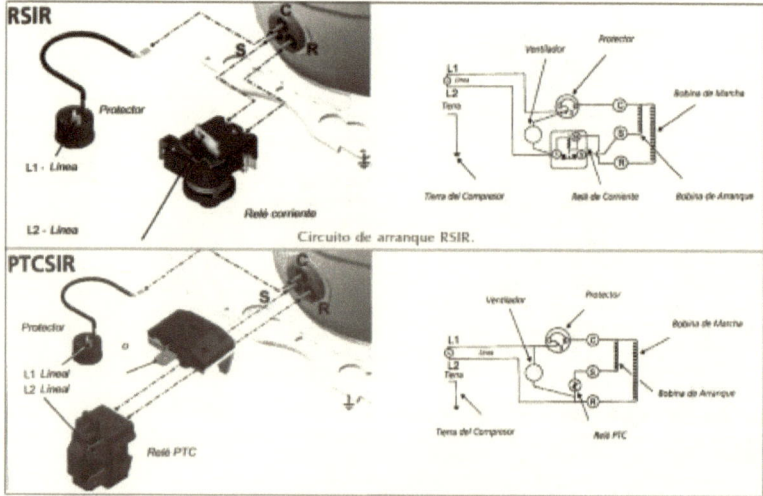

Circuito de arranque RSIR.

Circuito de arranque PTCSIR.

- **Arranque con capacitor: CSIR** [por sus iniciales en inglés "Capacitor Start Induction Run"] o **PTCCSIR** [por sus iniciales en inglés: "PTC Capacitor Start Induction Run"].

Los relés son similares a los descritos precedentemente pero están dotados de contactos adicionales para la conexión del capacitor de arranque.

Motores con alto torque de arranque. Para lograrlo emplean un capacitor electrolítico conectado en serie con la bobina de arranque que solo se energizan durante los instantes en que está conectada esta bobina a través de los contactos del relé de arranque, tal como en el caso anterior.

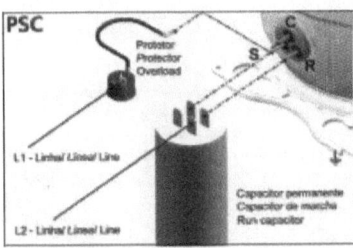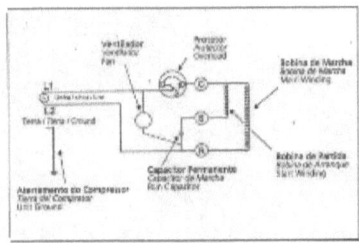

Circuitos de arranque CSIR [con relé amperométrico y relé voltimétrico].

Son aptos para empleo en sistemas de refrigeración con dispositivo de control de flujo de refrigerante por tubo capilar o válvula de expansión, permitiendo el arranque aún cuando las presiones del sistema no hayan alcanzado el equilibrio.

- **Con capacitor de marcha: PSC** [por sus iniciales en inglés "Permanent Split Capacitor"].

Motores con torque normal de arranque. Utilizan un capacitor de marcha conectado en serie con la bobina de arranque, que se mantiene energizada; de esta manera la eficiencia del motor es superior a la de los motores RSIR. Se los emplea en aplicaciones con dispositivo de control de flujo de refrigerante por tubo capilar, donde las presiones del sistema alcanzan el equilibrio antes del arranque.

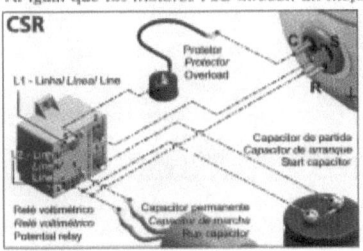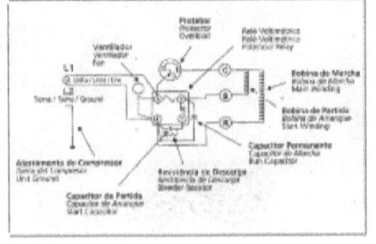

Circuito de arranque PSC.

- **Arranque con capacitor, marcha con capacitor: CSR** [por sus iniciales en inglés: Capacitor Start and Run].

Motores con alto torque de arranque. Emplean un capacitor de arranque y uno de marcha, conectados mediante un relé voltimetrito. Son aplicados en sistemas con dispositivo de control de flujo de refrigerante por tubo capilar o válvula de expansión en los cuales no se alcanza el equilibrio de presiones antes del arranque. Al igual que los motores PSC ofrecen un mejor nivel de eficiencia (menor consumo de corriente).

Circuito de arranque CSR.

CAPÍTULO V: SISTEMA DE REFRIGERACIÓN

- **Relés**

El relé de arranque juega un papel fundamental en el arranque de los motores de compresores herméticos que lo necesitan. En el instante de arranque del motor se conecta la bobina auxiliar, que determina el sentido de rotación del motor y proporciona el torque necesario para el inicio del movimiento. Después del arranque, se desconecta la bobina auxiliar (excepto en los motores con capacitor de marcha permanente "PSC"), y solamente la bobina de marcha permanece funcionando.

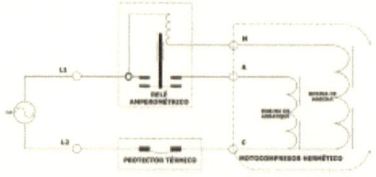

Esquema eléctrico de relé amperométrico.

Relé amperométrico

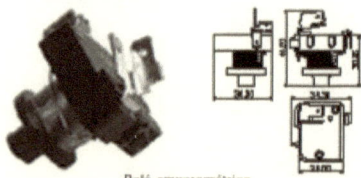

Relé amperométrico.

Por su diseño requiere que se lo instale de manera que el eje de la bobina esté en posición vertical [una desviación de 5° con respecto a la vertical es suficiente para que la velocidad de actuación se vea disminuida, lo que afecta la vida de los contactos], con los contactos normalmente abiertos por encima de ella. Es un dispositivo electromecánico, con contactos normalmente abiertos mientras está en reposo. Desde el punto de vista eléctrico, el relé se conecta de tal forma que su bobina quede en serie con la bobina de marcha del motor del compresor y los contactos del relé - normalmente abiertos, en serie con la bobina de arranque y conectando a esta (cuando cierran) con la misma línea a la que está conectada la bobina del relé. Cuando el circuito de control del artefacto envía la señal de puesta en marcha del compresor (cerrando los contactos del control de temperatura, en términos generales, el termostato), se aplica una tensión a la bobina del relé, en serie con el borne M (correspondiente a la bobina de marcha del motor) y el borne C (común) del compresor. La tensión aplicada a la serie de la bobina del relé y la bobina de marcha produce el paso de una corriente que es proporcional a la fuerza contraelectromotriz de la bobina de marcha, que es lo suficientemente elevada como para generar en la bobina del relé una fuerza electromagnética que eleva una armadura deslizante en el interior de esta, que provoca el cierre de los contactos y como consecuencia el cierre del circuito de alimentación de la bobina de arranque conectada internamente al borne A (arranque).

Al energizarse la bobina de arranque se genera un campo magnético rotatorio en el estator del motor, cuya dirección depende de la conexión relativa de los extremos de las bobinas de marcha y arranque y su magnitud de la intensidad de las corrientes en cada bobina y desfase relativo entre estas, que a su vez dependen de las componentes inductivas, resistivas y capacitivas de cada bobina (por ello es que el diámetro de los alambres y número de espiras son tan distintos entre una y otra). Este campo magnético rotatorio interactuando con las barras de aluminio inyectadas en el rotor, unidas en sus extremos por dos anillos denominados "anillos de cortocircuito" genera en estas una fuerza perpendicular a ellas y al campo magnético que cruza el entrehierro entre los dientes del estator y el rotor, y que es tangencial a la superficie cilíndrica del rotor. La sumatoria de las fuerzas generadas en cada una de las barras del rotor multiplicada por el radio del rotor es lo que genera el torque que da inicio a su movimiento rotativo. Una vez iniciado el giro del rotor, este alcanza su velocidad final muy rápidamente (en cuestión de 1 a 3 segundos, dependiendo del torque resistente) y el rotor mismo genera su propio campo electromagnético que interactúa con el de la bobina de marcha, con lo que la intervención de la bobina de arranque ya no es necesaria.

Oportunamente, la presencia del campo magnético rotativo generado en el rotor reduce rápidamente la fuerza contraelectromotriz, que requiere una elevada corriente en la bobina de marcha; a consecuencia de lo cual la corriente disminuye considerablemente (hacia lo que constituye lo que denominamos corriente nominal). La intensidad de esta corriente no es suficiente para mantener la armadura en el interior de la bobina del relé en su posición superior y esta desciende bruscamente (ayudada por la acción de un resorte calibrado ubicado en su eje), para forzar una apertura brusca de los contactos que energizan la bobina de arranque dejando a esta fuera del circuito hasta el próximo arranque (a menos que se trate de una aplicación de capacitor de marcha permanente).

Si por alguna circunstancia el rotor no pudiera alcanzar la velocidad necesaria para que la disminución en la corriente en la bobina de marcha provoque la apertura de los contactos del relé, la corriente mantenida en la bobina de arranque provoca un paulatino pero muy rápido aumento de su temperatura que afecta rápidamente el aislamiento (barniz) de esta y eventualmente la lleva a su destrucción. Esta condición se produce cuando, por ejemplo, el termostato indica que el compresor debe arrancar antes de que las presiones del sistema se hayan equilibrado. Esto a su vez puede ser causado por: apertura de puerta demasiado frecuente, intentos de arranque del compresor interrumpidos por actuación del protector térmico del mismo, fluctuaciones o interrupciones momentáneas del servicio eléctrico, o cualquier otra acción externa que requiera de una frecuencia de arranques más corta que la prevista por el fabricante del artefacto que a su vez estará predeterminada por las especificaciones del fabricante del compresor.

La vida media útil del relé ha sido calculada para un número predeterminado de cierres de contactos, en determinadas condiciones de carga, que usualmente es de 100.000 actuaciones. La vida útil real dependerá de la carga a la cual son sometidos los contactos.

El problema más común asociado con el relé amperométrico es el generado por desgaste por chisporroteo de los contactos, que puede derivar en contactos soldados o, el caso contrario, que no cierran el circuito. Estas dos condiciones pueden verificarse con un multímetro o probador de continuidad, en el primer caso con el relé en su posición normal de trabajo (en estas condiciones los contactos deben estar abiertos, si están cerrados están soldados) y en el segundo caso con el relé en posición invertida (en estas condiciones los contactos deben estar cerrados, si no hay continuidad están dañados al punto de no hacer contacto eléctrico).

- **Selección del relé amperométrico**

La selección del relé es crítica pues para cada uno de ellos existe una combinación de dos parámetros importantes: la corriente de cierre (enganche) de los contactos "pick up" y la corriente de apertura (desenganche) de estos "drop out". Como ya vimos más arriba, el relé actúa por el efecto de la corriente que pasa por la bobina de marcha, la cual asciende abruptamente al energizarse el motor, pero luego desciende rápidamente. El relé debe seleccionarse de manera que su corriente de enganche esté por debajo de la máxima corriente que circula por la bobina de marcha en el momento de arranque (para garantizar que cierre los contactos) y su corriente de desenganche se alcance cuando el rotor ha alcanzado aproximadamente el 75% de su velocidad de funcionamiento (puesto que a esta velocidad el rotor puede generar su campo magnético tal como se describió más arriba. Hay que seleccionar cuidadosamente estos valores pues debe evitarse que en alguna condición de sobrecarga la corriente en la bobina de marcha se mantenga en un valor elevado que impida que los contactos abran, por estar por encima de la corriente de apertura, lo que provocará que la bobina de arranque no se desconecte y su temperatura suba hasta provocar la apertura de la protección térmica.

Cada relé viene identificado por una combinación de letras y números que nos indican una cantidad de datos tales cómo características constructivas, tipo de conexiones externas y la clasificación según corrientes de enganche y desenganche, en los tres últimos dígitos del código.

Relé PTC

El funcionamiento de este relé, introducido mucho después del relé amperométrico, es electrotérmico y no posee piezas en movimiento ni bobinado por lo que es mucho más confiable que su antecesor; su único componente pasivo es una pastilla de material cerámico que posee la propiedad de aumentar su resistencia eléctrica cuando es calentado por el paso de una corriente a través de él. Esta pastilla está conectada a los terminales del relé que conectan, por un lado a la línea de alimentación y por el otro al borne [A], correspondiente a la bobina de arranque. El relé alimenta directamente a la bobina de marcha a través del borne [R].

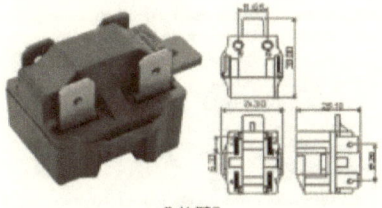

Relé PTC.

Inicialmente, la pastilla del PTC estará a temperatura ambiente y su resistencia es baja de modo que está en condiciones de dejar pasar una corriente sin impedimentos a través de sí misma. Cuando el circuito de control del artefacto (termostato) cierra el circuito de alimentación eléctrica del compresor, la tensión presente aplicada al terminal L_2 del relé produce una circulación de corriente a través de la bobina de marcha y simultáneamente a través de la serie de la pastilla del relé PTC y la bobina de arranque y que cierra el circuito a través del protector térmico, en cuyo Terminal L_1 se conecta la otra línea de alimentación. En estas condiciones, como se explicó anteriormente, el motor gira y la corriente que pasa a través de la pastilla del PTC calienta a esta rápidamente por el calor generado por la corriente de arranque $I_r^2 \times R_{PTC}$, con el efecto de un rápido aumento de la resistencia de la pastilla del PTC hasta el punto que permite el paso de una corriente muy reducida, que puede considerarse despreciable.

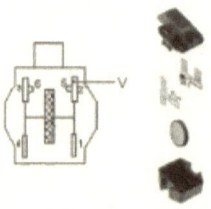

Corte mostrando construcción interna PTC.

Su utilización es muy común en compresores de diseño reciente de baja capacidad, destinados a aplicaciones donde el tiempo entre ciclos de operación sea lo suficientemente largo para que la pastilla del PTC se enfríe y quede lista para un nuevo ciclo (mínimo 1 minuto).

El tiempo de reposición del protector térmico, determinado en fábrica en función del tiempo que necesitan los bobinados del motor para que su temperatura baje a niveles seguros, es también crítico pues en caso de relé PTC debe tomarse en cuenta el tiempo que necesita la pastilla cerámica para reducir su resistencia que, como dijimos, debe ser de más de un minuto.

Es por ello que en algunos casos, intentar sustituir un relé amperométrico con un relé PTC puede no ser exitoso, en aquellos casos en que el tiempo de reposición del protector calculado para ese compresor para ser usado en conjunto con un relé amperométrico, sea muy corto.

- Selección de relé PTC

La selección del relé tipo PTC es menos compleja pues existen muchos menos tipos distintos para adaptar a un gran número de compresores distintos. El factor determinante es el tiempo requerido por la pastilla para recuperar su valor de resistencia eléctrica inicial, una vez que se ha interrumpido el paso de corriente por ella y se ha enfriado y la capacidad de corriente que maneja. Ello se logra con un número relativamente pequeño de pastillas, que varían en su resistencia eléctrica, para distintas tensiones de aplicación (120 / 240) y diferentes valores de tensión máxima / intensidad de corriente máxima [Vmax/Imax].

Consideraciones particulares para relés PTC

- La superficie y terminales del relé pueden alcanzar altas temperaturas en condiciones normales de operación. Cualquier material que esté en contacto con el relé, incluyendo cables y aislamiento de los cables de los accesorios vinculados (capacitor, ventilador, protector térmico) deben ser clase térmica 105°C y debe evitarse el contacto con materiales cuya clase térmica sea inferior.

- El relé tipo PTC debe estar protegido de fuentes potenciales de salpicadura de líquidos, tal como la bandeja de evaporación del agua de descongelación o las conexiones de alimentación de agua en las aplicaciones que tengan servicio de alimentación de agua externa.

- Ciertos materiales, tales como gases clorados CFC y CHFC pueden degradar las características de la pastilla del PTC. Este dispositivo no debe ser expuesto a gases clorados o sulfurados ni a materiales que puedan generarlos. En particular, evite emplear aislamiento basado en policloruro de vinilo [PVC] en contacto con los terminales del relé.

- El relé PTC debe estar protegido por una cubierta de protección contra posibles contactos humanos durante su empleo.

- Comparación entre relé amperométrico y PTC

	RELÉ AMPEROMÉTRICO	RELÉ PTC	
VENTAJAS	• No necesita enfriarse para operar. • Tiempo de conexión depende del arranque del motor.	• No posee partes móviles. • No produce chispas. • Funciona en cualquier posición.	• No se desgasta. • Pocos modelos diferentes.
DESVENTAJAS	• Posee partes móviles. • Tiene contactos eléctricos que se desgastan. • Emite señales de interferencia electromagnética por las chispas al abrir contactos. • Un modelo específico para cada compresor. • Debe ser montado en posición vertical.	• Necesita tiempo para enfriarse y volver a operar. • Tiempo de conexión no depende del arranque del motor.	

Relé voltimétrico

Son empleados en aplicaciones comerciales que empleen compresores que requieran capacitores de arranque y marcha en el circuito de alimentación del motocompresor. La bobina del relé se conecta en paralelo con la bobina de arranque del motor eléctrico y sus contactos, normalmente cerrados [NC] se emplean para desconectar el capacitor de arranque.

La tensión en la bobina de arranque aumenta a medida que lo hace la velocidad del motor, hasta alcanzar el valor necesario para atraer la armadura del relé lo cual acciona los contactos, abriéndolos. La tensión inducida en la bobina de arranque por el campo electromagnético del motor en funcionamiento continúa atrayendo la armadura, manteniendo los contactos abiertos. El capacitor de marcha [permanente] se conecta en paralelo con la serie del relé de arranque y los contactos NC.

Relé voltimétrico.

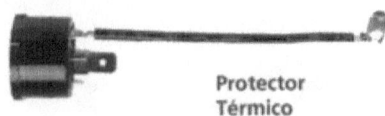

Protector Térmico

En la cápsula se han dispuesto dos contactos fijos y sus puntos de conexión al circuito de alimentación del compresor, así como una resistencia eléctrica en serie con el circuito, por detrás y a corta distancia del disco de tal manera que la corriente que circula por el compresor crea una temperatura que precalienta el disco. La forma de esta cápsula es tal que posiciona el disco a una distancia prefijada de la carcaza y lo protege de influencias térmicas externas.

Los protectores térmicos están basados en distintas combinaciones de pares de metales, distintas formas y tamaños de discos, distintas geometrías de los cortes y perforaciones y distintos valores de la resistencia de precalentamiento para lograr diferentes respuestas a combinaciones de consumo de corriente y temperatura radiada desde la carcaza.

- **Protector térmico bimetálico externo tipo disco**

El protector térmico es un componente basado en un disco bimetálico que depende de los coeficientes de dilatación distintos de dos metales adheridos entre sí, cuando estos dos metales son sometidos a cambios en la temperatura. Un disco troquelado de este material bimetálico (en el cual se han efectuado cortes y perforaciones cuidadosamente calculados para obtener una actuación precisa dentro de un rango de temperaturas de actuación al cual se han electrosoldado en una misma cara, cerca del diámetro exterior del disco dos contactos diametralmente opuestos), se sujeta a una cápsula, generalmente de bakelita o plástico, mediante un tornillo de calibración. Este tornillo es regulado en la fase final del proceso de fabricación para que el bimetálico reaccione deformándose hasta que, por tensión mecánica sus contactos se separan de los contactos fijos con un accionamiento brusco "snap", con el objeto de minimizar el chisporroteo de los contactos.

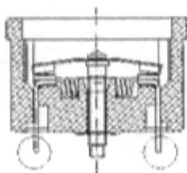

Corte protector térmico.

Para un determinado compresor se hace una selección cuidadosa del protector térmico adecuado para que actúe cuando sea necesario, desconectando la alimentación por el tiempo que tarde el disco bimetálico en retomar su forma normal, que corresponde a la posición de contactos cerrados.

También es importante lo opuesto, o sea que no produzca interrupciones de funcionamiento innecesarias por demasiado tiempo, cuando la causa de incremento de temperatura es temporal y se corrige por sí misma (esto sucede, por ejemplo, cuando se carga el gabinete con productos cuya temperatura excede la temperatura ambiente). El gas en el evaporador adquiere más energía de lo normal y por lo tanto retorna al compresor con una temperatura mayor (aumenta lo que se llama "superheat" más de lo deseable); como consecuencia el gas que retorna al compresor lo hace a una temperatura más alta y

CAPÍTULO V:
SISTEMA DE
REFRIGERACIÓN

temporalmente aumenta la temperatura en el interior de la carcaza. Este aumento de temperatura se transfiere a la carcaza y el protector térmico actúa. Al cabo de un tiempo, al bajar la temperatura de la mercancía, se restablecen las condiciones aceptables; la temperatura del gas de retorno desciende, el "superheat" retorna a sus valores normales y el gas, ya más frío lleva la temperatura en el interior de la carcaza a niveles dentro de lo que el protector percibe como normales y se restablece el funcionamiento normal. Mientras dura esta sobrecarga temporal, el compresor intentará arrancar y se detendrá en intervalos muy cortos (de alrededor de 1 minuto y a veces menos que eso, lo que es indeseable), pero al cabo de un tiempo prudencial, logra arrancar puesto que las presiones en el sistema se han equilibrado, y se reasume el funcionamiento controlado por el termostato.

El proceso de selección de un protector térmico para un determinado compresor se efectúa mediante un elaborado protocolo de pruebas de aplicación en laboratorio, donde se prueban un número de modelos de protectores para ese modelo de compresor, eliminando progresivamente aquellos modelos de protector térmico que fallan en alguna de las pruebas, y ajustando la selección de los restantes de acuerdo a los resultados precedentes hasta que se compruebe que un determinado tipo de protector térmico reacciona positivamente en todo el juego de pruebas.

Luego se realizan pruebas de comprobación en varias aplicaciones distintas. El objetivo es lograr que el dispositivo proteja al compresor contra sobrecargas que pongan en peligro, fundamentalmente, sus bobinados, para los cuales la temperatura máxima debe limitarse a lo que permite la clase térmica del esmalte empleado para aislar el alambre. En estas pruebas se diferencian aplicaciones según si el compresor es enfriado por convección o por aire forzado, de manera que dos compresores idénticos en cuanto a prestaciones, necesitan dos protectores térmicos distintos para que reaccionen ante un mismo fenómeno que afecte la temperatura de bobinados, cuando el modo de enfriamiento es distinto.

También se destaca la importancia que tiene el correcto posicionamiento del protector, fijado mecánicamente de modo que su cara abierta haga contacto en todo su contorno con la superficie de la carcaza y quede protegida de corrientes de aire que puedan enfriar el disco creando un entorno térmico que no refleja realmente la temperatura interna de la carcaza, con lo cual se reducirá su sensibilidad y efectividad.

Todos los protectores térmicos deben actuar ante cualquiera de las condiciones de trabajo del compresor que mencionaremos:

- **Prueba de arranque desde reposo del artefacto** "Pulldown"

El protector debe permitir que el compresor funcione bajo condiciones de carga severa. Típicamente, la carga más severa se produce en momentos de arranque desde reposo de una nevera o congelador. Esta condición extrema se especifica como el arranque de un artefacto que ha permanecido a la máxima temperatura ambiente especificada para el ensayo (normalmente 43°C). con la puerta abierta, durante 24 horas y, a partir de esta situación inicial, se cierra la puerta y se arranca el artefacto. Este debe partir y alcanzar las temperaturas especificadas de evaporación, congelación y conservación (según sea el caso), en un lapso de tiempo especificado. En estas condiciones, el protector no debe actuar (se permite un número limitado de actuaciones, siempre y cuando no se supere el límite de tiempo especificado) pero si debe observarse que las temperaturas críticas (bobinas, descarga, etc) no estén por encima de los límites de seguridad. La corriente máxima consumida en este proceso, la temperatura de carcaza y la temperatura ambiente presentes cuando el consumo de corriente es máximo, la máxima temperatura de carcaza durante el proceso y la corriente y temperatura del aire alrededor del térmico cuando la temperatura de carcaza es máxima, deben registrarse para una selección adecuada del tipo de elemento calentador y temperatura de actuación que impidan que el protector actúe en estas condiciones de trabajo.

- **Sobrecarga en condiciones de marcha**
  "Running Overload"

Hay dos condiciones de sobrecarga en marcha regular que pueden causar un calentamiento excesivo de los bobinados del motor y que pueden suceder con relativa facilidad: atascamiento del ventilador de condensación o detención de este por cualquier causa, o el flujo de aire bloqueado o que la puerta del gabinete quede abierta, provocando que el compresor opere continuamente.

Para impedir el sobrecalentamiento de las bobinas, debe registrarse la corriente que se consume en estas condiciones, así como las temperaturas de carcaza y del aire alrededor del protector cuando las bobinas alcanzan la temperatura crítica, que requiera que el protector actúe. Este punto determina el consumo máximo permitido por el fabricante del compresor y el protector debe actuar, aún cuando la temperatura máxima de actuación no se haya alcanzado.

- **Rotor bloqueado.** "Locked Rotor"

La corriente con el rotor detenido es sumamente elevada y si se mantiene por un tiempo suficientemente prolongado (del orden de los 5 ~ 10 segundos) el bobinado auxiliar (arranque) se sobrecalentará y de persistir esta condición perderá su aislamiento. El protector debe actuar en pocos segundo y prevenir esta situación, aunque persista por un período de hasta 15 días (requerimiento de UL), y hacerlo manteniendo la temperatura de la carcaza por debajo de 150°C (requerimiento de UL) mientras que la temperatura de bobinas debe mantenerse también por debajo del máximo permitido por el fabricante del compresor.

Esta prueba debe hacerse bajo tres condiciones extremas: tensión nominal, tensión mínima de trabajo aceptable y tensión máxima de trabajo aceptable para el compresor.

Para estas tres condiciones deben registrarse tanto la corriente consumida así como la velocidad a la que la temperatura de las bobinas aumenta. La corriente medida es la corriente que circula por el terminal "C" [común] del compresor. Si el relé asociado es del tipo electromecánico, se mide la corriente total. Si el relé es de tipo PTC, se mide la corriente total, el tiempo de reposición del relé PTC y la corriente de la bobina de marcha solamente. También se registra la corriente a la cual se desea que se produzca la apertura del protector. Se debe garantizar que el protector va a mantener la situación controlada dentro de límites durante el número de días especificados para el ensayo.

- **Corte de la energía y reenganche.**
  "Power Outage"

Un caso particular de actuación en condiciones de rotor bloqueado se produce cuando se interrumpe la energía por un corto intervalo (segundos) y el relé empleado es PTC. Si el compresor estaba en funcionamiento antes del corte de energía, el compresor intentará arrancar cuando se repone el servicio eléctrico, pero el rotor no podrá girar debido a que la presión de descarga no ha alcanzado el nivel de equilibrio, en cuyo caso el protector actuará. En estas condiciones es necesario especificar cuánto tiempo es necesario que permanezca abierto el protector para que la pastilla del relé PTC tenga tiempo de enfriarse.

Todos los protectores térmicos mencionados poseen un contacto seco cerrado [NC], que debe abrirse, bajo carga inductiva, al producirse una condición de riesgo, perceptible como un aumento de temperatura. Esta apertura de contactos en esas condiciones, normalmente produce una pequeña chispa; tan pequeña como pueda hacerse con el diseño de la forma de los contactos, la velocidad de reacción del disco "snap action", puesto que su efecto es también dañino para la vida útil del contacto, y por ende del protector (10.000 ciclos), pero inevitable. Es por ello **que** para que un compresor pueda ser clasificado como apto para trabajar con refrigerantes clasificados como inflamables, tales como los hidrocarburos [HC], este dispositivo debe ser encapsulado herméticamente, para evitar el riesgo de explosión.

La detallada explicación precedente tiene por objeto enfatizar la importancia que tiene el protector térmico para el compresor, tanto en lo que respecta a su selección como a su colocación en el compresor. El técnico debe entender, por lo dicho aquí, que si bien todos los térmicos son aparentemente iguales, su respuesta es distinta para cada modelo y no se debe sustituir arbitrariamente por otro similar sino por otro idéntico, si se pretende que cumpla su función. Un térmico que no corresponde a una aplicación determinada (por ejemplo un térmico para un modelo de compresor enfriado por convección natural o por intercambiador de calor sumergido en el aceite, no protegerá adecuadamente a un compresor enfriado por ventilador porque las pruebas de desarrollo no se hicieron en esas condiciones). Habrá, arbitrariamente, sobreprotección (creando paradas innecesarias) o protección insuficiente (que permitirá que las temperaturas de bobinas excedan lo permitido por su clase térmica, con la consiguiente aceleración del proceso de envejecimiento prematuro del esmalte y reducción correspondiente de la vida útil del compresor.

La correcta colocación es también de fundamental importancia pues solo actuará debidamente si se lo instala en las mismas condiciones en que se efectuaron las pruebas de desarrollo, tal como se lo describió en párrafo precedente.

Es común observar neveras, congeladores y todo tipo de artefactos en los cuales la tapa de protección de las conexiones eléctricas se encuentra suelta, sin sujetador o simplemente no está. Esta tapa de terminales también cubre el protector térmico y lo mantiene sujeto en la posición determinada por el fabricante del compresor, de manera que reproduzca las condiciones de montaje durante las pruebas de desarrollo.

También es posible ver un número de casos, particularmente después de una llamada de servicio técnico, en que el protector térmico es dejado expuesto al aire libre intencionalmente para evitar que actúe.

Estas dos situaciones deben evitarse pues en esas condiciones el dispositivo no puede cumplir con su funcionamiento, respondiendo solo a condiciones extremas, tales como un cortocircuito o puesta a tierra de uno a ambas bobinas y en tal caso, ya es tarde para salvar el compresor.

CAPÍTULO V: SISTEMA DE REFRIGERACIÓN

El protector térmico puede evitar un cambio de compresor innecesario, si interpretamos su actuación como una herramienta de diagnóstico de la presencia de condiciones de funcionamiento anormales (que pueden ser temporales, como dijimos más arriba) pero que en muchos casos ponen en evidencia situaciones que, de ser corregidas a tiempo, mantendrán el compresor trabajando en condiciones seguras por todo el tiempo que se espera funcione.

No solo protege al compresor contra operación incorrecta de componentes del circuito en que está operando (tanto del circuito eléctrico como del circuito de refrigeración), sino que también actúa en respuesta a intentos de arranque o para evitar que funcione cuando la tensión en bornes está fuera del rango admisible, puesto que esto incrementa el consumo de corriente, que aumenta la temperatura que irradia la resistencia colocada en la cápsula detrás del disco, lo que provoca la actuación del protector.

Puesto que es un dispositivo de reposición automática, una vez que actúa, se repondrá y repetirá su trabajo mientras se mantengan las condiciones adversas o fuera de límites de trabajo normal; según la especificación de selección ya mencionada. En cuanto se detecte que la nevera o congelador ha comenzado a trabajar de esta manera (ciclando por activación del protector térmico), **es una buena medida que el usuario intervenga, desconectando el artefacto, puesto que se dará cuenta que este no enfría.** Si se deja que continúe ciclando indefinidamente, la corriente que circula por la bobina de arranque es de una magnitud tan elevada que mientras más tiempo se tarde en interrumpir el ciclo, mas se afectará la vida útil restante del compresor.

- **Protector térmico bimetálico montado en el conector del compresor**

Existe una versión de protectores térmicos más modernos, que operan con los mismos principios ya descritos para los protectores tipo disco, desarrollados, principalmente, para ser empleado en conjunto con relés tipo PTC, aunque el fabricante lo ha diseñado para funcionar con cualquier relé, incluso los convencionales (amperimétricos). Estos dispositivos reciben las señales de temperatura provenientes de la carcasa, el elemento calefactor eléctrico (por el que pasa la corriente de ambos bobinados), la temperatura ambiente y la temperatura interna de la carcasa a través del pin común [C] del conector del compresor puesto que van enchufados directamente en este. Tienen la ventaja de que el disco bimetálico responsable de actuar ante un aumento de temperatura no forma parte del circuito eléctrico, por lo que se obtiene mejor repetitividad de actuación del protector en cuanto a tiempo de reacción y corriente de accionamiento a lo largo de la vida útil del protector, menores variaciones de temperatura de accionamiento a todo lo largo de los ciclos de disparo previstos para toda al vida útil del protector, tiempos de reposición del disco más largos, ideales para permitir que la pastilla del relé PTC se enfríe y excelente resistencia mecánica y choques térmicos. Se fabrican con equipos totalmente automatizados y su calibración no depende de ajustes mecánicos. Su diseño es mucho más compacto y facilita la operación de su montaje puesto que no requiere arnés ni sujetador para ello y su posición es única de manera que es imposible que se lo posicione incorrectamente, evitando este riesgo.

 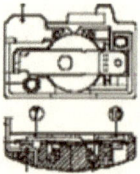

Protector térmico para montaje en conector   Vistas en Corte

- **Protectores térmicos internos**

Algunos compresores emplean protectores térmicos bimetálicos encapsulados, montados en contacto directo con los bobinados del motor y que reaccionan cuando la temperatura de la bobina a la cual está sujeto el protector alcanza la temperatura de apertura. Como puede verse, tienen la ventaja de que actúan mucho más rápidamente que los exteriores, descritos en los párrafos anteriores y en su gran mayoría son empleados en motores de compresores abiertos y solo en contados compresores herméticos puesto que si este elemento llegase a fallar por razones propias o por cualquier otra circunstancia en un compresor hermético, sería imposible de sustituir sin abrir el compresor, lo cual no es aceptado por el fabricante ni recomendado bajo ninguna circunstancia. Sin embargo, los fabricantes que han decidido incorporarlos lo hacen porque consideran que su nivel de confiabilidad es tal que su uso en estas aplicaciones no influenciará la vida útil del compresor

Protectores térmicos internos.

Selección del protector térmico (externo)

El protector térmico viene identificado por una serie de números y letras que indican datos que es necesario conocer y utilizar para su sustitución (supuesto que no haya sido cambiado previamente por un técnico en un servicio anterior por uno parecido). Si se puede confirmar, a través del catálogo del fabricante, el modelo de protector, **se le debe sustituir por otro cuyo código sea exactamente igual**, excepto, quizás por los dos últimos números, dado que ellos indican el tipo de conexiones externas: normalmente pala macho de 6,35 mm (¼") de ancho, diferenciándose cuando el protector lleva una conexión extra para alimentar desde allí el ventilador, en caso de que se trate de una aplicación que requiera aire forzado.

- **Capacitores**

Los motores eléctricos pueden ser asistidos con capacitores para mejorar su desempeño en ciertas condiciones.

Capacitor de arranque

Capacitor de arranque

Los capacitores de arranque son del tipo electrolítico, encapsulados en baquelita y sellados. Están diseñados para trabajar por cortos períodos de tiempo y sus valores de capacidad son expresados en microfaradios [μF]. Los capacitores de arranque se conectan en serie con la bobina de arranque y aportan energía sólo en el instante del arranque, después de lo cual deben ser excluidos del circuito (función que cumple el relé de arranque). Su valor capacitivo (normalmente entre 50 y 300 μF) y voltaje (110 o 220 V) son determinados por el fabricante del compresor pues dependen del diseño de los bobinados del motor.

Capacitor de marcha.

Los capacitores de marcha son de polietileno encapsulados en plástico o metal. Están diseñados para funcionar continuamente. Normalmente se conectan en paralelo con la serie compuesta por el capacitor de arranque y su contacto de manera que al excluirse este, el capacitor de marcha continúe conectado en serie con la bobina de arranque. Su valor capacitivo es siempre inferior al del capacitor de arranque (entre 1 y 10 μF) y el voltaje también puede ser 110 o 220 V.

Ambos son del tipo no polarizado y se puede comprobar su estado mediante el empleo de un multímetro, en la escala de medición de resistencia eléctrica.

Capacitor de marcha.

- Dispositivo de control del motor eléctrico - Termostato

En aplicaciones domésticas, el motor del compresor hermético es tradicionalmente controlado por un termostato. En diseños de última generación el termostato de diafragma convencional es sustituido por un dispositivo de control de estado sólido que recibe la señal de temperatura proveniente de una termocupla, lo cual permite, además de controlar el arranque y parada del motocompresor a través de un relé, exhibir en un "display" la temperatura del bulbo, a través de un circuito de termometría incluido en el dispositivo de control.

Con el fin de que el compresor no tenga que operar continuamente, un sistema de refrigeración se calcula para que mantenga la temperatura dentro de un rango deseado por el usuario, en condiciones de uso normal, con una relación de tiempo de trabajo a tiempo de descanso del compresor de 50/50. Esto permite absorber las variaciones relacionadas con los distintas modalidades de uso que pueda tener un usuario corriente. En caso de aperturas de puerta frecuentes u otras condiciones de sobrecarga, es posible que se llegue a necesitar que el compresor funcione continuamente, escapando del rango de control del termostato y aún así es probable que la temperatura de conservación no sea suficiente. Durante las horas de menos uso (normalmente de noche) es posible que los períodos de descanso sean más largos y el compresor se vea aliviado, prolongando su vida útil.

El dispositivo normalmente encontrado, encargado de ejercer este control de encendido - apagado del motocompresor es un termostato electromecánico.

CAPÍTULO V: SISTEMA DE REFRIGERACIÓN

Termostato electromecánico.

Consiste en un diafragma metálico, uno de cuyos lados es una cámara herméticamente sellada conectada a través de un tubo capilar a un bulbo sensor. La otra cara de este diafragma ejerce su acción sobre el actuador de un interruptor de acción rápida a través del cual se conecta la alimentación al motocompresor. El bulbo sensor se ubica en un punto del evaporador o del interior del gabinete de manera que opere el contacto, cerrándolo a una temperatura prefijada y abriéndolo a otra inferior, determinada por la calibración del actuador del contacto. La cámara sellada, tubo capilar y bulbo sensor se hallan presurizados con un gas cuyo coeficiente de dilatación volumétrica hace que este se expanda en proporción al aumento de temperatura a la cual se expone el bulbo; la expansión del gas deforma la membrana elástica que a su vez, al alcanzar un desplazamiento predeterminado, acciona el interruptor, cerrando el circuito de alimentación al motocompresor cuando se alcanza la temperatura deseada. Al energizarse el compresor comienza el ciclo de enfriamiento que hace descender la temperatura en el interior del artefacto; la temperatura descendente provoca una contracción proporcional del volumen del gas en el interior del bulbo, lo cual reduce la presión sobre la membrana elástica hasta el punto en que el contacto de acción rápida vuelve a su estado NA y el compresor se desenergiza. Esto constituye un ciclo de control termostático.

Puede apreciarse la importancia que tiene la ubicación del bulbo para que la actuación del termostato sea la esperada. Si el técnico de servicio modifica esta posición, con relación a la original, prevista por el diseñador del artefacto, puede modificar sustancialmente la conducta de este al hacer variar el régimen de funcionamiento del compresor. Si el capilar y/o el bulbo han sido introducidos en un tramo de manguera plástica, esta disposición se debe mantener, pues es un recurso del fabricante para desensibilizar el termostato y lograr un determinado efecto.

Los termostatos suelen traer un tornillo de regulación que permite compensar las variaciones de presión atmosférica que se encuentran a diferentes altitudes. Un mismo termostato no actuará a las mismas temperaturas si está trabajando a nivel del mar o a una altura considerable por encima de esta cota. Por ello, esta graduación actúa sobre la membrana elástica para compensar estas variaciones.

Normalmente los termostatos no poseen escalas de temperaturas indicadas en su carátula sino una serie de números entre 1 y 5 o 1 y 7 y una última posición por debajo del 1 para abrir el contacto manualmente (para el caso que se desee descongelar la nevera, por ejemplo). La recomendación de la mayoría de los fabricantes de artefactos es arrancar por primera vez en la posición máxima hasta percibir la primera parada. Con ello se habrá alcanzado la temperatura más fría que pueda esperarse. En ese momento, introducir la mercancía y bajar el control a la posición intermedia: 3 si la graduación es entre 1 y 5 y 4 si la graduación es entre 1 y 7.

Luego de varios ciclos el usuario podrá determinar si está satisfecho con la temperatura lograda o, si desea más frío, podrá aumentar el dial a un número más alto o, si desea reducir el consumo de energía sacrificando temperatura, podrá descender el valor a un número más bajo. En la posición intermedia debiera satisfacerse la necesidad del usuario corriente y es para esta posición que se espera que el ciclo trabajo reposo sea 50/50.

Un termostato normalmente falla por que sus contactos dejan de funcionar como consecuencia del chisporroteo que se produce entre ellos por efecto de la carga inductiva que representan los bobinados de un motor. Su sustitución se hace sin necesidad de tocar el sistema de refrigeración y al hacerlo debe tenerse en cuenta la aplicación, pues los hay para temperaturas de conservación y temperaturas de congelación.

- **Tubo capilar**

El tubo capilar es el dispositivo que normalmente se emplea para regular el flujo de refrigerante líquido desde el condensador hacia el evaporador. Consiste en un simple tubo de cobre de diámetro interior calibrado y cuyas medidas pueden oscilar entre 0,5 y 1,5 mm en aplicaciones domésticas. En la fase de diseño del circuito de refrigeración, realizado en la fábrica del artefacto, puede seleccionarse algún diámetro interno disponible y luego se ajusta la longitud hasta lograr el efecto de enfriamiento en el evaporador y la presión de condensación y temperatura de retorno de gas al compresor, deseadas. La tendencia moderna es utilizar un diámetro grande a fin de minimizar riesgos de obstrucción y minimizar el tiempo de ecualización del sistema.

El proceso de selección del capilar a nivel de diseño de un sistema de refrigeración es inicialmente realizado por prueba y error. Una vez que se han determinado los componentes principales del artefacto (evaporador, condensador y compresor), y el gas refrigerante; se puede calcular la masa de gas necesaria para llenar el volumen interno del sistema, lo que inicialmente es un valor aproximado). Luego, empleando tablas o programas de cálculo, se selecciona el capilar.

Durante el servicio de un sistema de refrigeración, si el **diagnóstico nos indica que el tubo capilar de un sistema está obstruido**, lo cual puede producirse por floculación de parafinas, si el compresor es lubricado con aceite mineral, o partículas sólidas, provenientes del material secante del filtro secador atacado por sustancias extrañas, tales como ácidos o alcoholes generados por una pobre limpieza del sistema (**lo que se comprueba soplando nitrógeno a través de él, NO gas refrigerante**); se puede intentar eliminar la obstrucción con presión de nitrógeno y un solvente aprobado y compatible con el gas refrigerante, tal como CF22, hasta que el nitrógeno que salga por el extremo del capilar, soplado sobre un algodón, gasa, o paño blanco no deje ninguna marca sobre este. En caso de que la obstrucción no se pueda eliminar, y en general, esta es la medida más recomendable, se debe sustituir el capilar por uno del mismo diámetro interior y longitud. El diámetro interior debe medirse con un calibrador de orificios capilares, puesto que la precisión de la vista del ser humano no es lo suficientemente confiable cuando se trata de decidir entre dimensiones que difieren entre sí solamente décimas de milímetro. **El capilar nuevo debe extraerse de un rollo de material que haya tenido sus extremos taponados durante su almacenaje para minimizar el riesgo de que su interior esté contaminado por partículas de polvo u otras sustancias presentes en la atmósfera donde se lo haya almacenado.**

A nivel de sustitución en el campo, es preferible emplear el mismo diámetro y longitud originales, siempre y cuando no hayan existido servicios anteriores en los cuales se haya reducido la longitud original, lo que pudo haber sucedido si se sustituyo el filtro, o en general al hacer una reparación en que se haya tenido que desoldar y volver a soldar el capilar en alguno de sus extremos y al hacerlo se haya cortado una parte del mismo. Hay cierta tolerancia en esta dimensión pero depende de la longitud total y es preferible no innovar en este sentido.

En caso de no contar con un capilar de la misma medida y haya que sustituirlo, se recomienda que el sustituto sea de mayor diámetro y para su selección se debe recurrir a tablas de equivalencias que recomiendan aproximadamente la nueva longitud de capilar del nuevo diámetro seleccionado. Estas tablas indican primeras aproximaciones y su recomendación debe tomarse como una guía. El procedimiento correcto es probar con una longitud mayor (aproximadamente 5%) y observar los resultados. Si, con la carga correcta, se comprueba que la presión de succión del compresor, en condiciones de baja carga térmica en el evaporador, desciende hacia niveles muy cercanos a 0 psig lo que no es aceptable, entonces se debe recortar el capilar hasta corregir esta situación. La selección de una mayor sección interna, en caso de ser necesario tomar esta decisión, permitirá que las presiones del sistema de refrigeración se ecualicen más rápidamente, lo que resulta beneficioso en casos de actuación del protector térmico protegiendo el compresor.

• **Filtro secador**

El capilar de un sistema de refrigeración debe necesariamente recibir el líquido refrigerante a través de un dispositivo que prevenga el ingreso de humedad y sustancias extrañas en él. Este dispositivo es el filtro secador, el cual se selecciona en la fábrica en función del gas refrigerante a emplear en el sistema y la capacidad necesaria para absorber la humedad que pueda contener la carga de refrigerante prevista, más un determinado margen de seguridad.

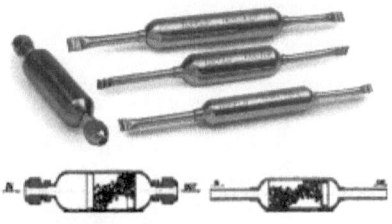

Filtros secadores.

Hemos visto que los gases refrigerantes son higroscópicos, principalmente los HFC, HCFC y HC, y en alguna menor medida los CFC, y por ello contienen humedad íntimamente diluida entre sus moléculas, cuya cantidad se expresa en ppm. **El filtro secador de un sistema calculado en fábrica no tiene capacidad para absorber humedad en mucha mayor medida que la contenida en el refrigerante (margen de seguridad)**; es por ello que, teniendo en cuenta que los niveles de vacío necesarios para eliminar la humedad que se pueda haber introducido en el sistema durante un servicio en el campo pueden no haber eliminado toda la humedad presente, particularmente la diluida en el aceite lubricante y las partes más inaccesibles del motor y el cuerpo del compresor, se recomienda que el filtro secador sustituto sea de mayor capacidad que el original.

Si la causa del servicio ha sido fuga en el evaporador, con el consecuente riesgo de ingreso masivo de humedad adicional, entonces, además de hacer un vacío triple por alta y baja, con barridos de nitrógeno seco intermedio, se recomienda montar un primer filtro de gran capacidad y al cabo de un tiempo, sustituir este por otro, sobredimensionado de acuerdo a la recomendación anterior, luego de un nuevo proceso que debe incluir recuperación y reciclado del gas en el sistema (para extraerle cuanta humedad se pueda) y nuevamente vacío triple del sistema, antes de recargar y probar el sistema.

El filtro secador puede ser soldable o roscado. La versión roscada tiene la ventaja de su facilidad de recambio, pero hay que tener presente de que las estadísticas señalan que las probabilidades de fuga en una conexión roscada son aproximadamente 30% mayores que en una conexión soldada (supuesto el uso de una buena técnica de soldadura).

Debido a la necesidad de efectuar vacío simultáneamente por los lados de alta y baja de un sistema para facilitar la extracción de humedad, se recomienda emplear filtros de reposición que, además de su entrada de conexión al condensador y salida de conexión al tubo capilar (o válvula de expansión), posean una tercera conexión, donde se pueda soldar una válvula de servicio que permita conectar la manguera de la bomba de vacío. Esta tercera conexión usualmente es un corto tramo de capilar de gran diámetro que, una vez efectuado el vacío, se debe sellar mediante presión y soldadura, cortando el extremo donde está la válvula de servicio, a fin de prevenir posible fugas por esta.

Filtro secador con conexión de servicio.

En caso de no disponer de un filtro con entrada auxiliar para conexión del manómetro de alta y la bomba de vacío o el cilindro de refrigerante, en el caso de carga del sistema con una sustancia que requiera ser transferida en fase líquida, será necesario incorporar a la línea de líquido del sistema una válvula "pinchadora", así llamada porque permite "pinchar", o abrir un orificio, en el tubo donde se la instala mediante una brida que asegura un cierre hermético alrededor del tubo a ambos lados del sitio donde se inserta la aguja perforadora, accionada por un mecanismo interno que es controlado por una válvula de gusanillo.

Para recuperar el refrigerante de un sistema que no cuenta con ninguna conexión para manguera, se han desarrollado válvulas pinchadoras montadas en alicates de presión que se ajustan alrededor del tubo en el punto seleccionado para extraer el refrigerante y que luego de haber extraído el gas pueden desconectarse para ser usadas en futuras recuperaciones.

Existen diversas sustancias secantes y debe tenerse en cuenta la compatibilidad de estas con los diferentes refrigerantes. Esta sustancia secante puede presentarse en forma de gránulos o sólido poroso; la sustancia se mantiene dentro de la cápsula del filtro entre dos mallas metálicas de orificios muy pequeños, destinadas a retener las partículas sólidas e impedir que lleguen al tubo capilar o válvula de expansión, donde interferirían con el proceso de evaporación.

Debe tenerse extremo cuidado de no perforar la malla con el extremo del tubo capilar al introducir este en la cápsula del filtro antes de soldarlo; se lo debe insertar lentamente y sin forzarlo, y a la menor resistencia, extraerlo unos milímetros para asegurar que el orificio en el extremo del capilar no quede haciendo contacto con la malla. La soldadura debe efectuarse sin emplear calor excesivo pues esto puede afectar el material secante o las mallas; asimismo, el fundente debe aplicarse solo después de que el capilar esté insertado en el filtro, para evitar que este producto contamine el interior del sistema. El aporte de material de soldadura, de buena calidad, debe ser solo el necesario para garantizar que se rellena el anillo formado entre el tubo capilar y el orificio en el filtro donde se inserta este; una cantidad excesiva puede fluir hacia adentro y obstruir total o parcialmente el capilar.

Una vez soldado al condensador y al capilar, se debe posicionar el filtro de manera que el extremo de salida este más abajo que el extremo conectado al condensador; esto con el objeto de facilitar el inicio del proceso de evaporación pues se asegura la presencia de líquido a la entrada del capilar.

- **Filtro de motor quemado**

En aquellos casos en que el motor del compresor hermético se ha quemado, los productos de la descomposición de los materiales aislantes y el aceite contaminado con ácidos, inundarán todo el sistema, pasando al evaporador tanto como al condensador y el filtro secador. En estos casos, será necesario retirar el compresor quemado y el filtro secador contaminado y efectuar una limpieza profunda tanto del condensador como del evaporador, por separado, hasta asegurarse de que no ha quedado ningún residuo extraíble. Para verificar esto, es recomendable emplear el mismo método mencionado para verificar la limpieza de un tubo capilar obstruido. Aún así, después de haber sustituido compresor y filtro secador nuevo, puede ser aconsejable emplear un filtro de quemado en la línea de aspiración del compresor, solo para estar seguros, por lo menos temporalmente, pues a medida que se contamine se convertirá en una obstrucción al paso del gas de retorno y esto puede afectar el desempeño del equipo.

Para retirar este filtro será necesario, por supuesto, seguir los procedimientos de recuperación del gas y al mismo tiempo se recomienda tomar una muestra del aceite para verificar el grado de pureza, empleando un kit para prueba de ácido. Si la muestra indica que no hay contaminación puede reasumirse el servicio normal del equipo. Si hubiese indicación de acidez en el aceite, será necesario sustituir el aceite contaminado (asumiendo que la contaminación sea leve) y repetir el procedimiento de limpieza de componentes.

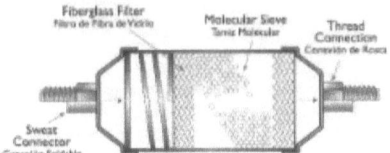

Filtro secador de motor quemado.

Lamentablemente, se habrá alcanzado esta condición como consecuencia de no haber efectuado una limpieza correcta en la primera oportunidad y ahora el nuevo compresor también habrá sido expuesto, aunque protegido por el filtro en la línea de aspiración, a contaminantes que pueden afectar su vida útil. Por ello se enfatiza la importancia de efectuar una limpieza profunda incuestionable a la primera oportunidad pues de lo contrario, el trabajo adicional será mucho más arduo y el efecto sumamente dañino.

2.2 Procedimiento de carga para sistemas de refrigeración doméstica

Carga con cilindro dosificador

El cilindro dosificador de carga graduado es una herramienta de taller que permite dosificar con gran precisión una carga de refrigerante empleando la escala adecuada correspondiente al gas que se esté empleando en un sistema. Existen cilindros con distintas escalas y se debe tener cuidado de emplear la correcta; algunas combinaciones de escalas comerciales son:

R12 - R22 y R502
R12 - R22 y R134a
R22 - R134a y R407
R134a - R404 y R407C

Cilindro dosificador.

Están fabricados en vidrio Pyrex de alta resistencia, envuelto en otro cilindro de plexiglás transparente con escalas graduadas para cada uno de los 3 gases según las opciones indicadas más arriba, que se puede girar para enrasar un nivel de referencia con el nivel de refrigerante líquido precargado, para una determinada presión que se mide en el manómetro que viene instalado en el cilindro para medir la presión del líquido en su interior.

El cilindro dosificador se carga inicialmente con una cantidad de refrigerante líquido proveniente de un cilindro de refrigerante (existen cilindros dosificadores de distintas capacidades y debe tenerse la precaución de no superar el nivel de carga segura).

Para emplearlo, se debe calcular previamente la carga deseada y sustraerla del nivel de líquido en el interior (que se toma cono nivel de referencia). Posteriormente se transfiere refrigerante al sistema, manteniendo la presión constante mediante el empleo de una resistencia de calentamiento dispuesta en su interior para tal fin (algunos cilindros pueden no estar equipados con este elemento). La carga se ha completado cuando el nivel de líquido en el cilindro alcance el nivel correspondiente al valor resultante de sustraer la carga calculada del nivel de referencia [en la escala adecuada].

Estos cilindros vienen equipados con una válvula de alivio de presión para el caso de que se exceda la presión segura del cilindro, en cuyo caso **descargará refrigerante al medio ambiente** hasta recuperar el valor de presión segura calibrado en la válvula.

Debido al riesgo implícito en el uso de este dispositivo (por ser de vidrio), es necesario usar antiparras de protección, guantes y ropa cubriendo todo el cuerpo durante su empleo.

CAPÍTULO V: SISTEMA DE REFRIGERACIÓN

El cilindro dosificador posee dos válvulas de accionamiento manual, una en su cara superior y otra en la inferior; la primera se emplea para carga en fase vapor y la otra para carga en fase líquida. El método de carga a emplear dependerá del refrigerante que se esté cargando (sustancia pura o mezcla zeotrópica).

Pasos a seguir para cargar con un cilindro dosificador: El sistema debe estar desenergizado.

a) Asegúrese de que el sistema esté deshidratado y no hayan fugas.

b) Asegúrese de que las válvulas del juego de manómetros estén cerradas.

c) Conecte la manguera amarilla desde la válvula del cilindro al conector central del juego de manómetros.

d) Purgue cuidadosamente la manguera abriendo la válvula en el cilindro y aflojando y apretando nuevamente la conexión al juego de manómetros (recuerde que si está cargando una mezcla y abre la válvula de abajo, la manguera contendrá refrigerante líquido).

e) Conecte el juego de manómetros al sistema a través del tubo de servicio que corresponda, en el lado de alta, si va a cargar líquido y en el de baja si va a cargar vapor (con la manguera roja al lado de alta o la azul al de baja).

f) Abra la válvula del juego de manómetros que corresponda (dependiendo de si la carga es en fase líquida o vapor). Si la manguera que está empleando tiene una válvula de cierre en el extremo manténgala cerrada. Purgue esta manguera aflojando y cerrando la conexión al juego de manómetros correspondiente. Si la manguera no tiene válvula de cierre en el extremo, al abrir la válvula en el juego de manómetros el refrigerante comenzará a fluir hacia el sistema mezclado con los GNC contenidos en la manguera (lo cual es tanto más grave cuanto menor sea la carga del sistema).

g) Si está cargando vapor, debe energizar el sistema para que haya distribución del refrigerante en el sistema.

h) Observe el descenso de líquido en el cilindro y controle con la apertura de la válvula en el cilindro dosificador, cerrándola paulatinamente a medida que se acerca al nivel preseleccionado previamente que indica que la cantidad correcta ha sido transferida. En ese instante cierre totalmente la válvula en el cilindro dosificador y la válvula que se haya abierto en el juego de manómetros.

i) Conecte la manguera que no fue utilizada para la carga en el punto correspondiente del sistema con el objeto de medir presiones de trabajo en alta y baja y verificar el funcionamiento del sistema: temperaturas de evaporación, condensación, retorno de vapor al compresor, hasta estar satisfecho de haber logrado el resultado esperado.

j) Desconecte las mangueras de las válvulas de servicio en el sistema. Al desconectar las mangueras del sistema se producirá una liberación de refrigerante inevitable "de minimis release".

k) Obstruya el tubo de servicio empleado para la carga utilizando el alicate de compresión en por lo menos dos sitios separados aproximadamente un centímetro y cerca de la válvula de servicio (con el objeto de lograr, mecánicamente, el mejor sello posible, hermético hasta donde esto sea posible).

l) Corte, utilizando una herramienta cortadora de tubos (no una segueta), el tubo entre la válvula de servicio y las obstrucciones realizadas. Aplaste con el alicate de compresión el extremo del tubo cortado y selle con soldadura, empleando buenas técnicas de soldadura, para lograr un sello hermético.

m) Verifique que no quede fuga en la soldadura.

n) Observe el sistema y verifique que las temperaturas se mantengan en los valores deseados. Solo podrá estar seguro de haber hecho el trabajo correctamente si las condiciones de trabajo se mantienen invariables a lo largo del tiempo.

Carga por peso

Alternativamente se puede cargar un sistema empleando para ello una balanza, la cual puede ser mecánica o digital, lo importante es que su capacidad sea suficiente para soportar el peso bruto del cilindro contenedor del refrigerante y su precisión suficiente para apreciar la tolerancia admisible en la carga del sistema a tratar. Evidentemente, las balanzas digitales cumplen más fácilmente con estas especificaciones y la interpretación de su lectura se presta a una menor probabilidad de error.

Balanza electrónica programable para carga de refrigerante.

En este caso, el procedimiento es similar al descrito para el empleo de cilindro dosificador, en lo concerniente a las conexiones de mangueras y juego de manómetros. En lugar de emplear un método de medición por disminución del volumen en un cilindro transparente, se aprecia la carga transferida por la variación de la lectura del peso del cilindro contenedor del refrigerante.

Este es un método mucho más seguro y no requiere el trasegado desde el cilindro contenedor de refrigerante al cilindro dosificador y por ello es el método que recomendaremos en este taller.

La balanza tiene la ventaja adicional que es una herramienta requerida para el control de llenado de los cilindros de gas recuperado, con la finalidad de evitar el sobrellenado, que crea situaciones de alto riesgo.

El cilindro dosificador requiere de destrezas de apreciación visual y control simultáneo de presión, temperatura y volumen, que han sido superadas por el desarrollo de la tecnología de pesado y es por ello que su empleo va cayendo en desuso y **en la actualidad se prefiere la carga por peso**.

Otros métodos de carga

La carga de refrigerante de un sistema es crítica, tanto más cuando se trata de un sistema doméstico donde la expansión se produce en un tubo capilar, que no es regulable cuando el sistema se encuentra ya cargado y funcionando. Para lograr una carga precisa deben seguirse procedimientos tales como los dos ya descritos, cilindro dosificador o balanza, que permiten conocer la cantidad de refrigerante que se ha transferido. Esta carga debe satisfacer las especificaciones originales del fabricante del artefacto, particularmente en lo concerniente al llenado preciso del evaporador para obtener el máximo de eficiencia posible y debe ser respetada dentro de límites de tolerancia estrechos para que el sistema funcione eficientemente, permita que el compresor trabaje dentro de sus límites funcionales, y no cree situaciones de riesgo.

Un método de carga demasiado empleado para ser ignorado consiste en cargar paulatinamente el sistema con vapor, por el lado de baja, mientras se miden las presiones en el sistema, se verifica el consumo del motor eléctrico del compresor y se observa la temperatura de la línea de retorno de vapor al compresor. El técnico determina, mediante la observación de estos parámetros, cuándo debe dejar de agregar refrigerante al sistema.

Este método es aproximado y no se lo recomienda en casos de sistemas domésticos por las causas explicadas en el párrafo precedente. Una situación aún más grave se presenta cuando no se mide sino la presión de baja y se omite conectar el manómetro en el lado de alta pues así se están ignorando las condiciones de trabajo de la mitad del circuito.

Esta carga puede parecer la correcta en las condiciones de operación del sistema prevalecientes en el momento en que se está efectuando el procedimiento, pero desestima que el sistema debe ser capaz de operar normalmente en condiciones variables de utilización; condiciones estas que no se pueden estimar cuando se está cargando con este método, y que en el proceso de desarrollo del producto al que se está prestando servicio representaron largas horas de pruebas en diversas situaciones hasta alcanzar la cantidad de refrigerante que mejor satisface todas las condiciones encontradas.

Los técnicos adictos a esta práctica podrán argumentar que han estado haciéndolo así por años y que el resultado es positivo porque las neveras así cargadas enfrían. A esto se debe contestar que eso no es lo que está en discusión sino por cuánto tiempo funcionará una nevera con exceso de refrigerante que cuando se presenta una sobrecarga térmica produce como consecuencia el retorno de un porcentaje de líquido al compresor. La respuesta es: mucho menos tiempo que el que operaría si la carga fuera la correcta, medida por peso.

2.3 Diagnóstico de fallas y reparaciones en equipos de refrigeración domésticos

Los siguientes criterios de diagnóstico y prácticas correctivas son aplicables a todos los artefactos mencionados previamente dotados de compresor hermético. Se deberá considerar si para el circuito en particular aplica o no el diagnóstico, dependiendo de si usa o no el componente referido en el punto particular.

Este listado no es exhaustivo y pueden existir condiciones de funcionamiento incorrecto no tomadas en cuenta para la elaboración de esta tabla.

CAPÍTULO V: SISTEMA DE REFRIGERACIÓN

PROBLEMA	CAUSA A INVESTIGAR	MEDIDA A TOMAR	PRÁCTICA CORRECTIVA
El compresor no arranca. (No emite ningún sonido).	Alimentación eléctrica no llega a los bornes del compresor, o no es suficiente.	Verificar si el artefacto está enchufado y si la tensión en el tomacorrientes es la correcta 120 V ± 10% (108 V ~ 132 V).	Si la tensión no está en el rango correcto, emplear un regulador de voltaje de la capacidad necesaria o por lo menos un protector de voltaje. Si está en el rango correcto, enchufar y probar.
		Si la línea a la que está conectado el artefacto está sobrecargada, quitar otras cargas eléctricas del circuito y verificar.	Puede ser necesario crear un circuito de alimentación independiente para el artefacto, con un interruptor termomagnético ("breaker") exclusivo.
		Verificar el cableado (arnés).	Corregir si hay interrupción/es o conexión/es equivocada/s.
		Verificar el termostato.	Puentear contacto, si el compresor arranca, revisar y si es necesario, sustituir termostato.
		Verificar el temporizador de descongelamiento (si aplica). El motor debe girar. Los contactos deben abrir y cerrar accionados por las levas correspondientes al girar manualmente el rotor.	Si el motor del temporizador no gira cuando se lo energiza o los contactos no abren y cierran normalmente, sustituir con otro similar o equivalente.
		Verificar condición y especificaciones del relé de arranque y del protector térmico del compresor, y del capacitor de arranque y el de marcha (si aplica).	Sustituir con el reemplazo correcto el componente defectuoso.
	Compresor defectuoso.	Verificar resistencias de bobinas con especificaciones del fabricante y aislamiento a tierra. Probar si arranca aplicando la tensión correcta directamente a bornes.	Recuperar el gas, sustituir el compresor por otro idéntico o su equivalente exacto. Investigar causa de daño al compresor y corregir.
Compresor no arranca (el protector térmico actúa).	Conexión inadecuada.	Verifique conexiones de acuerdo con diagrama eléctrico.	Arranque el compresor y compruebe parámetros eléctricos.
	Baja tensión o tensión incorrecta.	Corrija situación.	Incorpore regulador de tensión, protector de tensión.
	Capacitor de arranque defectuoso / incorrecto.	Verifique valor correcto.	Sustituya.
	Relé de arranque defectuoso / incorrecto.	Verifique valor correcto.	Sustituya.
	Protector térmico distinto al especificado.	Verifique valor correcto.	Sustituya.
	Bobinas del compresor abierta o a tierra.	Verifique resistencia / continuidad y continuidad a tierra.	Sustituya el compresor.
Compresor arranca (el protector térmico actúa).	Tensión muy alta o muy baja.	Corrija situación.	Incorpore regulador de tensión, protector de tensión.
	Protector térmico distinto al especificado.	Verifique valor correcto.	Sustituya.
	Capacitor de marcha defectuoso.	Verifique valor correcto.	Sustituya.

MANUAL DE BUENAS
PRÁCTICAS EN
REFRIGERACIÓN

PROBLEMA	CAUSA A INVESTIGAR	MEDIDA A TOMAR	PRÁCTICA CORRECTIVA
Compresor arranca (el protector térmico actúa).	Corriente eléctrica excesiva en el protector térmico.	Verifique la causa del incremento de consumo (puede ser el ventilador de condensación si ha sido conectado a través de un puente en el térmico).	Corrija la condición que causa el aumento de consumo, sustituya el componente responsable.
	Carga de gas del sistema excesiva.	Verifique presiones manométricas de alta y baja del sistema.	Recupere el exceso de gas en un cilindro hasta alcanzar lecturas de presiones aceptables.
	Compresor inadecuado para la aplicación.	Verifique características del sistema y determine cual es el compresor que se debe emplear.	Sustituya el compresor de acuerdo a lo recomendado para la aplicación.
Temperatura compartimiento alimentos elevada.	Control manual del termostato fijado en una división correspondiente a una temperatura muy alta (ver manual del fabricante).	Poner el termostato en el valor correspondiente a la temperatura esperada.	Esperar y verificar que la temperatura desciende al valor deseado.
	Apertura de puerta demasiado frecuente.	Instruir al usuario.	Reducir la frecuencia de apertura de puerta planeando cuándo hacerlo anticipadamente y no abrirla innecesariamente.
	Puerta descuadrada (no cierra uniformemente).	Nivelar el gabinete, revisar bisagras, cambiar burlete si fuese necesario. Revisar si algún objeto (gaveta) o carga impide que la puerta cierre totalmente.	Verificar correcto sello entre burlete y gabinete con una hoja de papel.
	Carga de alimentos tibios o calientes en el compartimiento.	Instruir al usuario.	Solo se deben cargar recipientes cuando estén a temperatura ambiente.
	Distribución de carga en los estantes obstruyendo el paso de aire o empleo de papel aluminio para recubrir los estantes La (cuando aplica).	Instruir al usuario a distribuir la carga de tal manera de permitir el paso de aire de arriba hacia abajo y de abajo hacia arriba. Eliminar práctica de recubrir estantes con papel aluminio.	Reordenar la carga y verificar si la situación se corrige.
	Luz interior no apaga.	Verifique interruptor de luz accionado por la puerta.	Si no abre el circuito, sustitúyalo.
	El "damper" de paso de aire del congelador al compartimiento de alimentos está cerrado o parcialmente obstruido (cuando aplica).	Verificar posición y o eliminar obstrucción.	Instruir al usuario.
	Ventilador del evaporador gira a velocidad inferior a la especificada (cuando aplica).	Verificar velocidad de las aspas y ajuste de estas en el eje.	Sustituir aspas si no ajustan o el motor completo si este gira lento.
	Ventilador del evaporador no gira (cuando aplica).	Verificar motor alimentándolo directamente y verificar el cableado.	Sustituir motor si esta es la causa o corregir el arnés si esta es la razón.
	Exceso de hielo en el evaporador.	Descongelar.	Verificar si esto corrige la situación.
	Compresor ineficiente.	Verificar temperaturas de succión y descarga del compresor y presiones de alta y baja.	Sustituir compresor si se comprueba la falta de eficiencia.

**CAPÍTULO V:
SISTEMA DE
REFRIGERACIÓN**

PROBLEMA	CAUSA A INVESTIGAR	MEDIDA A TOMAR	PRÁCTICA CORRECTIVA
	Compresor ciclando por protector térmico.	Revisar causa de sobrecarga del compresor.	Eliminar causa de sobrecarga.
Temperatura del compartimiento de alimentos muy baja.	Control manual del termostato fijado en una división correspondiente a una temperatura muy baja (ver manual del fabricante).	Poner el termostato en el valor correspondiente a la temperatura esperada.	Esperar y verificar que la temperatura ascienda al valor deseado.
	El "damper" de paso de aire del congelador al compartimiento de alimentos está abierto o atascado en esa posición (cuando aplica).	Verificar posición y/o eliminar obstrucción que lo mantiene atascado.	Sustituir si ha sido dañado. Instruir al usuario.
Ambos compartimientos, congelador y alimentos demasiado calientes.	Control manual del termostato fijado en una división correspondiente a una temperatura muy alta (ver manual del fabricante).	Poner el termostato en el valor correspondiente a la temperatura esperada.	Esperar y verificar que la temperatura descienda al valor deseado.
	Evaporador bloqueado por hielo.	Verificar funcionamiento del termostato y temporizador de descongelamiento.	Sustituir componente defectuoso.
	Carga de refrigerante insuficiente.	Verifique si hay fugas.	Recupere el refrigerante, repare fuga/s, recargue, revise nuevamente.
	Condensador sucio.	Limpiar condensador y todo el compartimiento de la unidad condensadora.	Instruir al usuario, verificar funcionamiento.
	Flujo de aire insuficiente al condensador (cuando aplica).	Ventilador de la unidad condensadora defectuoso. Obstrucción al paso de aire a la unidad condensadora.	Sustituir. Despejar el paso de aire, reposicionar artefacto si es necesario.
	Puerta/s descuadrada/s (no cierra/n uniformemente).	Nivelar el gabinete, revisar bisagras, cambiar burlete si fuese necesario. Revisar si algún objeto (gaveta) o carga impide que la/s puerta/s cierre/n totalmente.	Verificar correcto sello entre burlete y gabinete con una hoja de papel.
	Apertura de puerta demasiado frecuente.	Instruir al usuario.	Reducir la frecuencia de apertura de puerta planeando cuándo hacerlo anticipadamente y no abrirla innecesariamente.
Congelador demasiado frío.	Control manual del termostato fijado en una división correspondiente a una temperatura muy baja (ver manual del fabricante).	Poner el termostato en el valor correspondiente a la temperatura esperada.	Esperar y verificar que la temperatura ascienda al valor deseado.
	Bulbo sensor del termostato mal ubicado.	Reposicionar en la ubicación original establecida por el fabricante del equipo. Fijar para que no se vuelva a mover.	Esperar y verificar resultado del cambio.
	Termostato dañado (contactos soldados).	Accionar manualmente termostato para que abra contactos; si no reacciona, sustituir.	El sustituto debe ser de idénticas características que el sustituido.

MANUAL DE BUENAS PRÁCTICAS EN REFRIGERACIÓN

PROBLEMA	CAUSA A INVESTIGAR	MEDIDA A TOMAR	PRÁCTICA CORRECTIVA
El compresor funciona continuamente.	Puerta/s descuadrada/s (no cierra/n uniformemente).	Nivelar el gabinete, revisar bisagras, cambiar burlete si fuese necesario. Revisar si algún objeto (gaveta) o carga impide que la/s puerta/s cierre/n totalmente.	Verificar correcto sello entre burlete y gabinete con una hoja de papel.
	Carga de alimentos tibios o calientes en el compartimiento; o exceso de carga introducida a un tiempo; o puerta mantenida abierta.	Instruir al usuario.	Solo se deben cargar recipientes cuando estén a temperatura ambiente; la puerta solo debe ser abierta por intervalos cortos de tiempo.
	Termostato dañado (contactos soldados).	Accionar manualmente termostato para que abra contactos; si no reacciona, sustituir.	El sustituto debe ser de idénticas características que el sustituido.
	Carga de refrigerante insuficiente.	Verifique si hay fugas.	Recupere el refrigerante, repare fuga/s, recargue, revise nuevamente.
	Bulbo sensor del termostato mal ubicado.	Reposicionar en la ubicación original establecida por el fabricante del equipo. Fijar para que no se vuelva a mover.	Esperar y verificar resultado del cambio.
	Compresor ineficiente.	Verificar temperaturas de succión y descarga del compresor y presiones de alta y baja.	Sustituir compresor por otro idéntico o de la misma capacidad si se comprueba la falta de eficiencia.
	Apertura de puerta demasiado frecuente.	Instruir al usuario.	Reducir la frecuencia de apertura de puerta planeando cuándo hacerlo anticipadamente y no abrirla innecesariamente.
	Luz interior no apaga.	Verifique interruptor de luz accionado por la puerta.	Si no abre el circuito, sustitúyalo.
Funcionamiento ruidoso.	Tubos, condensador, compresor, componentes, en general, partes mecánicas, sueltas, haciendo contacto entre sí o con el gabinete.	Revisar y reposicionar componentes para que no hagan contacto entre sí puesto que ellos vibran por estar de alguna manera vinculados al compresor.	Los componentes hacen menos ruido si vienen fijados con sujetadores a partes fijas de gran tamaño relativo (el gabinete o el chasis de la unidad condensadora.
	Bases de goma del compresor mal colocadas o dañadas.	Acomodar, o sustituir.	Las bases de goma se deben montar según las especificaciones del fabricante del compresor.
	Aspas del Ventilador de condensación desbalanceadas.	Sustituir. Verificar que no hagan contacto con partes fijas del gabinete.	Verificar que las aspas sustitutas sean idénticas a las sustituidas y estén bien balanceadas.
	Bases del gabinete desniveladas.	Nivelar bases del gabinete con el piso.	El gabinete debe estar sólidamente apoyado en el piso para que no transmita vibración proveniente del compresor y aspas de los motores eléctricos de ventilación.
	Tornillos de fijación de abrazaderas o componentes flojos o faltantes.	Colocar tornillos faltantes, ajustar los que estén flojos.	Por efecto de la vibración algunos tornillos pueden aflojarse e incluso caerse. Cada tornillo es importante.
	Sonidos provenientes del compresor.	Sustituir el compresor.	Verificar que el sistema funcione correctamente después de la sustitución.

**CAPÍTULO V:
SISTEMA DE
REFRIGERACIÓN**

PROBLEMA	CAUSA A INVESTIGAR	MEDIDA A TOMAR	PRÁCTICA CORRECTIVA
Compresor comienza a funcionar ciclando por actuación de su protector térmico y luego retoma su marcha normal.	Sobrecarga momentánea del sistema por introducción de carga caliente.	Observar, si después de unos pocos (10 a 30 ciclos) pasa a funcionar controlado por el termostato del sistema, no hay problema.	Existen condiciones temporales de sobrecarga que el protector debe detectar y prevenir actuando, sin que ello represente un riesgo a largo plazo.
Compresor continua ciclando por protector término indefinidamente.	Alimentación eléctrica que llega a los bornes del compresor está por fuera del rango permitido por su fabricante.	Verificar si la tensión en el tomacorrientes es la correcta 120 V ± 10% (108 V ~ 132 V).	Si la tensión no está en el rango correcto, emplear un regulador de voltaje de la capacidad necesaria, o por lo menos un protector de voltaje.
	Protector térmico incorrecto.	Verificar si el protector instalado es el indicado por el fabricante del compresor para ese modelo y tipo.	Sustituir por el protector correcto.
	Compresor no recibe suficiente enfriamiento.	Verificar obstrucciones en flujo de aire, falla del ventilador de condensación, falta de pantallas enrutadoras de flujo de aire alrededor del compresor.	Es común observar que un técnico de servicio omita volver a poner alguna pantalla en el compartimiento de la unidad condensadora por que está deteriorada o porque piensa que no es necesaria. Concepto erróneo que debe corregirse.
	Gas de retorno al compresor muy caliente (presión de succión > la autorizada para ese tipo de compresor [LBP]).	Sobrecarga de gas.	Conectar manómetros, extraer gas a un cilindro de recuperación vacío, hasta que las presiones sean las correctas.
Motocompresor trancado.	Falla mecánica interna (probable falla de lubricación o estator fuera de posición por golpe (rotor rozando estator)).	Verificar resistencias de bobinas y aislamiento a tierra. Probar si arranca aplicando tensión directamente a bornes.	Recuperar el gas, sustituir por otro compresor idéntico o su equivalente exacto. Investigar causa de daño al compresor y corregir.
Hielo en el evaporador.	Temporizador de descongelación inoperativo.	Verificar funcionamiento o cableado de alimentación (arnés)	Reparar cableado o sustituir el control si está dañado.
	Resistencia de descongelamiento abierta.	Verificar continuidad de la resistencia y su circuito de alimentación.	Reparar cableado o sustituir resistencia si está abierta.
	Termostato dañado (contactos soldados).	Accionar manualmente termostato para que abra contactos; si no reacciona, sustituir.	El sustituto debe ser de idénticas características que el sustituido.
	Bulbo sensor del termostato mal ubicado.	Reposicionar en la ubicación original establecida por el fabricante del equipo. Fijar para que no se vuelva a mover.	Esperar y verificar resultado del cambio.
Compresor funciona ininterrumpidamente, la temperatura es normal.	Formación de hielo en el evaporador.	Revisar todas las variables indicadas en el diagnóstico precedente.	Corregir la variable que corresponda.
Línea de retorno de gas al compresor cubierta por un manguito de hielo (normalmente el evaporador también habrá acumulado hielo).	Exceso de carga de gas.	Verificar presiones del sistema.	Recuperar el exceso de carga de gas hasta alcanzar presiones de trabajo correctas.
	Elemento de control de flujo (capilar) permitiendo pasaje excesivo de gas refrigerante.	Ajustar (aumentar) longitud o (disminuir) diámetro del capilar para restringir el paso de gas refrigerante a un valor adecuado.	Verificar que el ajuste produzca los resultados esperados.

PROBLEMA	CAUSA A INVESTIGAR	MEDIDA A TOMAR	PRÁCTICA CORRECTIVA
Línea de retorno de gas al compresor cubierta por un manguito de hielo (normalmente el evaporador también habrá acumulado hielo).	Ventilador del evaporador defectuoso.	Puede que esté girando a menos velocidad de lo regular pero sin que ello sea apreciable a simple vista.	Verificar velocidad con un tacómetro si se dispone de uno; sino, sustituir motor y comprobar que se corrige la situación.
Formación de hielo demasiado rápida en la paredes del evaporador.	Filtración de aire atmosférico húmedo hacia el interior del compartimiento.	Burletes de puerta defectuosos, puerta descuadrada.	Sustituir burlete, ajustar puerta, verificar ajuste burlete - marco.
El congelador funciona pero se calienta.	Humedad en el refrigerante.	Instale nuevo filtro secador en la línea de líquido, antes del capilar.	Siempre instale un filtro secador de mayor capacidad que el original, por seguridad.
Pérdida gradual de capacidad de congelación.	Presencia de parafina en el lubricante que se separa en el capilar creando una obstrucción parcial creciente.	Limpiar el capilar (si es posible) con barrido de solvente aprobado seguido de nitrógeno.	Es más seguro sustituir el capilar, respetando longitud y diámetro interno.

3 Refrigeración comercial

La refrigeración comercial tiene su campo de aplicación en negocios de comercialización de alimentos perecederos que requieren refrigeración o congelación para su preservación, léase abastos, charcuterías, carnicerías, supermercados, restaurantes, cafeterías, cocinas de establecimientos institucionales. Asimismo tiene aplicaciones en máquinas expendedoras de bebidas frías.

Todo lo explicado con relación a la refrigeración doméstica tiene vigencia en estas aplicaciones cuando la capacidad es reducida, y comienza a diferenciarse a medida que los requerimientos de capacidad alcanzan niveles que justifican la inclusión de controles más complejos y el empleo de compresores rotativos, scroll, semiherméticos o abiertos (reciprocantes), de tornillo o centrífugos, de acuerdo a las demandas de la instalación y las preferencias de los diseñadores de sistemas, guiados por la búsqueda de mayor eficiencia y confiabilidad.

En términos generales, los exhibidores y vitrinas individuales así como enfriadores de botellas, congeladores para helados y alimentos congelados pequeños, autoportantes, emplean compresores herméticos en un solo circuito de refrigeración. La diferencia fundamental es que puesto que las condiciones de uso son más exigentes, los diseños son sobredimensionados, con capacidad frigorífica extra para compensar el trabajo pesado a que son sometidos regularmente estos equipos: con aperturas de puertas frecuentes, carga de mercancía a temperatura por encima de la ambiente, exhibidores descubiertos donde el intercambio de calor con el medio ambiente es solo limitado por el uso de cortinas de aire a alta velocidad que recogen el aire frío antes de que este pueda escapar del exhibidor, para ser recirculado y un cúmulo de aplicaciones diversas trabajando a distintas temperaturas de conservación.

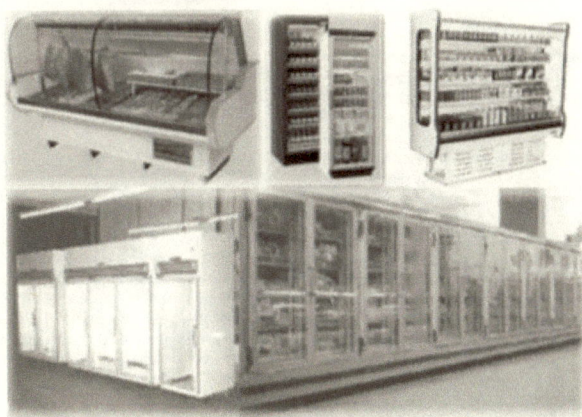

Equipos comerciales de refrigeración.

CAPÍTULO V: SISTEMA DE REFRIGERACIÓN

Los sistemas de mayores capacidades utilizados en supermercados, frigoríficos, centros de almacenaje masivo de alimentos perecederos, acondicionamiento de aire centralizado y otras instalaciones que requieren grandes capacidades de refrigeración o condiciones variables, requieren de diversas combinaciones de circuitos de refrigeración, de acuerdo a los requerimientos; entre estas alternativas se encuentran:

Sistema multievaporador

Un sistema de estas características puede ser alimentado ya sea por un compresor o por una batería de compresores "rack", los cuales comparten un condensador y el refrigerante es luego distribuido en una cantidad de evaporadores en paralelo, con controles de evaporación independientes y reguladores de presión a la salida de cada evaporador para controlar individualmente la temperatura de evaporación de cada evaporador.

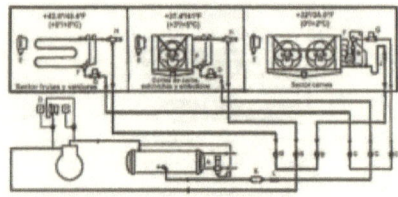

Diagrama de sistema multievaporador de tres temperaturas, con un solo condensador enfriado por agua y un compresor.

Batería de compresores "Rack"

Las baterías de compresores son necesarias cuando el volumen de refrigerante a emplear requeriría un compresor de mucha capacidad (y correspondiente alto costo) y la carga de refrigeración es muy variable. En esos casos se emplea un número de compresores conectados en paralelo y montados en una estructura denominada "rack" para facilitar la conexión y el mantenimiento de las unidades. En estos sistemas es crítico el control de la distribución del lubricante de tal manera que ninguno de los compresores se quede sin lubricación para lo cual existen diversas maneras de controlar el nivel para que sea el mismo en todos los cárteres. El número de compresores que trabajan es determinado por la carga de refrigeración de la instalación y el control es automático y habitualmente lo lleva a cabo un microprocesador a través de un tablero de controles electromecánicos. El sistema de control

dispone de señales de advertencia temprana y de alarma que previenen a los responsables de la operación de este sistema de situaciones de riesgo oportunamente e interrumpen el funcionamiento de la/s unidad/es que presenten síntomas de funcionamiento fuera de los parámetros seguros.

El servicio de los equipos más complejos requiere de conocimientos más especializados y normalmente están a cargo de empresas organizadas que cuentan con personal capacitado para el manejo de estas situaciones. Si bien los principios de refrigeración elementales son exactamente los mismos que aplican al circuito básico explicado en el capítulo anterior, la complejidad de algunas instalaciones fijas implica la utilización de componentes tales como, válvulas de expansión automáticas [AEV], válvulas de expansión termostáticas [TXV], válvulas de flotante en el lado de baja, válvulas de flotante en el lado de alta, presostatos de alta y baja presión, separadores de aceite, válvulas solenoides, condensadores enfriados por aire o enfriados por agua, de membrana, con diversas variantes, evaporadores para aplicaciones especiales, filtros secadores de líquido de núcleo cambiable, visores indicadores de humedad y ácidos, válvulas de accionamiento manual, de aguja, de membrana, tanques recibidores de líquido incorporados al circuito, intercambiadores de calor industriales, válvulas de seguridad sensibles a la presión, amortiguadores de vibración, líneas de refrigerante de grandes diámetros, etc.

Baterías "racks" de compresores.

Sistemas de refrigeración con fluido secundario "chillers"

Cuando los sistemas asumen tales proporciones que sería poco práctico o productivo llenar toda la instalación con gas refrigerante, se recurre a la implementación de sistemas que, mediante el proceso de refrigeración, enfrían un fluido secundario a través de intercambiadores de calor que actúan como evaporador. Es este fluido secundario, que puede ser agua o salmuera u otro fluido económico y seguro, el que posteriormente es bombeado por el circuito secundario, a través de tuberías aisladas térmicamente hasta los puntos donde se requiere extraer calor. Estos sistemas reciben el nombre de "chillers" y son empleados tanto en la industria como en aire acondicionado central de grandes capacidades.

"Chiller" de agua helada.

3.1 Componentes de circuitos de refrigeración comercial e industrial

Describiremos brevemente el uso de cada uno de estos componentes pero su utilización puede ser muy variada y dependerá del diseñador cuales sean necesarias. El técnico de servicio debe estar en condiciones de diagnosticar la posible causa de falla de un sistema y relacionarlo con el componente defectuoso a través de un exhaustivo análisis de la documentación disponible para el sistema en cuyo servicio o mantenimiento esté involucrado.

La deficiencia en consultar la información pertinente antes de involucrarse en el manipuleo de equipos industriales o comerciales de grandes dimensiones puede resultar en fallas catastróficas que deben ser evitadas, para impedir la posibilidad de liberación de grandes volúmenes de refrigerantes dañinos a la atmósfera. El supervisor responsable de estas instalaciones deberá asumir la responsabilidad de contratar solo personal calificado para el manejo de las situaciones que puedan presentarse y de mantener la información necesaria para su correcto mantenimiento disponible para el personal a cargo de estas tareas.

- **Compresores**

Además de los compresores herméticos reciprocantes o alternativos descritos, empleados en refrigeración doméstica y comercial de capacidad reducida, existen un amplio surtido de compresores diseñados para adaptarse a diversas necesidades y condiciones de utilización, tales como: compresores herméticos reciprocantes o alternativos de motor trifásico, de más de un cilindro; compresores herméticos rotativos; compresores semiherméticos - enfriados por aire o enfriados por refrigerante - mono o multicilíndricos - de válvulas de lámina o de disco; compresores accionados por polea; compresores helicoidales "scroll" - de uno o dos rotores; solo para mencionar los más conocidos.

Compresor rotativo

Después de los compresores herméticos reciprocantes, los compresores rotativos son los más ampliamente utilizados, principalmente en aire acondicionado doméstico. Son más compactos y tienen un mayor coeficiente de desempeño **[COP]**. Son equipo de norma en casi todas las unidades de aire acondicionado tipo unidad condensadora separada - "split" y son cada vez más utilizados en unidades de ventana.

Compresor rotativo.

Se debe destacar que su construcción se ajusta a tolerancias muy estrechas y materiales muy delicados en la cámara de compresión rotativa por lo que su instalación requiere cuidados excepcionales en lo referente a la limpieza del sistema, particularmente en ocasión de servicio en el campo.

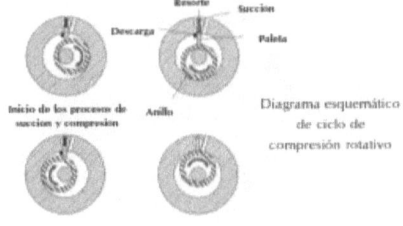

Diagrama esquemático de ciclo de compresión rotativo

CAPÍTULO V: SISTEMA DE REFRIGERACIÓN

Los compresores herméticos de capacidades mayores, son empleados en sistemas comerciales de capacidad intermedia donde el nivel de ruido sea importante y son intercambiables, en muchos casos por compresores semiherméticos.

Compresor semihermético

Los compresores semiherméticos pueden considerarse como los más usados, después de los herméticos. Su precio es bastante más alto y se emplean en aquellas aplicaciones de servicio **extrapesado** donde las expectativas de mantenimiento frecuente son inevitables y como consecuencia de ello se considere que pueda resulta menos costoso reparar un compresor semihermético que sustituir un hermético. Su principal ventaja es que son reparables y existen repuestos de fábrica o de terceros para su mantenimiento.

Para el mecánico de refrigeración, cuando existe la opción, son preferibles pues pueden ser reparados y consecuentemente, se puede cobrar por el servicio adicional implícito en su labor, en tanto que un compresor hermético solo puede ser sustituido (**ningún fabricante de compresores herméticos considera aceptable que sus productos puedan ser reparados fuera de su planta de fabricación, debido a las condiciones especiales que son necesarias durante su ensamblaje**).

Si la calidad tanto de los repuestos empleados como de la mano de obra de una reparación fueran inobjetables, su empleo pudiera considerarse ventajoso; pero existe un amplio interrogante en esta área, y el riesgo para el usuario final es mayor pues la intervención humana, si no está debidamente capacitada, aumenta la probabilidad de falla. Existen talleres especializados en la reparación de estos compresores, que pueden garantizar el funcionamiento porque emplean métodos de trabajo controlados y representan la mejor opción en caso de daños internos.

Su fabricación se ajusta a los principios de fabricación de un mecanismo de compresión mecánica empleando el principio de cigüeñal - biela - pistón, deslizándose en el interior de un cilindro, y recurre al empleo de anillos de compresión y válvulas (que pueden ser de láminas o discos) para la compresión del vapor.

Tienen un área importante de usos en sistemas comerciales y sus aplicaciones compiten con los compresores herméticos en la preferencia de los diseñadores de equipos de refrigeración, dependiendo de las características de cada uno de los sistemas en que vayan a ser aplicados.

Toleran más variables de aplicación, principalmente porque son asociados con dispositivos de expansión regulables (válvulas de expansión) y en caso de errores de aplicación graves la solución puede ser menos costosa (sustitución de los repuestos dañados en lugar de cambio del compresor); pero su empleo requiere conocimientos específicos, tanto de refrigeración como de mecánica, pues en estos casos se deberán tomar decisiones sobre tolerancias y ajustes mecánicos (en casos de reparaciones mayores); en el caso de compresores herméticos estos últimos conocimientos no necesitan ser tan profundos.

En los circuitos externos de estos compresores, así como en su fabricación, se emplean diversos dispositivos y prácticas necesarias para que tanto el enfriamiento como la lubricación se lleven a cabo efectivamente y es responsabilidad del diseñador del sistema en primer lugar y del técnico de servicio, conocer y aplicar estos dispositivos y prácticas en cada sistema en que vayan a ser empleados.

Fallas por **lubricación deficiente**, **retorno de liquido "slugging"**, **sobrecalentamiento**, se presentan por igual en compresores semiherméticos como herméticos y sus consecuencias solo se diferencian por el costo de la reparación. Pero cada vez que un sistema falla, cualquiera sea la causa, se presenta un evento donde **hay que decidir si es necesario extraer el refrigerante, reusarlo o descartarlo**, y eso debe ser evitado hasta la última oportunidad posible.

Vista lateral de un compresor semihermético.

Las aplicaciones industriales emplean el resto de los compresores mencionados, de acuerdo a las exigencias de la aplicación y el criterio del diseñador del sistema. El servicio de estas unidades requiere de un conocimiento particular del compresor: características constructivas, necesidades de protección externa para su operación correcta, su aplicación, y condiciones de trabajo admisibles.

Compresores de espirales concéntricos "scroll"

Los compresores "scroll" consisten en dos espirales metálicos montados de tal manera que uno orbita excéntricamente manteniendo permanentemente una línea de contacto tangente con el otro espiral fijo. Esta línea de contacto se desplaza desde el extremo externo de ambas espirales hacia el centro, donde se encuentra la descarga. Este desplazamiento de la línea de contacto empuja una masa de gas desde la succión, ubicada junto al borde externo hacia la descarga que, como ya dijimos se ubica en el centro geométrico de ambas espirales, comprimiéndolo pues el volumen decrece a medida que los radios de las espirales disminuyen. Como el movimiento es rotativo y continuo, es silencioso y están siendo empleados con ventajas en aire acondicionado en sistemas domésticos.

Diagrama de principio de funcionamiento de compresión de espirales concéntricos "scroll".

Si bien la tecnología fue patentada originalmente en 1905, no fue sino hasta mediados del siglo pasado que la tecnología alcanzó la precisión necesaria para su ejecución práctica. A partir de su perfeccionamiento han ido aumentando su participación de mercado por su confiabilidad, alta eficiencia y bajo nivel de ruido.

Compresor "scroll". Partes de mecanismo "scroll".

Compresores de tornillo

En la medida que se han ido mejorando los procedimientos de manufactura, las tolerancias de mecanizado, los ajustes mecánicos y los dispositivos de medición en la industria manufacturera de compresores, se han podido desarrollar nuevos tipos de mecanismos de compresión. El compresor de tornillo es consecuencia de estos avances. Consiste en un juego de tornillos helicoidales, que pueden ser dos o tres, dependiendo del diseño, que giran sincronizadamente, con superficies de contacto sumamente pulidos, a distancias mínimas una de otras, separadas por la película de lubricante y que, en virtud del giro, crean una diferencia de presión entre un extremo y el otro de las helicoides, con lo cual se comprime el gas refrigerante.

Su aplicación principal es en equipos de gran tamaño, principalmente chillers y requieren de un cuidadoso mantenimiento, para asegurar ausencia de vibraciones por cojinetes o rodamientos y una presión de lubricación constante para asegurar la correcta compresión del gas.

Compresor de tornillo "screw". Corte de compresor de tornillo "screw".

Compresores centrífugos.

Entre muchas aplicaciones industriales de compresión de gases, también se emplean compresores centrífugos en refrigeración a gran escala. Su primera utilización con este fin data de 1922.

Compresor centrífugo 1922.

CAPÍTULO V: SISTEMA DE REFRIGERACIÓN

Se los emplea principalmente en Chillers de agua helada de grandes instalaciones de aire acondicionado central de grandes edificios e instalaciones industriales.

Compresores centrífugos - varias vistas.

Funcionan comprimiendo el gas por fuerza centrífuga impulsado por varios álabes que giran a alta velocidad y son máquinas de grandes dimensiones

Eje de compresor centrífugo.

Dispositivos de expansión

- **Válvula de expansión automática [AXV]**

Válvula de expansión automática [AXV].

La válvula de expansión automática es un dispositivo de control de flujo de refrigerante líquido accionado directamente por la presión existente en el evaporador. Solo actúa en respuesta a la puesta en marcha del compresor, sino permanece cerrada. A medida que la presión en el evaporador desciende la válvula se abre y permite pulverizar refrigerante evaporado dentro del evaporador. El flujo requerido puede ser controlado mediante un tornillo lo que permite ajustar la presión en el evaporador al valor deseado; recordemos que al reducirse la presión en el evaporador se reduce la temperatura a la cual el refrigerante líquido se evapora. Un sistema que emplea válvula de expansión automática recibe el nombre de sistema "seco" debido a que el evaporador no se llena nunca con refrigerante líquido sino con una niebla de refrigerante evaporado.

Este tipo de válvula solamente se puede emplear en conjunto con un control de motor operado por temperatura, nunca con un control operado por presión de succión del compresor.

- **Válvula de expansión termostática [TXV]**

La gran mayoría de las unidades comerciales están equipadas con válvulas de expansión controladas por temperatura. Esta válvula depende de la expansión de un gas en una cámara hermética (similar a la del termostato antes visto en refrigeración doméstica); el bulbo sensor se posiciona a la salida del evaporador y las variaciones de temperatura controlan la apertura o cierre de la válvula de aguja que dosifica el rociado de refrigerante líquido hacia el evaporador. Este mecanismo permite un llenado más rápido del evaporador y un enfriamiento más eficiente. La válvula de expansión termostática mantiene el evaporador lleno de refrigerante vaporizado cuando el sistema está funcionando. A medida que la temperatura en el evaporador desciende, la válvula de expansión reduce el flujo de refrigerante al evaporador. Tampoco habrá flujo a menos que el compresor esté funcionando.

Este tipo de válvula puede funcionar indistintamente con control del motor operado por presión o por temperatura. Una válvula de expansión termostática puede ser empleada en sistemas con múltiples evaporadores.

Válvula de expansión termostática [TXV] sin ecualización interna.

Existen dos variantes de válvula de expansión termostática:

- **Con ecualización de presión interna:** empleadas en instalaciones de baja capacidad frigorífica donde la pérdida de carga [?P] en el evaporador es insignificante, y el evaporador es de un solo tubo (sin distribuidor de líquido ni colector).

- **Con ecualización de presión externa:** utilizadas en grandes instalaciones frigoríficas industriales o comerciales en las cuales la pérdida de carga [?P] en el evaporador es importante. Es el tipo de válvula que debe emplearse cuando el evaporador sea de de múltiples circuitos en paralelo unidos en ambos extremos por distribuidor de líquido y colector. El uso de distribuidores causa generalmente una caída de presión de 1 bar en el distribuidor y el tubo del distribuidor.

Válvula de expansión termostática [TXV] sin ecualización externa.

También son de uso obligado en instalaciones de refrigeración con evaporadores compactos de pequeño tamaño, como por ejemplo intercambiadores de calor de placa, en los que la caída de presión normalmente será mayor que la presión correspondiente a 2K.

- **Selección de una válvula de expansión termostática**

Para la correcta selección de una válvula termostática se necesitan los siguientes datos:
- Líquido refrigerante.
- Capacidad del evaporador.
- Presión de evaporación.
- Presión de condensación.
- Subenfriamiento.
- Caída de presión a través de la válvula.
- Igualación de presión interna o externa.

- **Funcionamiento de una válvula de expansión termostática**

Una válvula de control termostática está compuesta por: (1) un elemento termostático separado del cuerpo de la válvula por una membrana elástica. Este elemento termostático se vincula con un bulbo (2) mediante un tubo capilar y se carga con un gas con coeficiente de dilatación térmica adecuado. La membrana elástica acciona sobre un vástago que en su otro extremo acciona una válvula de aguja. El accionamiento de la membrana es resistido parcialmente por un resorte de ecualización.

En su operación intervienen tres fuerzas proporcionales a presiones de control.

F_1 - fuerza proporcional a la presión ejercida por la dilatación del gas contenido en el elemento termostático (que varía en proporción al cambio de temperatura que experimenta el bulbo en contacto con la pared del tubo de salida de gas del evaporador. Su accionamiento produce la apertura de la válvula.

F_2 - Fuerza proporcional a la presión del evaporador, actuando directamente sobre la cara inferior de la membrana y cuya acción contribuye al cierre de la válvula.

F_3 - Fuerza ejercida por el resorte sobre la cara inferior de la membrana, resistiendo el movimiento de apertura de la válvula. El ajuste de esta fuerza regula el sobrecalentamiento del gas.

En condiciones de trabajo regular, existe un balance entre las tres fuerzas.

$$F_1 = F_2 + F_3$$

En estas condiciones se mantiene el flujo regulado del vapor hacia el refrigerante. Si la cantidad de vapor disminuye, el bulbo se calienta, aumentando el valor de F_1 abriendo más el paso de vapor. Este aumento produce una reducción de la temperatura del bulbo, lo cual reduce el valor de F_1. Al desconectarse el compresor por indicación de su dispositivo de control (termostato o presostato) la fuerza F_2 desciende a cero y la válvula se cerrará (excepto en el caso de que la fuerza F_1 ejercida por la presión del elemento termostático supere la fuerza del resorte F_3).

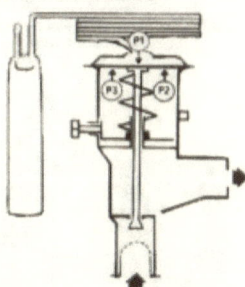

Diagrama en corte de válvula de expansión termostática.

Regulaciones en la válvula de expansión termostática

Sobrecalentamiento "Superheat"

El sobrecalentamiento se mide en el lugar donde se sitúa el bulbo en la tubería de succión del compresor. Su valor se calcula como la diferencia entre la temperatura que mide el bulbo y la presión de

CAPÍTULO V: SISTEMA DE REFRIGERACIÓN

evaporación/temperatura de evaporación en el mismo lugar. Este parámetro se especifica en [K] o [°C] y se emplea como señal reguladora de inyección de líquido a través de la válvula de expansión.

La mezcla de líquido-vapor de refrigerante que ingresa al evaporador debe haberse vaporizado por completo en algún punto antes de llegar a la salida del evaporador. El bulbo sensor de la válvula termostática se posiciona a cierta distancia de la salida del evaporador, en la línea de succión del compresor. En este tramo desde el punto donde se ha completado la vaporización y el lugar donde se ha instalado el bulbo, el vapor está sobrecalentado; lo que significa que su temperatura es superior a su temperatura de saturación. Si bien este gradiente de sobrecalentamiento reduce la capacidad del evaporador, es necesario para el funcionamiento estable de la válvula de control de flujo. Un sobrecalentamiento por encima de 8°C se considera anormal, en tanto que si es inferior a 5°C es débil puesto que crea una situación de riesgo para el compresor por la posible aparición de golpes de líquido. Normalmente esto sucede con una válvula mal regulada o mal seleccionada.

La fuerza aplicada por el resorte de regulación de la válvula puede ajustarse mediante un tornillo a un valor que determina qué diferencia entre la temperatura del bulbo y temperatura del gas en el evaporador se abrirá la válvula. Este valor se denomina **sobrecalentamiento estático**. Para el control de la válvula desde su apertura hasta su valor nominal, es necesario un nuevo aumento de la presión del bulbo (a presión de succión constante), o sea un calentamiento adicional del bulbo (sobrecalentamiento) para controlar la fuerza ascendente causada por la tensión del resorte. Este sobrecalentamiento adicional se denomina **sobrecalentamiento de apertura**. La suma de estos dos sobrecalentamientos se denomina **sobrecalentamiento de operación o total**.

Montaje de la válvula de expansión y sujeción del bulbo termostático de la válvula de expansión

La válvula de expansión se monta en la tubería de líquido delante del evaporador y su bulbo se sujeta firmemente con abrazaderas a la salida del evaporador lo más cerca posible de este, en la sección horizontal del tubo de succión del compresor de tal manera que el contacto físico entre bulbo y tubo sea óptimo. La posición ideal puede ser cualquiera que sea conveniente, excepto en la cara inferior del tubo pues en caso de presencia de aceite en la tubería la transferencia térmica en esta zona sería peor. En el caso de válvulas con ecualización de presión externa, el punto de conexión de la línea de ecualización en la tubería de succión inmediatamente después del bulbo (nunca entre este y el evaporador) y ubicado en la cara superior de dicho tubo.

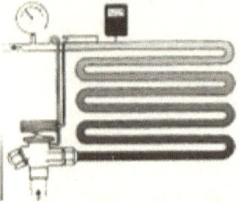
Medición de sobrecalentamiento.

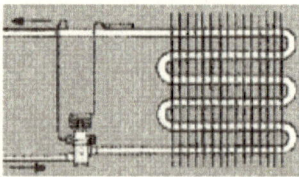
Montaje correcto de TXV con ecualización externa.

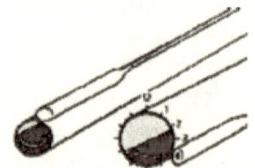
Ubicación correcta del bulbo.

El bulbo debe medir la temperatura del vapor de aspiración y por lo tanto no debe situarse de manera que sea influenciado por fuentes externas de calor o frío. Si el bulbo se encuentra en ambiente con corrientes de aire caliente se recomienda su aislamiento. Tampoco debe montarse después de un intercambiador de calor o en las proximidades de componentes de circuito con grandes masas por cuanto esto producirá señales falsas a la válvula de expansión.

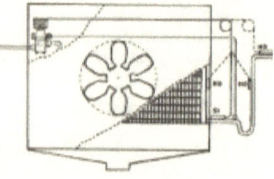
Posición correcta del bulbo sensor (horizontal antes de bolsa de líquido) vs incorrecta (vertical o después de bolsa de líquido).

Tal como se indicara anteriormente, el bulbo debe instalarse en la parte horizontal de la tubería de aspiración, inmediatamente después del evaporador y no debe instalarse en un colector de aspiración o en una tubería vertical después de una trampa de aceite. Siempre debe montarse delante de posibles bolsas de líquido.

Subenfriamiento

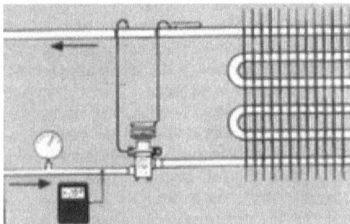

Medición del subenfriamiento.

El subenfriamiento se define como la diferencia entre la temperatura del líquido y la presión del condensador/temperatura a la entrada de la válvula de expansión, se mide en grados Kelvin [K] o en [°C].

El subenfriamiento del refrigerante es necesario para evitar burbujas de vapor en el líquido a la entrada de la válvula. Las burbujas de vapor merman la capacidad de la válvula y por consiguiente reducen el suministro de líquido al evaporador. Un subenfriamiento del orden de 4 ~ 5 K normalmente es suficiente.

Cargas de las válvulas de expansión termostáticas

Las válvulas de expansión pueden venir con tres tipos de carga:

- **Carga universal.**
- **Carga MOP** (Maximum Operating Pressure).
- **Carga MOP con lastre.**

Las válvulas de expansión con carga universal son empleadas en la mayoría de instalaciones de refrigeración en las que no se exige una limitación de presión y en las que el bulbo puede llegar a tener una mayor temperatura que el elemento, o en altas temperaturas de evaporación / alta presión de evaporación. Estas válvulas tienen una carga líquida en el bulbo. La cantidad de carga es tan grande que siempre quedará carga en el bulbo a pesar de que el elemento se encuentre más frío o más caliente que el bulbo.

Las válvulas con carga MOP se usan normalmente en unidades de fábrica, donde se desea una limitación de la presión de aspiración en el momento de puesta en marcha, como por ejemplo en el sector de transporte y en instalaciones de aire acondicionado. Las válvulas de expansión con MOP tienen una cantidad muy reducida de carga en el bulbo. Esto significa que la válvula o el elemento tienen que tener una temperatura mayor que el bulbo. En caso contrario la carga puede emigrar del bulbo hacia el elemento, con el consiguiente cese de funcionamiento de la válvula de expansión. La carga del bulbo está en concordancia con la Máxima Presión Operativa y es la más alta presión de aspiración/evaporación que se puede permitir en las tuberías de aspiración/evaporación. La carga se habrá evaporado cuando se llegue al punto de MOP. Cuando la presión de aspiración vaya aumentando, la válvula de expansión comenzará a cerrarse, unos 0,3 ~ 0,4 bar por debajo del punto MOP, y se cerrará completamente cuando la presión de aspiración sea igual al punto MOP.

Las válvulas de expansión con carga MOP con lastre se usan preferentemente en instalaciones de refrigeración con evaporadores "dinámicos en alto grado", como por ejemplo en instalaciones de aire acondicionado e intercambiadores térmicos de placa que tienen una alta transmisión de calor.

Con carga MOP con lastre se puede conseguir un menor sobrecalentamiento, equivalente a 2 ~ 4 K (°C) que con otros tipos de carga. El bulbo de la válvula de expansión termostática contiene un material altamente poroso y de gran área superficial en relación a su peso. La carga MOP con lastre tiene un efecto amortiguador sobre la regulación de la válvula de expansión. La válvula se abre despacio cuando la temperatura del bulbo aumenta y cierra rápido cuando la temperatura del bulbo disminuye.

- **Ajustes de la válvula de expansión termostática [TXV]**

La válvula de expansión se suministra con un ajuste de fábrica que normalmente es adecuado para la mayoría de los casos. Si fuese necesario un ajuste personalizado emplee el tornillo de regulación provisto. Haciendo girar el tornillo en sentido horario se aumenta el recalentamiento y en sentido contrario se disminuye.

Un funcionamiento inestable del evaporador puede eliminarse con el siguiente procedimiento: aumentar el recalentamiento girando el tornillo en sentido horario hasta que el funcionamiento inestable desaparezca. Seguidamente, girarlo en sentido contrario gradualmente hasta que la inestabilidad aparezca para finalmente volver a girar en sentido horario lo suficiente para eliminar la inestabilidad. Una oscilación de

CAPÍTULO V: SISTEMA DE REFRIGERACIÓN

±0,5°C en el sobrecalentamiento no debe considerarse funcionamiento inestable.

Un recalentamiento excesivo en el evaporador puede ser provocado por falta de refrigerante. Una reducción de sobrecalentamiento se puede conseguir haciendo girar gradualmente el tornillo de regulación en sentido antihorario hasta que el funcionamiento inestable desaparezca. Desde esta posición se gira en sentido contrario hasta que desaparezca la inestabilidad. Una oscilación de ±0,5°C en el sobrecalentamiento no debe considerarse funcionamiento inestable.

Si no se puede encontrar un punto de regulación en el cual el evaporador no presente inestabilidad puede ser debido a que la capacidad de la válvula sea demasiado grande, siendo necesario sustituirla por otra de menor capacidad o si se trata de una válvula de orificio intercambiable, cambiar solamente el orificio. En caso de que el sobrecalentamiento del evaporador sea excesivo ello puede deberse a que la válvula sea demasiado pequeña, siendo necesaria su sustitución o la sustitución del orificio por uno mayor, si se trata de una válvula de orificio intercambiable.

- **Diagnóstico de fallas en válvulas termostáticas**

SÍNTOMA	CAUSA POSIBLE	SOLUCIÓN
Temperatura de la cámara demasiado alta.	Caída de presión excesiva a través del evaporador.	Reemplazar la válvula de expansión por una válvula con igualación de presión externa. Regulación en caso necesario, del sobrecalentamiento en la válvula de expansión.
	Falta de subenfriamiento delante de la válvula de expansión.	Controlar el subenfriamiento del líquido refrigerante delante de la válvula de expansión. Crear un mayor subenfriamiento.
	La caída de presión a través de la válvula de expansión es menor que la caída de presión para la cual la válvula está dimensionada.	Controlar la caída de presión en la válvula de expansión. Reemplazar, en caso necesario, el conjunto de orificio y/o la válvula. Ajustar, en caso necesario, el sobrecalentamiento en la válvula de expansión.
	El bulbo instalado inmediatamente detrás de un intercambiador de calor o demasiado cerca de válvulas grandes, bridas, etc.	Examinar la ubicación del bulbo. Situar el bulbo lejos de válvulas grandes, bridas, etc.
	La válvula de expansión está obstruida por hielo, cera u otras impurezas.	Limpiar la válvula de hielo, cera u otras impurezas. Controlar el color en el visor de líquido (color verde indica demasiada humedad). Cambiar, en caso necesario, el filtro secador. Controlar el aceite en el sistema. ¿Se ha cambiado o añadido aceite? ¿Se ha cambiado el compresor? Limpiar el filtro de impurezas.
	La válvula de expansión es demasiado pequeña.	Controlar la capacidad del evaporador comparar con la capacidad de la válvula de expansión. Cambiar la válvula u orificio por un tamaño mayor. Ajustar el sobrecalentamiento en la válvula de expansión.
	La válvula de expansión ha perdido su carga.	Controlar si la válvula de expansión ha perdido su carga. Cambiar la válvula de expansión. Ajustar el sobrecalentamiento en la válvula de expansión.
	Se ha producido una migración de carga en la válvula de expansión.	Controlar si la carga de la válvula de expansión es adecuada. Identificar y subsanar la causa de la migración de la carga. Ajustar, en caso necesario, el sobrecalentamiento en la válvula de expansión.
	El bulbo de la válvula de expansión no tiene buen contacto con la tubería de aspiración.	Controlar si el bulbo está bien sujeto a la tubería de aspiración. Aislar el bulbo, en caso necesario.

MANUAL DE BUENAS PRÁCTICAS EN REFRIGERACIÓN

SÍNTOMA	CAUSA POSIBLE	SOLUCIÓN
La instalación frigorífica tiene un funcionamiento inestable.	El evaporador está total o parcialmente escarchado.	Desescarchar el evaporador, en caso necesario.
	El sobrecalentamiento de la válvula de expansión está regulado a un valor demasiado pequeño.	Ajustar el sobrecalentamiento en la válvula de expansión.
	La válvula de expansión tiene una capacidad demasiado grande.	Cambiar la válvula de expansión o el orificio por un tamaño menor. Ajustar, en caso necesario, el sobrecalentamiento en la válvula de expansión.
La instalación de refrigeración tiene un funcionamiento inestable a una temperatura demasiado alta.	El bulbo de la válvula de expansión está instalado en un lugar inapropiado, como por ejemplo, en el colector de aspiración, tubo vertical después de una trampa de aceite o en las cercanías de válvulas grandes, bridas o lugares parecidos.	Controlar la ubicación del bulbo. Situar el bulbo de tal modo que pueda recibir una buena señal. Asegurarse de que el bulbo está bien sujeto a la tubería de aspiración. Ajustar, en caso necesario, el sobrecalentamiento en la válvula de expansión.
La presión de aspiración es demasiado alta.	Paso de líquido • Válvula de expansión demasiado grande. • Ajuste defectuoso de la válvula de expansión.	Aumentar el sobrecalentamiento en la válvula de expansión. Controlar la capacidad de la válvula de expansión en relación al evaporador. Cambiar la válvula de expansión o el orificio por un tamaño menor. Ajustar, en caso necesario, el sobrecalentamiento en la válvula de expansión.
La presión de aspiración es demasiado baja.	La caída de presión a través del evaporador es demasiado grande.	Cambiar la válvula de expansión por una con igualación de presión externa. Ajustar, en caso necesario, el sobrecalentamiento en la válvula de expansión.
	Falta de subenfriamiento delante de la válvula de expansión.	Verificar el subenfriamiento del refrigerante delante de la válvula de expansión. Establecer un subenfriamiento mayor.
	El sobrecalentamiento del evaporador es demasiado grande.	Controlar el sobrecalentamiento. Ajustar el sobrecalentamiento en la válvula de expansión.
	La caída de presión a través de la válvula de expansión es más pequeña que la caída de presión para la cual la válvula está dimensionada.	Verificar la caída de presión a través de la válvula de expansión. Cambiar el conjunto de orificio o la válvula.
	El bulbo está situado en un lugar demasiado frío, como por ejemplo, expuesto a corriente de aire frío o cerca de válvulas grandes, bridas o similares.	Verificar la ubicación del bulbo. Aislar el bulbo en caso necesario. Situar el bulbo lejos de válvulas grandes, bridas o similares.
	La válvula de expansión es demasiado pequeña.	Controlar la capacidad de la planta refrigeradora y comparar con la capacidad de la válvula de expansión. Cambiar la válvula o el orificio por un tamaño mayor. Ajustar el sobrecalentamiento en la válvula de expansión.
	La válvula de expansión está obstruida por hielo, cera u otras impurezas.	Limpiar la válvula de hielo, cera u otras impurezas. Controlar el color en el visor de líquido (color amarillo indica demasiada humedad). Cambiar, en caso necesario, el filtro secador. Controlar el aceite en la instalación frigorífica. ¿Se ha cambiado o añadido aceite? ¿Se ha cambiado el compresor? Limpiar el filtro de impurezas.
	La válvula de expansión ha perdido su carga.	Controlar la válvula de expansión por posible pérdida de su carga. Reemplazar la válvula de expansión. Ajustar el sobrecalentamiento en la válvula de expansión.

CAPÍTULO V: SISTEMA DE REFRIGERACIÓN

SÍNTOMA	CAUSA POSIBLE	SOLUCIÓN
	Se ha producido una migración de la carga en la válvula de expansión.	Controlar la carga de la válvula de expansión. Ajustar, en caso necesario, el sobrecalentamiento en la válvula de expansión.
	El evaporador está total o parcialmente escarchado.	Desescarchar el evaporador, en caso necesario.
Golpes de líquido en el compresor.	La válvula de expansión tiene una capacidad demasiado grande.	Cambiar la válvula o el orificio por un tamaño menor. Ajustar, en caso necesario, el sobrecalentamiento en la válvula de expansión.
	El sobrecalentamiento de la válvula de expansión está ajustado a un valor demasiado pequeño.	Aumentar el sobrecalentamiento en la válvula de expansión.
	El bulbo de la válvula de expansión no tiene buen contacto con la tubería de aspiración.	Controlar la sujeción del bulbo a la tubería de aspiración. Aislar el bulbo, en caso necesario.
	El bulbo está situado en un lugar demasiado caliente o cerca de válvulas grandes, bridas o similares.	Controlar la ubicación del bulbo en la tubería de aspiración. Cambiar el bulbo a una mejor posición.

- **Válvulas de flotante en el lado de baja**

Este tipo de control es usualmente empleado en sistemas de evaporador inundado. A medida que el refrigerante en el evaporador se evapora el nivel de líquido en el evaporador disminuye; esto hace que la válvula de flotante descienda lo cual abre la válvula a la línea de líquido a alta presión.

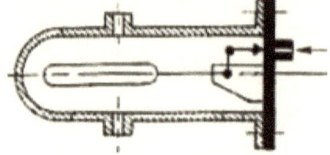

Válvula de flotante en el lado de baja.

- **Válvulas de flotante en el lado de alta**

Un flotante ubicado en el tanque recibidor de líquido o en una cámara en el lado de alta presión hace operar el sistema. Cuando se ha acumulado suficiente refrigerante líquido en la cámara donde se ubica el flotante, este al subir abre la válvula de aguja, permitiendo que fluya líquido pulverizado hacia el lado de baja presión en el evaporador. El flotante controla el nivel de refrigerante líquido en el lado de alta presión.

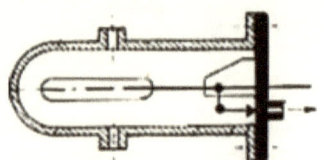

Válvula de flotante en el lado de alta.

La cantidad de refrigerante en el sistema debe ser cuidadosamente medida para que el evaporador reciba la cantidad necesaria y el sistema opere correctamente. Exceso de refrigerante sobrecargará el evaporador y causará la formación de hielo en la línea de succión del compresor.

Este tipo de control puede emplearse con ambos tipos de control del motor: por presión o termostático.

- **Válvulas de seguridad sensibles a la presión**

En circunstancias en que las protecciones provistas por presostatos pudieran llegar a fallar y con el objeto de proteger la instalación contra posible rupturas catastróficas de recipientes o tuberías, en algunos sistemas se encuentran válvulas de seguridad sensibles a la presión. Estas se colocan estratégicamente en el sistema y al alcanzarse una presión preestablecida descargan el contenido hasta que la presión se reduce al nivel predeterminado en su ajuste. **En sistemas cargados con SAO es importante que los sistemas de protección contra sobrepresiones, tales como presostatos e interruptores del sistema funcionen con absoluta seguridad (diseño redundante) para prevenir la actuación**

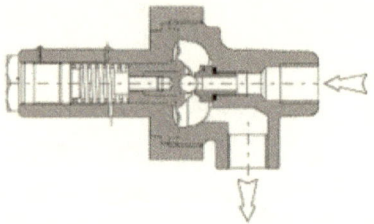

Esquema en corte de válvula de seguridad.

de una válvula de seguridad del tipo aquí descrito. Adicionalmente, si la cantidad de refrigerante es muy grande, será necesario que la descarga de la válvula se efectúe a un recipiente seguro, de suficiente capacidad para contener toda la carga del sistema (doble redundancia).

- **Válvulas solenoides**

Las válvulas solenoides son dispositivos que se instalan en las líneas de fluidos (refrigerante, lubricante, etc.) para interrumpir el flujo cuando así lo disponga el accionamiento de un contacto en un circuito de control que alimenta la bobina de la válvula. Pueden ser: soldables, roscadas o de brida "flange"; de distintos diámetros de conexión; con bobinas para distintas especificaciones eléctricas [tensión, frecuencia, AC/DC]; de disposición de orificio normalmente abierto [NA] o normalmente cerrado [NC]; de accionamiento

Válvula solenoide y bobina.

directo o pilotado y para distintas sustancias (líquidos: agua, aceite; gases: aire, refrigerante (especificar tipo). Al instalar o sustituir una válvula solenoide es necesario especificar todos los datos anteriores, además de la máxima (mínima) presión de operación [MOP] en la línea donde se instalará. Al instalar se debe tener en cuenta todo lo anterior y adicionalmente que el sentido de flujo en la válvula coincida con el del fluido en la tubería.

SÍNTOMA	CAUSAS POSIBLES	SOLUCIONES
La válvula solenoide no abre.	Falta de tensión en la bobina.	Verificar si la válvula está abierta o cerrada. 1) Utilizar un detector magnético. 2) Levantar la bobina y verificar continuidad. Nota: Nunca se debe desmontar la bobina energizada ya que esto puede quemarla. Verificar siempre el diagrama y las conexiones eléctricas. Verificar los contactos del relé. Verificar el cableado. Verificar fusibles.
	Tensión/frecuencia incorrectas.	• Comparar los datos de la bobina con las especificaciones de la instalación. • Medir la tensión de funcionamiento de la bobina. Tolerancia: +10% - 15% de la tensión nominal. • Cambiar la bobina por una de la especificación correcta, si fuese el caso.
	Bobina quemada.	Ver en Síntoma: "Bobina quemada".
	Presión diferencial demasiado alta.	Verificar las especificaciones de la válvula. Cambiar por válvula correcta. Reducir, de ser posible la presión diferencial, por ejemplo, la presión de entrada.
La válvula solenoide no se abre o se abre parcialmente.	Presión diferencial demasiado baja.	Verificar las especificaciones de la válvula y la presión diferencial. Cambiar por válvula correcta. Verificar la membrana y/o los aros del émbolo y cambiar empacaduras.
	Tubo de la armadura dañado y curvado.	Cambiar componentes defectuosos.
	Impurezas en la membrana/el émbolo.	Cambiar componentes defectuosos.
	Impurezas en el asiento de la válvula. Impurezas en la armadura/tubo de la armadura.	Limpiar la válvula. Cambiar partes defectuosas. Cambiar empacaduras.

**CAPÍTULO V:
SISTEMA DE
REFRIGERACIÓN**

SÍNTOMA	CAUSAS POSIBLES	SOLUCIONES
La válvula solenoide no se abre o se abre parcialmente.	Corrosión/cavidades.	Cambiar partes defectuosas. Cambiar empacaduras.
	Falta de componentes después de desmontar la válvula.	Montar componentes faltantes. Cambiar empacaduras.
	Presión diferencial demasiado baja.	Verificar los datos técnicos y la presión diferencial de la válvula. Cambiar por válvula correcta. Verificar la membrana y/o los aros del émbolo, cambiar empacaduras.
	Tubo de la armadura dañado y curvado.	Cambiar componentes defectuosos.
	Impurezas en la membrana/el émbolo.	Cambiar componentes defectuosos.
	Impurezas en el asiento de la válvula. Impurezas en la armadura/tubo de la armadura.	Limpiar la válvula. Cambiar partes defectuosas. Cambiar empacaduras.
	Corrosión/cavidades.	Cambiar partes defectuosas. Cambiar empacaduras.
	Falta de componentes después de desmontar la válvula.	Montar componentes faltantes. Cambiar empacaduras.
	Todavía hay tensión en la bobina.	Levantar la bobina y verificar continuidad. Nota: Nunca se debe desmontar la bobina energizada ya que esto puede quemarla. Verificar siempre el diagrama y las conexiones eléctricas. Verificar los contactos del relé. Verificar el cableado. Verificar fusibles.
	No se ha retornado el husillo manual y la válvula está abierta.	Verificar la posición del husillo de apertura manual.
	Pulsaciones en la línea de descarga. Presión diferencial demasiado alta en posición abierta. La presión del lado de salida es periódicamente superior a la presión del lado de entrada.	Verificar los datos técnicos de la válvula. Verificar las condiciones de presión y las condiciones de flujo. Cambiar por válvula correcta. Verificar la instalación en general.
	Placa de válvula, membrana o asiento de válvula defectuoso.	Verificar las condiciones de presión y las condiciones de flujo. Cambiar partes defectuosas. Cambiar empacaduras.
	Montaje equivocado de la membrana o de la placa de soporte.	Comprobar que la válvula esté correctamente montada. Cambiar empacaduras.
	Impurezas en la placa de la válvula. Impurezas en la tobera del piloto. Impurezas en el tubo de la armadura.	Limpiar la válvula. Cambiar empacaduras.
La válvula solenoide emite ruidos.	Ruido de frecuencia (zumbido).	La válvula solenoide no es la causa.
	Golpes de ariete cuando la válvula se abre. Golpes de ariete cuando la válvula se cierra.	Cuando se instala delante de una TXV, montarla cerca. Montar un tubo vertical cerrado en una "T" delante de la válvula solenoide.

MANUAL DE BUENAS PRÁCTICAS EN REFRIGERACIÓN

SÍNTOMA	CAUSAS POSIBLES	SOLUCIONES
	Presión diferencial demasiado alta y/o pulsaciones en la línea de descarga.	Verificar los datos técnicos de la válvula. Verificar las condiciones de presión y flujo. Cambiar por válvula correcta. Verificar la instalación en general.
Bobina quemada (la bobina está fría con tensión).	Tensión/frecuencia incorrectas.	Verificar los datos de la bobina. Cambiar por una bobina correcta, si es el caso. Verificar el diagrama y la instalación eléctrica. Verificar la máxima variación de tensión en el circuito. Tolerancia: +10% - 15% de la tensión nominal.
	Cortocircuito en la bobina (puede ser causado por humedad).	Verificar todo el circuito. Verificar las conexiones de cables de alimentación de la bobina. Sustituir por una bobina con las especificaciones correctas.
	La armadura no se desplaza por el tubo de la armadura. a) tubo de la armadura dañado o curvado. b) Armadura dañada. c) Impurezas en el tubo de la armadura.	Cambiar partes defectuosas. Eliminar impurezas. Cambiar empacaduras.
	Temperatura del medio demasiado alta.	Comparar datos de la válvula y de la bobina con los datos del sistema. Cambiar por una válvula adecuada.
	Temperatura ambiente demasiado alta.	Cambiar la válvula de posición si fuera necesario. Comparar datos de la válvula y de la bobina con la temperatura ambiente. Aumentar la ventilación alrededor de la válvula y de la bobina.
	Pistón o aro del pistón dañado (en válvulas de mando por servo).	Cambiar partes defectuosas. Cambiar empacaduras.

- **Válvulas de accionamiento manual**

Para interrumpir el flujo manualmente en las líneas de un sistema de refrigeración se emplean válvulas que puedan accionarse sin riesgo de fugas. Las válvulas más seguras para esta aplicación son las válvulas de membrana. Son unidireccionales. Al emplearlas se debe tener en cuenta: rango de temperatura de trabajo, máxima presión de trabajo y rango de presión de la aplicación, diámetro de la tubería y forma de conexión (soldable o con rosca); se recomienda no ejercer demasiado torque al abrir o cerrar estas válvulas pues es innecesario.

También pueden emplearse válvulas de bola de cierre rápido, certificadas para empleo en refrigeración, cuya construcción garantiza que no presentarán fuga.

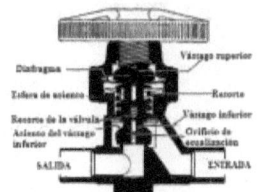

Válvulas de accionamiento manual (de membrana y de bola).

**CAPÍTULO V:
SISTEMA DE
REFRIGERACIÓN**

Son bidireccionales y tienen la ventaja de que no presentan pérdida de carga pues al abrir, su diámetro es igual al de la tubería. Su accionamiento solo requiere un giro de 90° del vástago.

En refrigeración solo deben usarse componentes diseñados para este uso pues están construidos con materiales aprobados para uso con los diferentes gases refrigerantes.

Un tipo particular de estas válvulas de accionamiento manual son las llamadas válvulas de servicio que se instalan normalmente una en el lado de baja del sistema y otra en el lado de alta, en el tanque recibidor de líquido. Se construyen con dos o tres vías de acuerdo a la función que desempeñen.

Las válvulas de una vía tienen la misma función de las válvulas de membrana o de aguja ya mencionadas pero son menos accesibles para evitar maniobras incorrectas y requieren de una herramienta (preferiblemente una llave de trinquete "ratchet") para su operación.

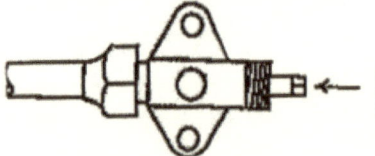
Válvula de servicio [una vía].

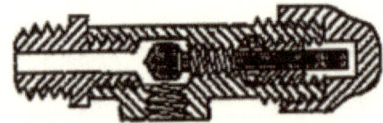
Vista en corte con tapón colocado [abierta].

En las válvulas de dos vías se obtienen tres condiciones de conexión de acuerdo a la posición del vástago:

- Un circuito cerrado y el otro abierto. Por ejemplo tanque de líquido a línea de líquido.

Estas válvulas cuentan con tapones para proteger las conexiones que no están permanentemente conectadas. Estos tapones deben sacarse sólo durante el empleo de la conexión correspondiente y en todo otro momento deben esta colocados en su sitio.

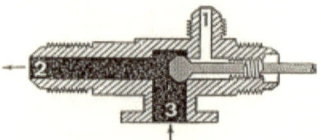

- La condición inversa a la anterior. Por ejemplo, tanque de líquido a manómetro.

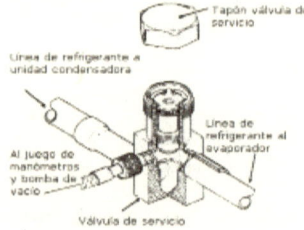
Válvulas de servicio.

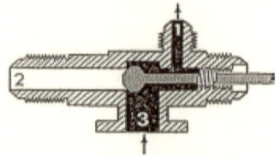

- **Válvulas antiretorno "check valves"**

Se emplean para garantizar el flujo de un fluido en una tubería en una sola dirección. Pueden ser en línea o en ángulo de 90°. En su selección se debe considerar: diámetro de la tubería, presión de trabajo,

- Las tres vías abiertas. Por ejemplo manómetro midiendo presión del sistema en operación.

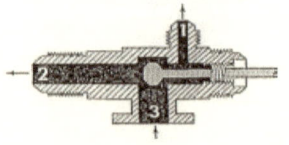

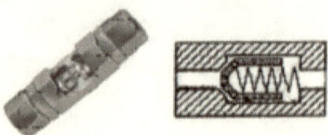
Válvula antiretorno "check". Corte y esquema.

temperatura de trabajo, forma de conexión (soldada o roscada), caudal que debe manejar y pérdida de carga que va a producir.

- **Filtros secadores de líquido**

Los filtros secadores empleados en sistemas de refrigeración de gran capacidad deben estar dimensionados de acuerdo a la cantidad de gas contenida en el sistema. Para la función secante se construyen filtros de tamiz molecular "molecular sieve" solamente, y filtros con combinaciones de tamiz molecular y alúmina activada en diferentes proporciones según la aplicación. Otros materiales adsorbentes, tal como la sal de sílicio "silicagel" se emplea en combinación con estos materiales en algunas aplicaciones. El material adsorbente puede estar en forma de gránulos contenidos entre dos mallas o en forma de sólido poroso. La selección debe tener en cuenta la compatibilidad con el refrigerante, el tipo de conexión (soldable o roscado), la presión de trabajo y la máxima presión de prueba. Para la retención de partículas sólidas, en su función filtrante, se emplea malla de trama muy fina [15 ~ 20 μm]. Los filtros secadores son unidireccionales y se colocan en las líneas delante del dispositivo que se desea proteger; el sitio más común es en la línea de líquido, delante del dispositivo de expansión (válvula de expansión o tubo capilar). En equipos que por la naturaleza de su función sea previsible la necesidad de cambio de filtros frecuentes se puede utilizar filtros secadores con núcleo intercambiable (de cartucho).

Los filtros secadores deben ser almacenados con sus extremos taponados herméticamente desde su fabricación hasta el preciso momento en que se conecten en el sistema, y esta operación debe ser la última, después de haber efectuado todas las pruebas de fugas y en casos de accidentes donde se puedan haber dispersado en el sistema contaminantes sólidos o líquidos (compresor con motor quemado) se recomienda que después de hacer una limpieza profunda en el sistema empleando un solvente tal como CF60 y, si fuese necesario, un equipo de recirculación externo "flushing equipment" hasta obtener un grado de limpieza satisfactorio, colocar un filtro secador especial en la línea de succión del compresor para proteger el nuevo compresor. Este filtro tiene una composición de secador diseñada para adsorber ácidos además de humedad y debe tener una caída de presión mínima, por lo tanto su construcción es especial. Si por efecto de la contaminación, el filtro presenta una caída de presión alta (verificable midiendo la presión en ambos extremos (hay filtros secadores con conexiones roscadas a tal efecto) esto interfiere con el buen funcionamiento del sistema y se debe sustituir.

El filtro secador colocado en la línea de líquido suele ser precedido o seguido de un visor de líquido con indicador de humedad.

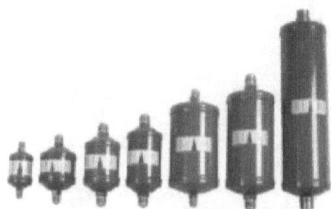 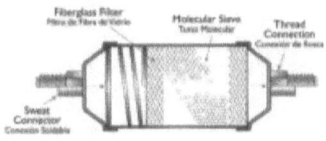

Filtros secadores (varios tamaños) - corte.

- **Visores de líquido indicadores de humedad**

Son dispositivos que permiten observar la condición del fluido en el interior de una tubería. Se encuentran versiones con conexiones soldables y roscadas para diversos diámetros de tubería y son específicos para distintos gases. En su interior se encuentra un disco de material reactivo colorimétrico sensible a la humedad cuyo color seco es verde intenso y a medida que aumenta la humedad palidece hasta tornarse amarillo cuando el nivel de humedad es superior a lo aceptable; por esta característica se lo suele emplear asociado a un filtro secador; posicionado antes, después o en ambos lados de este, con el fin de diagnosticar el estado del secador en el filtro. También se lo emplea para supervisar el estado del fluido que se devuelve al compresor.

Visor de líquido indicador de humedad.

En la línea de líquido permite apreciar el llenado de la tubería y la presencia de burbujas es indicadora de insuficiencia de carga o de subenfriamiento pobre.

CAPÍTULO V: SISTEMA DE REFRIGERACIÓN

- **Diagnóstico de fallas relacionadas con filtros secadores y visores de líquido**

SÍNTOMA	CAUSAS POSIBLES	SOLUCIONES
El indicador del visor de líquido se ha tornado amarillo.	Exceso de humedad en el sistema.	Secar el sistema al vacío. Cambiar el filtro secador.
El evaporador no se llena de vapor. La salida del filtro está más fría que la entrada.	Caída de presión excesiva a través del filtro. Filtro de capacidad inferior a la necesaria. Filtro obstruido.	Verificar si el tamaño del filtro está de acuerdo con la capacidad del sistema. Cambiar el filtro. Cambiar el filtro.
Burbujas en el visor de líquido colocado después del filtro.	Subenfriamiento insuficiente.	Comprobar la causa del subenfriamiento insuficiente. Nota: No añada refrigerante simplemente porque aparezcan burbujas en el visor.
	Carga de refrigerante baja.	Verificar si hay fugas en el sistema. Si no las hay, completar la carga de refrigerante.

- **Presostatos de alta y baja presión**

Existen diversos tipos de presostatos: de presión fija o ajustable; reposición automática o manual; para diversas sustancias: líquidos: aceite, agua; gases; de presión diferencial, y otros.

Los presostatos de uso más común relacionados con sistemas de refrigeración son dispositivos que accionan un contacto eléctrico al alcanzar un determinado valor de presión. Pueden disponerse para abrir el contacto con presión ascendente (conectado como presostato para detener el compresor al alcanzarse una presión máxima prefijada en el punto donde se conecta), o para abrir el contacto con presión descendente (desconecta al alcanzarse una mínima presión prefijada). Existen combinaciones de dos presostatos diferenciales montados lado a lado en un mismo instrumento, empleados como instrumentos de protección contra alta (en la descarga del compresor) y baja presión (en la succión del compresor). Adicionalmente encontramos aplicación de presostatos diferenciales de baja presión de reposición automática/manual en la supervisión de la presión de lubricación de compresores abiertos o semiherméticos.

Su accionamiento responde a la presión transmitida desde el punto donde esté conectado, a través de un capilar, hasta un fuelle que acciona el contacto. En estos presostatos debe tenerse la precaución de seleccionar el punto de conexión en el compresor para que no fluya aceite hacia el fuelle.

Se deben montar sobre bases rígidas que no le transmitan vibraciones para asegurar una operación segura en el ajuste prefijado. El ajuste de la presión de accionamiento debe hacerse en base a las condiciones fijadas para el funcionamiento del sistema (recordar que al cambiar de gas refrigerante hay que revisar las presiones de trabajo de la nueva sustancia y ajustar el/los presostato/s para que no existan accionamientos erróneos, lo que es importante para asegurar que el sistema se mantenga operando dentro de condiciones seguras.

Presostato diferencial doble.

Presostato diferencial simple.

- Diagnóstico de fallas relacionadas con presostatos

SÍNTOMA	CAUSAS POSIBLES	SOLUCIONES
Presostato de alta desconecta el compresor. Advertencia: No arranque el sistema hasta que se haya localizado y rectificado la falla.	Presión de condensación demasiado elevada, debido a: o Superficies del condensador sucias u obstruidas. o Ventiladores parados / Fallo en el suministro de agua. o Fase / Fusible o ventilador del motor defectuosos. o Demasiado refrigerante en el sistema. o Aire en el sistema.	Corrija los fallos mencionados.
Presostato de baja no desconecta el compresor.	a) Ajuste de diferencial demasiado elevado, por lo que la presión de desconexión queda por debajo de -1bar. b) Ajuste de rango demasiado elevado, por lo que el compresor no puede alcanzar la presión de desconexión.	Incrementar el diferencial o el ajuste del rango.
Tiempo de funcionamiento del compresor demasiado corto.	b) Ajuste de diferencial del presostato de baja demasiado bajo. c) Ajuste del presostato de alta demasiado bajo, es decir, demasiado próximo a la presión normal de funcionamiento. d) Presión de condensación demasiado alta debido a: • Superficies del condensador sucias u obstruidas. • Ventiladores parados / Fallo en el suministro de agua. • Fase / Fusible o ventilador del motor defectuosos. • Demasiado refrigerante en el sistema. • Aire en el sistema.	a) Incrementar el ajuste del diferencial. b) Compruebe el ajuste del presostato de alta. Increméntelo, si lo permiten los datos del sistema. c) Corrija las anomalías mencionadas.
La presión de desconexión por alta presión no coincide con el valor de la escala. (en sistemas con elevada carga de refrigerante que empleen presostatos de dobles fuelles) El sistema se para si se produce la rotura de uno de los fuelles, sin pérdida de refrigerante.	El sistema a prueba de fallo del elemento de los fuelles se activa si las desviaciones han sido de más de 3 bar.	Sustituya el presostato.
El eje del diferencial de la unidad simple se ha doblado y la unidad no funciona.	Fallo en el funcionamiento del mecanismo de volteo debido a que se ha intentado comprobar el cableado manualmente desde la parte derecha de la unidad.	Sustituya la unidad y evite realizar comprobaciones manuales, excepto como lo recomienda el fabricante del presostato.
Vibraciones en el control de alta presión.	Los fuelles llenos de líquido producen que el orificio de amortiguación de la conexión de entrada no actúe.	Instale el presostato de modo que el líquido no pueda acumularse en el elemento de los fuelles. Elimine el flujo de aire frío que posiblemente circule alrededor del presostato. El aire frío puede crear condensación en el elemento de los fuelles.
Fallo periódico del contacto cuando la regulación se efectúa por computadora, con tensión y corriente mínimas.	La resistencia de transición de los contactos es demasiado elevada.	Monte un orificio de amortiguación en el extremo de la conexión de control que se encuentra más alejada del presostato. Monte un presostato con contactos de mayor confiabilidad.

**CAPÍTULO V:
SISTEMA DE
REFRIGERACIÓN**

- **Separadores de aceite**

Para prevenir la migración excesiva de aceite al sistema, que puede dejar al compresor sin la lubricación necesaria, se instala a la descarga de este un separador de aceite que consiste en un recipiente que recibe el vapor caliente comprimido. El vapor caliente ingresa a la cámara en forma de régimen turbulento, pierde velocidad y descarga el aceite que se acumula en las paredes y desciende hacia el fondo del recipiente. Acto seguido, el vapor sigue su marcha hacia el condensador a través de un tubo cuya aspiración dentro de la cámara está dispuesto para tomar el gas lo más seco posible. El aceite que se acumula en el fondo del separador se retorna directamente al cárter del compresor (donde la presión sea menor que en la cámara del separador) por un tubo; el ritmo de retorno puede ser determinado ya sea por una válvula accionada por flotante en el interior del separador de aceite o por una válvula manual o solenoide (se recomienda un accionamiento automático, ya sea por flotante o solenoide temporizado, para evitar errores humanos.

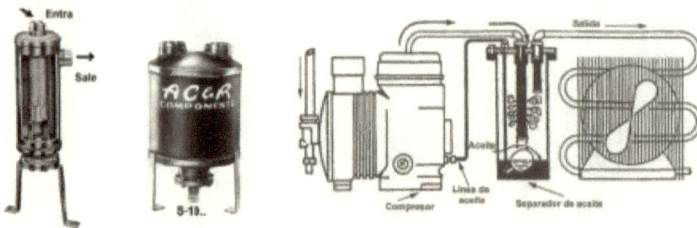

Separadores de aceite (corte).

- **Intercambiadores de calor industriales**

El vapor que retorna al compresor aún posee un efecto refrigerante que se puede utilizar para subenfriar el refrigerante líquido antes de su ingreso al dispositivo de expansión a fin de asegurar la ausencia de burbujas de vapor que si ingresan en el evaporador producen un fenómeno denominado "Flash gas" que reduce la eficiencia del evaporador. Asimismo, el vapor que se dirige al compresor se calienta con el líquido aumentando el sobrecalentamiento de este, lo que permite ajustar el sobrecalentamiento de la válvula de expansión a un mínimo y ello aumenta aún más la capacidad de evaporación. Para ello se utilizan intercambiadores de calor, construidos como dos tubos concéntricos con entradas y salidas independientes. Por el tubo interior circula el vapor y en el interior de intercambiador se lo direcciona hacia las paredes, reduciendo su velocidad para que intercambie calor con estas. Por el tubo exterior, y en sentido contrario al del vapor, se inyecta el líquido caliente proveniente del condensador (después de pasar por el filtro secador) y a la salida se lo envía al dispositivo de expansión. El líquido caliente pierde calor intercambiándolo con la pared del tubo interior y las paredes externas. El calor cedido al tubo interior es adquirido por el vapor pasante, el cual al aumentar su temperatura termina de vaporizar alguna molécula que aún pudiera estar en estado líquido.

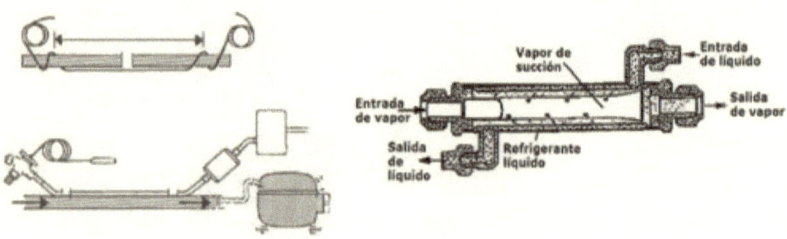

Intercambiadores de calor.
(tubo capilar y TXV).

Corte de un intercambiador de calor.

En circuitos de refrigeración doméstica este efecto se logra poniendo en contacto la línea de succión del compresor con el capilar mismo; en algunos casos soldando con estaño uno al otro y en otros diseños más complejos, perforando la línea de succión en dos puntos separados por una distancia lo más larga posible, uno cerca del evaporador y otro cerca del compresor, a través de los cuales se introduce el capilar y luego se sellan con soldadura. Este segundo concepto maximiza el efecto de intercambio térmico entre las líneas de vapor y de líquido, pero aumenta el peligro de fugas en los puntos de inserción del capilar y requiere más trabajo.

- **Tanques recibidores de líquido incorporados al circuito**

Los sistemas con una carga de gas apreciable, particularmente de **SAO**, deben contar con un recipiente para contener toda la carga de refrigerante del sistema (teniendo en cuenta que esta solo debe ocupar como máximo el 80% de la capacidad de este tanque). Debe ser probado para que resista la máxima presión de seguridad de la instalación y contar con dos válvulas que permitan aislarlo del sistema. Una de estas válvulas debe ser una válvula de servicio de dos vías que permita conectar mangueras para la conexión de manómetros y otros dispositivos. El tanque se conecta por un lado al condensador y por el otro a la línea de líquido. En este recipiente se instala una válvula de seguridad sensible a la presión cuya función y precauciones de uso ya fue descrita.

Unidades condensadoras con tanque recibidor de líquido.

- **Condensadores enfriados por aire o enfriados por agua**

La función del condensador es eliminar el calor del gas a alta presión. Los condensadores empleados en refrigeración doméstica se clasifican, según su construcción y aplicación, en:

De convección natural (el movimiento del aire es producto del fenómeno que hace que el aire caliente ascienda).

- **Estáticos de lámina estampada**

Condensador de lámina estampada y tubo.

- **Estáticos de tubo y alambre**

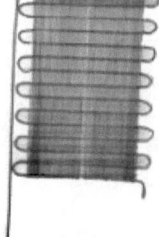 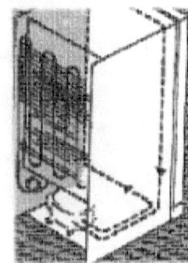

Ejemplo de condensador estático de tubo y alambres.

De tiro forzado (emplean ventilador para forzar el aire a través del serpentín):

- De tubo y alambre.
- De tubo y aletas.

Condensador de tubo y aletas.

CAPÍTULO V: SISTEMA DE REFRIGERACIÓN

En refrigeración comercial e industrial se emplean diversas construcciones, en función de la capacidad del sistema y la necesidad de extraer calor del gas comprimido, proveniente del compresor, hasta llevarlo a su estado líquido.

Para que haya pérdida de calor debe existir una diferencia de temperatura entre el condensador y el medio externo, que puede ser agua o aire. Los sistemas comerciales y de aire acondicionado de capacidad intermedia usualmente emplean condensadores enfriados por aire, en tanto que instalaciones de grandes dimensiones deben recurrir a condensadores enfriados por agua.

- **Condensador enfriado por aire**

Los condensadores enfriados por aire de sistemas comerciales y de aire acondicionado solo difieren de los empleados en refrigeración doméstica por su tamaño y variaciones constructivas. Los más comunes son los construidos con tubos y aletas y pueden ser instalados en una caja metálica diseñada para contener el compresor y el condensador, denominada unidad condensadora y que se instala en el exterior de la zona a enfriar. En esta forma constructiva, el ventilador enfría el compresor al tiempo que el condensador. La dirección del flujo de aire es muy importante para que la ventilación sea efectiva y es necesario mantener todos los paneles de estas unidades montados en su posición original, con todos sus tornillos y dispositivos de sujeción pues el aire que se fuga por intersticios está disminuyendo la cantidad que es necesaria para enfriar el condensador y el compresor.

El o los ventiladores, deben estar posicionados de acuerdo a las especificaciones originales y las aspas deben ser del tamaño correcto y estar posicionadas de manera que efectúen el trabajo para el que fueron diseñadas - soplar o extraer (las aspas tiene distinto diseño para el cual son más eficientes y esto debe ser tenido en cuenta al montarlas). Al hacer sustituciones se debe tener en cuenta que la potencia de un determinado motor solo puede mover aspas dentro de un rango. Al excederse ese rango el motor se estará sobrecargando. Si es necesario sustituir un aspa dañada y no se encuentra una de iguales características se deberá emplear una de mayor capacidad, pero al hacerlo, se debe verificar que el consumo del motor se mantenga dentro de lo admisible; en caso contrario se deberá cambiar también el motor.

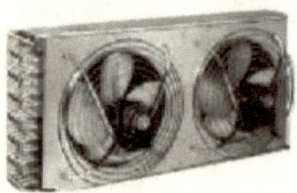

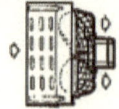

Condensadores de aire forzado (tubo y aletas).   Condensador de aire forzado (vista de perfil y frontal).

Condensadores enfriados por agua

Cuando las condiciones de uso lo requieran, es necesario emplear condensadores enfriados por agua. Estos pueden ser:

- De casco y tubos.
- De casco y serpentín.
- De tubo dentro de un tubo.

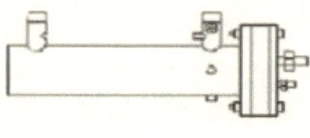
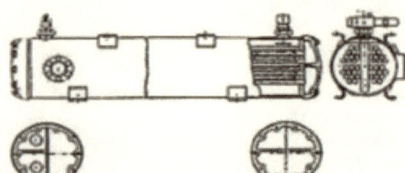

En el tipo de casco y tubo el vapor de refrigerante llena el tanque en tanto que el agua circula por los tubos rectos. El segundo tipo difiere del primero sólo en el aspecto de que la tubería dentro del casco adopta la configuración de un serpentín.

El tipo de tubo dentro de un tubo está construido tal como un intercambiador de calor, con dos tubos concéntricos con entradas y salidas independientes. El agua circula por el tubo interior mientras que el vapor lo hace a contracorriente por el tubo exterior.

Condensador de tubo dentro de tubo.

Los riesgos implícitos en esta construcción están relacionados con la posibilidad de rotura de las paredes de los tubos donde circula el agua. Esto traerá como consecuencia la contaminación del refrigerante y la necesidad de una parada de emergencia del sistema.

Por otra parte, el agua de enfriamiento debe recibir tratamiento químico para evitar que se produzcan obstrucciones en los tubos por donde circula y ello implica que esta agua deba circular en circuito cerrado que permita controlar su calidad.

- **Evaporadores para aplicaciones especiales**

Los evaporadores empleados en sistemas comerciales e industriales adoptan un amplia diversidad en función de las características del medio del cual deben extraer calor.

Se pueden clasificar inicialmente en dos grupos:
- Enfriadores de líquidos.
- Enfriadores de aire.

Los evaporadores enfriadores de líquidos son usualmente empleados en "chillers", cuya función ya fue descrita previamente. Su construcción es similar a la de los condensadores de casco y tubos.

Los evaporadores para enfriar aire son usualmente de tubo y aletas y el flujo de aire puede producirse por convección natural o por tiro forzado. Pueden a su vez clasificarse en:
- Evaporadores con escarcha.
- Evaporadores sin escarcha.
- Evaporadores con sistema de descongelamiento.

Se lo emplea para enfriamiento de cámaras frigoríficas, acondicionamiento de aire, túneles de congelación de alimentos, fabricación de hielo, entre otras muchas funciones.

- **Líneas de refrigerante de grandes diámetros**

Los sistemas de refrigeración y aire acondicionado de grandes dimensiones emplean en su construcción tuberías, usualmente, pero no exclusivamente, de cobre. Las uniones entre tubos deben ser preferiblemente soldadas debido a que las conexiones roscadas tienen una mayor probabilidad de fugas. El proyecto debe ser meticulosamente calculado para que no se produzcan fallas como consecuencia de un diseño de trazado de tuberías pobre. Estas tuberías deben cumplir ciertos requisitos, en función del sistema:

- Los diámetros de la tubería deben mantener ciertas velocidades mínimas del fluido en su interior a fin de que el refrigerante y aceite no se separen.
- La longitud de tubería debe ser lo más corta posible.
- En sitios donde se deban ejecutar tramos verticales se deben llevar a cabo ciertas construcciones especiales - dos vías en paralelo de distinto diámetro, trampas de aceite, etc., con el objeto de respetar el requerimiento de velocidad y mínima y arrastre del aceite por el refrigerante.

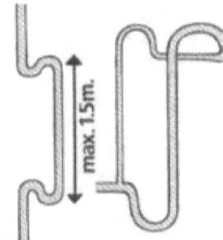

- Los tubos deben estar certificados para soportar la presión de prueba del sistema.
- La tubería clasificada como "de refrigeración" debe estar especialmente limpia, taponada y ligeramente presurizada con nitrógeno hasta el momento en que se vaya a soldar en la instalación.
- Los tubos deben sujetarse mediante anclajes, soportes, bridas, etc., de manera que no vibren con el funcionamiento de los componentes móviles del sistema, a fin de reducir riesgos de fracturas por fatiga.

**CAPÍTULO V:
SISTEMA DE
REFRIGERACIÓN**

- Las soldaduras deben ser hechas siguiendo procedimientos seguros, asegurando el máximo nivel de limpieza y ausencia de fugas.

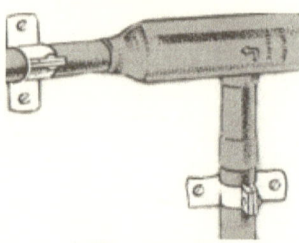
Fijación rígida de tuberías

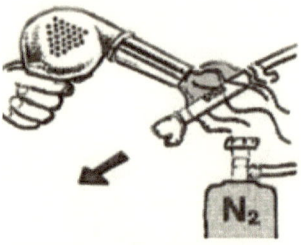
Eliminar humedad con métodos seguros (aire caliente) NO SOPLETE.

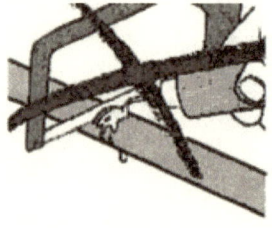
No cortar tubos con segueta, emplear cortatubos.

Limpiar tubos cortados cuidadosamente.

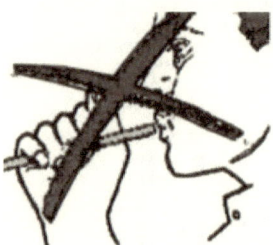
No soplar en las tuberías.

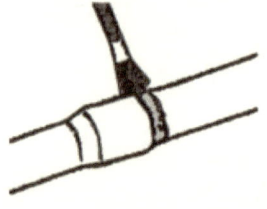
Forma correcta de aplicar fundente (después de unir los tubos).

Soldadura correcta (izq.) e incorrecta (der.).

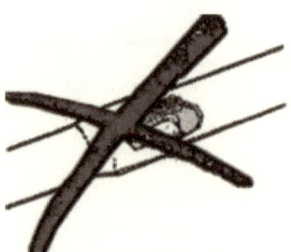
Exceso de material de aporte. (Restos de soldadura en el interior).

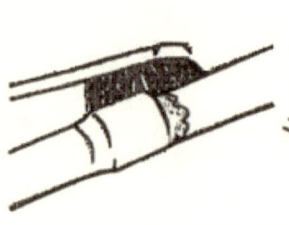
Limpieza de la soldadura (para ver fugas más fácilmente).

Proteges con paños mojados componentes con materiales termosensibles.

- **Amortiguadores de vibración**

Puesto que los compresores empleados en instalaciones industriales son habitualmente fuente de vibraciones, es deseable impedir que estas se transmitan a las líneas de succión y descarga y a través de ella a otros

Amortiguador de vibración.

componentes del sistema. Para ello se emplean amortiguadores de vibración entre el compresor y estas líneas. La disposición debe ser tal que no cree tensiones en estos elementos.

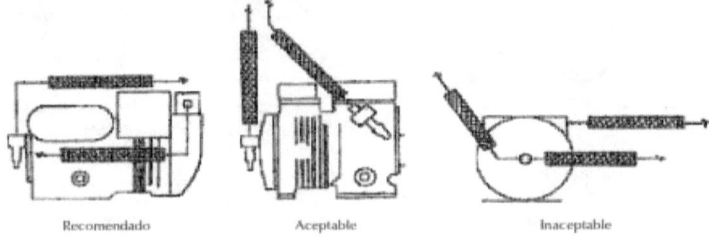

Recomendado   Aceptable   Inaceptable

Diversas formas de conectar amortiguadores de vibración.

3.2 Procedimiento de carga para sistemas de refrigeración comercial

Para llevar a cabo un servicio de calidad en un sistema comercial hacen falta algunas herramientas importantes, en la sección VI-7 se ilustran los equipos y herramientas necesarias para tales fines.

Carga de refrigerante en un sistema comercial

La carga de refrigerante en un sistema debe realizarse por peso, siguiendo las instrucciones del fabricante (si se dispone de las mismas). **Identificar en el equipo mediante etiquetas dispuestas en sitios visibles el refrigerante que se esté empleando en este.**

El fabricante ha diseñado y probado los productos bajo diversas condiciones de funcionamiento y ha elaborado procedimientos detallados de carga: por el lado de baja o por el lado de alta.

Carga de refrigerante por el lado de baja del sistema

Este procedimiento es similar al empleado en sistemas domésticos.

El sistema debe estar evacuado, seco, limpio y exento de fugas. Emplee sus implementos de seguridad [anteojos, guantes, etc.]. Las mangueras deben haber sido purgadas y evacuadas para eliminar humedad y

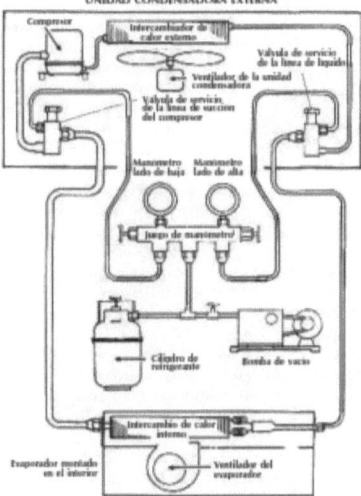

Carga de un sistema de refrigeración comercial.

GNC, después de conectarlas y antes de abrir las válvulas de servicio y del cilindro de carga. Verifique que no existan fugas en las conexiones antes de comenzar a transferir refrigerante.

En este procedimiento se utiliza la presión interna del cilindro de refrigerante para trasegar gas al sistema.

CAPÍTULO V: SISTEMA DE REFRIGERACIÓN

Conectar las mangueras del juego de manómetros y purgar para eliminar aire y GNC antes de abrir válvulas. Abrir solamente las válvulas correspondientes al lado de baja y dejar que el gas pase del cilindro al sistema. Calentando el cilindro con aire caliente, agua caliente o banda calentadora eléctrica [NO EMPLEAR SOPLETE NI LLAMA DIRECTA] se aumenta la transferencia.

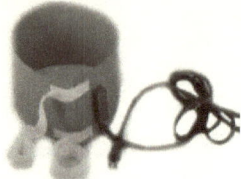

Banda eléctrica calentadora de cilindros.

Una vez que las presiones se han equilibrado, ajustar la válvula de servicio de la línea de vapor semicerrada para restringir el paso de gas desde el/los evaporador/es del sistema y obligar a que el compresor aspire gas del cilindro. Poner en marcha el compresor. El técnico debe estar presente durante todo el procedimiento, verificando que las presiones se mantengan en niveles normales; si la presión de succión es muy alta se puede sobrecargar el compresor; si es muy alta puede causar bombeo de aceite. Cuando se alcancen presiones cercanas al rango aceptable, comenzar a cerrar la válvula del cilindro y observar las presiones. Abrir y cerrar la válvula del cilindro para permitir transferencias de pequeñas cantidades cada vez hasta que las presiones alcancen los valores deseados. Al alcanzarse la carga deseada, cerrar la válvula del cilindro, si la manguera tiene válvula en su extremo [recomendable] cerrarla también; desconectar la manguera del cilindro y colocar la tapa en su válvula. Permitir que el gas en la manguera sea aspirado por el compresor antes de cerrar la válvula de baja del manómetro y abrir la válvula de servicio del lado de baja (que se había entrecerrado al principio del procedimiento) totalmente para permitir el flujo normal dentro del sistema y verificar presiones en estas condiciones. Una vez que las lecturas indican un funcionamiento normal y el compresor comienza a ciclar por control de arranque - parada (termostático o presostático), de acuerdo a los registros históricos o los manuales del fabricante del sistema, desconectar las mangueras del juego de manómetros y colocar los tapones en las conexiones "Schrader" de las válvulas de servicio del sistema.

Registrar la información del procedimiento efectuado en el cuaderno de servicio del equipo: responsable, fecha, tipo y cantidad de refrigerante cargado, presiones de trabajo en alta y baja y de equilibrio, tensión y consumo en el compresor, temperaturas de evaporación, condensación, succión, descarga y domo del compresor y toda otra información que se considere pertinente (condición de limpieza del equipo, particularmente el condensador), reglaje de los presostatos de alta y baja, integridad de la instalación eléctrica, etc.

No se debe cargar líquido invirtiendo (poniendo cabeza abajo) el cilindro con la intención de acelerar el proceso pues al hacerlo el ingreso de líquido por la succión del compresor puede dañarlo.

Carga de un sistema de refrigeración comercial por el lado de alta

En casos de sistemas de grandes dimensiones, equipados con tanque recibidor de líquido, donde la carga de vapor refrigerante por el lado de baja sea demasiado lenta, o cuando se esté cargando un sistema con una mezcla zeotrópica, será necesario recurrir a cargar el sistema con líquido directamente en el tanque recibidor de líquido, en la sección de alta, a continuación del condensador.

Este procedimiento se realiza con el compresor desenergizado y tiene implicaciones de riesgos de seguridad muy superiores a la carga de vapor por el lado de baja, debido a que errores de apreciación o cálculo en la carga producirán presiones hidrodinámicas e hidrostáticas que pueden provocar roturas de tuberías, dispositivos, y generar una fuga catastrófica de refrigerante. Seguir cuidadosamente las instrucciones del manual del equipo para operar los controles necesarios para una carga segura. En caso de no existir tal documentación, hacer un estudio detallado de cómo funciona el sistema y verificar que los dispositivos de seguridad estén bien calibrados. Si no está seguro de conocer a fondo la operación y funcionamiento del equipo, obtenga ayuda especializada.

El sistema debe estar evacuado, seco, limpio y exento de fugas. Conectar el juego de manómetros al sistema y cerrar las válvulas de servicio para impedir que el refrigerante líquido pueda llegar a la succión del compresor pues esto provocaría daños en este. Si el condensador es enfriado por agua, mantenga el flujo para bajar la temperatura en este. Si es enfriado por aire, mantenga energizados los ventiladores, con la misma intención. Si el cilindro de refrigerante posee válvula de extracción de líquido, conecte la manguera a este punto; si no la tuviese, tendrá que invertir la posición del cilindro para extraer líquido de este. Para acelerar el paso de líquido se puede calentar el cilindro mediante aire caliente, agua caliente o un calentador eléctrico de cilindros [NO EMPLEAR SOPLETE NI LLAMA DIRECTA]. Abra la válvula de líquido en el cilindro [o inviértalo], abra la válvula de alta del juego de manómetros y la válvula de servicio en el tanque recibidor para que el refrigerante fluya desde el cilindro hasta el tanque. La diferencia de presiones y temperaturas forzarán el trasegado del refrigerante. Antes de iniciar la carga, asegúrese de conocer la capacidad máxima que puede contener el sistema (ver manual del fabricante). Asegúrese que la cantidad de refrigerante cargado no supere el límite seguro del equipo (es preferible errar por defecto que por exceso). Cierre la conexión de la válvula de servicio hacia la manguera de carga, la válvula de alta del juego de manómetros, la válvula en el extremo de la manguera que llega al cilindro y la válvula de líquido del cilindro. Abra las válvulas que conectan el tanque recibidor al sistema para que el refrigerante fluya y se distribuya por el sistema hasta llegar como vapor al compresor. Energice el compresor y compruebe las presiones de trabajo. Si la carga trasegada es menor que la necesaria puede completarla agregando vapor por el lado de baja, siguiendo el procedimiento descrito para ello en el parágrafo precedente. Si las presiones en el sistema y el cilindro se hubiesen equilibrado cuando aún queda refrigerante en este último, que es necesario para completar la carga del sistema, se puede forzar esta transferencia empleando el compresor del sistema para aumentar la presión del cilindro inyectándole vapor desde el sistema vía la válvula de servicio de descarga del compresor, hasta la válvula de vapor del cilindro. Esto debe hacerse muy rápidamente para que la presión no suba fuera de control.

BAJO NINGÚN CONCEPTO HAGA ESTO SI EL CILINDRO DE CARGA FUESE DESECHABLE, PODRÍA DESTRUÍRLO.

Cilindro desechable después de sobrecarga.

En las mangueras de carga y el juego de manómetros ha quedado refrigerante líquido. Puede hacer que el compresor aspire este refrigerante abriendo la válvula de baja del juego de manómetros y simultáneamente abriendo la válvula de servicio de baja. Cierre las válvulas del juego de manómetros y verifique presiones, temperaturas y condiciones de trabajo. Compare con los valores correctos especificados para el sistema en el manual. Registre todo el procedimiento, tal como se describió en el parágrafo anterior. Cierre las conexiones de las válvulas de servicio hacia el juego de manómetros. Desconecte las mangueras de servicio. Verifique condiciones de trabajo por el tiempo necesario hasta estar plenamente seguro que todo funciona correctamente. En sistemas de grandes dimensiones esto puede ser una tarea tediosa pero es imprescindible estar seguro que no existan condiciones que puedan provocar migración del aceite del compresor, fugas por vibración, válvulas de control, dispositivos de protección y sensores mal regulados y otras situaciones que provoquen daños posteriores en la instalación, con la consecuente pérdida de refrigerante a la atmósfera.

Instrucciones generales para el servicio

Es necesario contar con amplios conocimientos técnicos [teóricos y prácticos], sentido común y capacidad deductiva para llegar a un diagnóstico acertado que permita aislar los desperfectos y sus causas durante un procedimiento de servicio de equipos de refrigeración de grandes dimensiones.

Condiciones mínimas que debe reunir un sistema para determinar su buen funcionamiento:

Enfriamiento [lado de baja]:

- La carga de refrigerante debe ser suficiente para llenar el evaporador durante el proceso de evaporación para que este sea eficiente.
- La presión de evaporación debe ser lo suficientemente baja para que el refrigerante evapore a la temperatura correcta.
- Debe haber buena transferencia de calor desde la mercancía que se desea enfriar hasta el refrigerante que se está evaporando en el evaporador.

Condensación [lado de alta]:

- El vapor debe ser comprimido hacia el condensador a la presión y temperatura correctas.
- El condensador debe transferir el calor del refrigerante al fluido de enfriamiento (aire o agua) eficientemente.
- La capacidad del condensador debe ser suficiente para contener la cantidad de refrigerante necesaria [parte como líquido y parte como vapor] para alimentar correctamente el

CAPÍTULO V: SISTEMA DE REFRIGERACIÓN

dispositivo de expansión [siempre como líquido] y disponer de área de transferencia de calor suficiente para que el vapor caliente se enfríe y se licúe.

Flujo de refrigerante en la línea de líquido:
- La línea debe ser de suficiente diámetro, con un mínimo de restricciones: por ej. curvas con estrangulaciones, obstrucciones en el filtro secador, filtro demasiado pequeño, etc.
- Solo debe contener líquido.

Flujo de refrigerante en la línea de aspiración del compresor:
- No debe haber refrigerante en estado líquido.
- Debe haber una mínima caída de presión.
- La presión a la entrada del compresor debe estar en el rango permitido por su fabricante.

El mantenimiento preventivo debe comenzar por una buena inspección sensorial, seguida de una inspección empleando instrumentos.

Comience con un buen interrogatorio al propietario y operadores del equipo y revisión de las anotaciones en el cuaderno de inspecciones. Repase el manual del equipo. Observe visualmente y registre: estado de limpieza de condensador, tuberías vibrando libremente, cableado desordenado, componentes de control y sensores fuera de sitio o mal ajustados, condición del refrigerante en el visor de la línea de líquido (acidez, burbujeo), etc.

Seguidamente, emplee instrumentos: mida con termómetro las temperaturas de condensación, evaporación, succión y descarga del compresor, conecte el juego de manómetros y verifique las presiones de trabajo y en reposo, etc., mida el consumo del compresor y de todos los componentes, etc.

Compruebe que los valores no muestren desviaciones notables con respecto a los valores de referencia del cuaderno de inspecciones y si los hubiere, determine las posibles causas. Si no hubiese desviaciones, efectúe una limpieza total, revise y ordene el cableado, ajuste los tornillos de fijación de componentes, sustituya aquellos componentes que presenten características sospechosas, o de envejecimiento, inspeccione uniones, soldaduras, conexiones, etc. para asegurarse que no existan fugas, aunque sean mínimas, en el sistema. Escriba no solo los valores imprescindibles en el cuaderno de inspecciones. Notas y comentarios sobre cambios aparentemente menores, que no justifican una acción en este momento, pueden ayudar a tomar una decisión correctiva en un futuro servicio si lo indicado en la nota muestra una tendencia a seguir empeorando.

Si no existe un cuaderno de inspecciones, solicite que se inicie uno y llene los datos que servirán de referencia para futuros servicios.

Si el equipo funciona correctamente y no hay reparaciones que hacer, efectúe una limpieza completa, llene los datos en el cuaderno de inspecciones y felicite al dueño y al operador por el buen trabajo de mantener el equipo en buenas condiciones.

Cuadro de diagnóstico de fallas en sistemas equipados con compresores no herméticos

Este cuadro de diagnóstico de falla solo tiene la finalidad de exponer algunas de las posibles causas y soluciones para un número limitado de síntomas de malfuncionamiento y no debe interpretarse como exhaustivo. Debido a la cantidad de combinaciones de componentes necesarios para construir los equipos de enfriamiento, particularmente los tipos de compresores, cada uno con sus características de funcionamiento y control particulares, se recomienda que el técnico consulte prioritariamente el cuadro de diagnóstico de fallas del equipo en particular al que esté prestando servicio.

COMPRESOR ABIERTO - CUADRO DE DIAGNÓSTICO DE FALLAS
A - PROBLEMAS DE ARRANQUE

SÍNTOMA	CAUSAS POSIBLES	SOLUCIONES
El compresor no arranca.	No hay alimentación.	Verificar instalación eléctrica.
	Termostato calibrado muy alto.	Reajustar temperatura.
	Presostato de alta o baja o ambos desajustados.	Reajustar a valores correctos.
	Presostato de aceite o nivel de aceite.	Revisar y ajustar o agregar aceite.
	Contactos sucios o chisporroteados.	Limpiar los contactos afectados.
	Cableado en malas condiciones.	Reparar, reconectar o sustituir.
	Bobinados del motor quemados.	Rebobinar o sustituir motor.
	Válvula solenoide cerrada.	Revisar conexión, sustituir bobina.
	Ventilador del evaporador no funciona.	Revisar conexión, sustituir.
	Sistema de protección por sobrecarga del sistema activado.	Inspeccionar sistema, corregir causa sobrecarga o sustituir componente de protección defectuoso.
	Presostato de alta o baja activados, reglaje correcto.	Identificar causa sobrepresión o baja presión, corregir.

B - FUNCIONAMIENTO IRREGULAR

SÍNTOMA	CAUSAS POSIBLES	SOLUCIONES
El compresor funciona intermitentemente.	Presostato de baja actuando intermitentemente.	Revisar ajuste de presión de apertura (puede estar muy cerca del rango normal de operación del compresor). Revisar montaje (la vibración puede provocar actuación).
	Insuficiente carga de refrigerante en el sistema.	Verificar fugas, corregirlas, completar carga de refrigerante.
	En compresores dotados de control de capacidad, el ajuste es incorrecto.	Reajustar.
	El diferencial en el termostato es demasiado pequeño.	Ampliar diferencial.
	Válvula de aspiración cerrada o con paso restringido.	Abrir.
El compresor funciona continuamente.	Restricción o estrangulación en la línea de conexión del presostato al sistema.	Revisar, corregir, desobstruir o sustituir la tubería de conexión.
	Presostato defectuoso.	Sustituir.
	Insuficiente capacidad de condensación por exceso de carga de refrigerante.	Extraer refrigerante con equipo de recuperación hasta alcanzar la carga correcta.
	Condensación insuficiente por falta de flujo de aire o agua.	Limpiar el condensador. Verificar funcionamiento válvula termostática de control de flujo de agua.
	Las válvulas de servicio de aspiración o descarga parcialmente cerradas.	Abrir totalmente.
	Aire en el sistema.	Purgar (cuidando de minimizar el escape de refrigerante).
	Las bombas de agua de enfriamiento no funcionan.	Poner en funcionamiento.

PRESIONES DE TRABAJO DEMASIADO ELEVADAS O DEMASIADO BAJAS

SÍNTOMA	CAUSAS POSIBLES	SOLUCIONES
Presión de descarga muy elevada.	Temperatura del condensador muy elevada por deficiencia de intercambio con el medio.	Aumentar el flujo de aire o agua, según corresponda.
	Flujo de agua restringido.	Abrir el paso de la válvula termostática.
	Tubos de agua con incrustaciones u obstrucciones.	Limpiar las tuberías de agua.
	Válvula de control de salida de agua semicerrada.	Abrir la válvula.
	Exceso de carga de refrigerante.	Recuperar el exceso con el equipo adecuado.
	Aire en el sistema.	Purgar (cuidando de minimizar el escape de refrigerante.
Presión de descarga baja.	Flujo excesivo de agua en el condensador.	Cerrar el paso de la válvula termostática.
	Válvula de servicio de aspiración parcialmente cerrada.	Abrir la válvula.
	Válvulas de descarga o succión del compresor no sellan.	Hacer mantenimiento mayor al compresor.
	Anillos de pistón desgastados.	
	Cilindros rayados.	
Inundación.	Sobrecalentamiento mal ajustado en la válvula de expansión o válvula defectuosa.	Corregir el sobrecalentamiento o sustituir la válvula de expansión.

CAPÍTULO V: SISTEMA DE REFRIGERACIÓN

SÍNTOMA	CAUSAS POSIBLES	SOLUCIONES
Presión de succión baja.	Carga de refrigerante insuficiente.	Investigar la presencia de fugas; si las hay, recuperar el refrigerante o acumularlo en el tanque recibidor, corregir fugas.
RUIDOS EN EL SISTEMA		
Ruidos en el compresor.	Acoplamiento flojo o mal alineado.	Verificar alineación y apretar tornillos de acoplamiento.
	Insuficiente espacio entre cabeza del pistón y plato de válvulas.	Verificar espesor empacadura. Sustituir por el espesor correcto Hacer mantenimiento mayor al compresor.
	Cojinetes del motor o de mecanismos del compresor desgastados.	Hacer mantenimiento mayor al compresor. Sustituir cojinetes.
	Pernos de sujeción a la base o corredera flojos.	Apretar pernos de fijación.
	Bases amortiguadoras de vibración dañadas o bajo tensión.	Sustituir partes dañadas y eliminar tensiones.
	Retorno de líquido al compresor.	1. Verificar el ajuste del sobrecalentamiento en la válvula de expansión 2. Verificar posición y ajuste del bulbo termostático 3. Verificar existencia de bucle de línea de aspiración para impedir retorno cuando el compresor está en el ciclo de desconexión.
	Exceso de aceite en las tuberías que provoca martilleo hidráulico.	1. Remover el exceso de aceite 2. Verificar que la válvula de expansión prevenga retorno.
Ruidos en la instalación.	Sujetadores de la tubería sueltos, insuficientes o mal anclados.	Sujetar la tubería firmemente con anclajes que limiten la vibración.

4 Aire acondicionado

El acondicionamiento de aire puede catalogarse en dos grandes divisiones:

Aire acondicionado centralizado. Las instalaciones de aire acondicionado centralizado se rigen por las especificaciones ya descritas para refrigeración comercial e industrial. Uno de los requisitos particulares para este tipo de instalaciones es el nivel de ruido y las precauciones relacionadas con la ubicación de estos equipos en zonas densamente pobladas, particularmente en lo referente a la toxicidad e inflamabilidad de las sustancias empleadas.

Equipos de aire acondicionado unitarios. Estos equipos están diseñados para controlar las condiciones de temperatura y humedad en ambientes individuales. Pueden clasificarse en:

- Unidades de ventana.
- Unidades de condensador y evaporador separados "split".
- Unidades compactas.

Aire acondicionado de ventana

Los equipos de aire acondicionado de ventana son fabricados según el concepto de facilitar su montaje y mantenimiento. Pueden ser montados en la ventana de una habitación, o en una apertura hecha con ese propósito en una pared. Solo requieren de una estructura ligera de apoyo o soporte y un tomacorriente con la tensión, frecuencia y capacidad de corriente requerida por el aparato. El equipo se desliza dentro de una caja metálica que le sirve de protección contra las inclemencias del clima y puede extraerse totalmente para su mantenimiento. En la misma base extraíble se montan todos los componentes del sistema de refrigeración y sus controles; separando los componentes del lado de alta presión de los del lado de baja por un panel que provee aislamiento térmico y sonoro. Debido a su instalación en el ambiente donde se encuentra el usuario, es muy importante mantener al mínimo el nivel de ruido y ello debe tenerse en cuenta durante su instalación, para evitar resonancias que amplifiquen la vibración propia del equipo, el cual debe haber sido construido de manera de minimizar estos fenómenos. En la parte exterior de este panel se ubican el compresor (la tendencia actual es utilizar compresores rotativos), condensador, filtro secador, capilar o válvula de expansión automática **[AEV]** y motor eléctrico con sus componentes de control. El motor eléctrico dispone de doble salida de eje (una en cada extremo) destinadas a mover el aspa de ventilación del condensador y compresor en su extremo externo y la turbina de movimiento del aire a través del evaporador en el extremo opuesto, que pasa al interior a través de un orificio en el panel de separación. En el frente del aparato se ubica el serpentín del evaporador, a través del cual es aspirado el aire ambiental de la habitación. El aire aspirado por la turbina es expulsado a través de unas aperturas dispuestas encima del evaporador para ser devuelto a la habitación. Estas aperturas tienen deflectores cuya función es dirigir el flujo de aire saliente en la dirección que el usuario desee. Mediante un control se puede abrir o cerrar una toma de aire exterior que permite renovar el aire de la habitación en caso de que este se encuentre viciado; cuando este control se encuentra en la posición abierta el equipo reduce su capacidad de enfriamiento pues está admitiendo una cierta cantidad de aire del exterior, que se encuentra a una temperatura superior. El aire que pasa a través del evaporador condensa humedad del aire, la cual gotea hasta una bandeja recolectora que descarga a través de un orificio dispuesto a tal fin en el borde exterior de la base.

Frente al evaporador se coloca un filtro de partículas sólidas con el fin de purificar el aire, el cual debe ser limpiado con cierta frecuencia pues la turbina del evaporador es de gran caudal, capaz de renovar el aire de la habitación que se está enfriando varias veces por hora. Este alto caudal también evita que el evaporador se congele. Cuando el filtro de polvo se obstruye, se puede observar como una consecuencia que el evaporador comienza a congelarse.

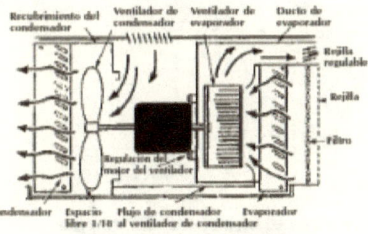

Vista en corte de AA de ventana.

Los controles de operación se ubican en un panel, regularmente al lado del evaporador, desde donde se puede seleccionar la velocidad de rotación del motor eléctrico, en un rango de entre 3 y 5 velocidades, para lograr un mayor intercambio a la máxima velocidad, o menor ruido, a velocidades más bajas.

Un segundo control permite seleccionar la alternativa de abrir o cerrar la entrada de aire exterior.

Finalmente, el control del motocompresor se efectúa mediante un termostato de diafragma, que permite seleccionar la temperatura de la habitación, cuyo bulbo se coloca en contacto con el evaporador, cerca del punto de entrada de refrigerante. El termostato también actúa como protección contra la formación de hielo en el evaporador.

Todo el aparato, una vez introducido en su caja, es cubierto por una máscara que provee la apariencia estética de la unidad de ventana.

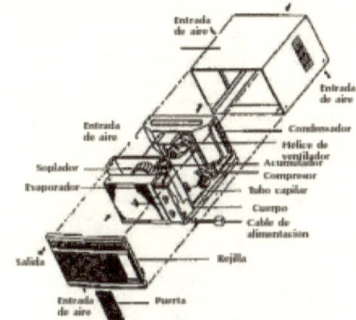

Despiece componentes mayores AA de ventana.

A pesar de que los compresores empleados en estas aplicaciones son del tipo de alto par de arranque **[HST]** es recomendable no permitir un arranque inmediatamente después de haberse apagado pues las condiciones de presión pueden impedir que el motor acelere y comience a ciclar por protección térmica, lo cual es indeseable para el motor eléctrico.

A fin de controlar esta característica se ha hecho práctica común agregar un protector de arranque, entre el tomacorriente y el enchufe del aparato. Este dispositivo protege al compresor contra condiciones de tensión de línea demasiado elevada o demasiado baja y provee un tiempo de espera antes de conectar la alimentación al circuito después que este se haya apagado.

El mantenimiento preventivo debe efectuarse al menos una vez al año, observando inicialmente el funcionamiento, midiendo consumo y anotando todas las condiciones indeseables o impropias; posteriormente se debe desconectar y sacar el equipo de su alojamiento y efectuar limpieza o cambio del filtro de polvo del evaporador, limpieza del evaporador y condensador, limpieza general de todo el equipo, inspección visual de los componentes del sistema, reposición de tornillos, abrazaderas y sujetadores que puedan haberse perdido; al completarse el proceso de inspección y montarlo en su sitio se debe verificar el consumo eléctrico y la ausencia de sonidos extraños. Los datos relevantes de cada mantenimiento deben registrarse y archivarse como referencia para futuros servicios.

Unidades separadas [condensador - evaporador] "split"

Las unidades "split" tienden a sustituir las unidades de ventana en el gusto del consumidor. Si bien su costo es más elevado, presentan la ventaja de un menor nivel de ruido que las unidades de ventana pues el único componente instalado en la habitación es la consola donde se encuentran: válvula de expansión automática, evaporador, turbina, filtro de polvo, control de temperatura (remoto) y deflectores del flujo de aire.

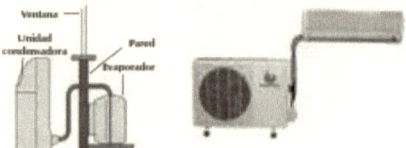

Equipos de unidad condensadora y evaporador separados "split".

El resto del equipo se monta en un sitio adyacente, fuera de la habitación, y ambas unidades se conectan mediante dos tubos de cobre de pequeño diámetro. Toda la sección de alta presión se monta en la unidad exterior, denominada "condensadora", donde se instalan: compresor (casi siempre rotativo), condensador de aire forzado, motor ventilador de condensación y los controles asociados a estos elementos. El control del motocompresor se hace mediante un control remoto y la comunicación entre ambas unidades es efectuada por control electrónico, con sendas tarjetas programadas para el funcionamiento eficiente de todo el sistema.

Estas unidades vienen usualmente con la carga completa de refrigerante precargada en un recipiente para tal fin y una vez conectados ambos componentes del sistema - unidad condensadora con cónsola de control de evaporación y una vez hecho el vacío en el circuito completo, se abren las válvulas que distribuyen la carga de refrigerante en el sistema. Cada equipo trae las instrucciones de instalación, que deben seguirse para obtener resultados satisfactorios.

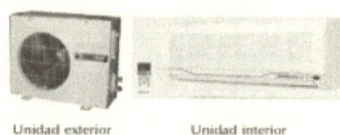

Unidad exterior de equipo "split". Unidad interior de equipo "split".

Unidades compactas

Tal como las unidades de ventana, todo el equipo está instalado en un gabinete que aloja todos los componentes del sistema. El condensador puede ser enfriado por aire o por agua, por lo cual necesita de las conexiones necesarias para que uno u otro fluido lleguen al intercambiador de calor de condensación sin restricciones para que el sistema opere regularmente. Deben estar equipadas con entrada de aire para renovación del aire del ambiente a acondicionar y sistema de recolección y evacuación del agua condensada en el evaporador, tal como las unidades de ventana. Se las emplea habitualmente en instalaciones comerciales donde el espacio es muy limitado y las necesidades de enfriamiento no pueden ser satisfechas por otro tipo de acondicionador de aire.

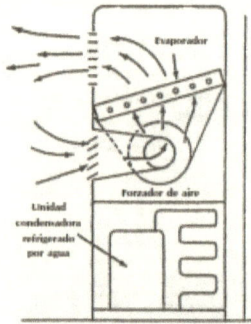

Unidad de AA compacta.

4.1 Procedimiento de carga para sistemas de aire acondicionado

En esencia no hay diferencia en los aspectos generales entre cargar una nevera y un equipo de AA, excepto por que el refrigerante empleado es R22, y en algunos casos de equipos nuevos, con alguna nueva mezcla refrigerante. Es importante tener plena certeza del refrigerante que emplea el equipo para no cometer errores que producirán mezclas cuyas propiedades son impredecibles.

Algunas recomendaciones básicas:

- Siga todas las recomendaciones dadas para los procedimientos explicados previamente, particularmente en lo relativo a seguridad y utilización de los instrumentos de manera de minimizar la descarga de refrigerante a la atmósfera.
- Verifique la hermeticidad del sistema cuidadosamente antes de cargarlo.
- Efectúe un buen vacío. Recuerde que el refrigerante R22 es más higroscópico que el R12, por lo tanto, puede contener humedad perjudicial para los materiales del compresor y que esta no va a ser puesta de manifiesto por congelamiento en el dispositivo de expansión.
- Si está cargando R22 (una sustancia pura), puede, y es recomendable, cargar por el lado de baja en fase vapor (excepto que se trate de una instalación de grandes dimensiones en la cual la cantidad a cargar sea de tal magnitud que imponga la carga en fase líquida por alta)
- Si está cargando una mezcla zeotrópica deberá cargar el refrigerante en fase líquida, con el compresor detenido, hasta alcanzar una carga ligeramente inferior a la carga especificada para ese equipo. Posteriormente, una vez que el gas se haya distribuido en el sistema por su propia presión de vapor (cuidando de que no haya ingreso de líquido en el compresor), complete la carga con el compresor funcionando, **agregando paulatinamente vapor por el lado de baja** hasta alcanzar lecturas de presiones de alta y baja aceptables para esa aplicación y el refrigerante que esté empleando **Recuerde que del cilindro de refrigerante debe extraer sólo líquido**, de manera que deberá emplear la válvula del juego de manómetros del lado de baja como un dispositivo de expansión, abriendo el paso de refrigerante y cerrándolo, en forma de pulsos, para que el líquido se evapore en este dispositivo antes de ingresar al sistema. Esta es una maniobra que requiere pericia y experiencia y solo debe ejecutarse cuando tenga la certeza de que sabe hacerlo correctamente.
- Verifique que no queden fugas en los puntos de conexión al sistema donde conectó los instrumentos de medición de presiones.
- Verifique que las presiones del sistema sean satisfactorias y que la temperatura del aire entregado sea la especificada. Compruebe visualmente que no haya escarcha en el tubo de retorno al compresor, que las temperaturas de condensación, de descarga del compresor, del domo del compresor, y de la línea de succión estén dentro de los límites de funcionamiento normal y finalmente confirme que el compresor cicla por termostato y no por protección térmica.
- Registre en el cuaderno de servicio del equipo las notas correspondientes.

4.2 Diagnóstico de fallas y reparaciones en equipos de aire acondicionado

Todos los equipos de refrigeración requieren mantenimiento preventivo y aquellas dedicadas a climatizar ambientes, por estar directamente expuesta su sección de condensación a los rigores climáticos, son muy susceptibles a daños. La vida útil dependerá del cuidado que se preste a cada componente del sistema y el técnico de servicio debe prestar atención a los pequeños detalles, muchas veces omitidos, que con el tiempo se transforman en un daño mayor.

Algunas recomendaciones generales:

Unidad condensadora

Limpiar las aletas disipadoras de calor con la frecuencia requerida según la calidad del aire ambiental. Es preferible hacerlo utilizando preferentemente un detergente jabonoso y vapor de agua a presión para eliminar la grasa que pueda habérsele adherido. Existen productos químicos con componentes ácidos que limpian más rápidamente; sin embargo, se debe tener la precaución de eliminar totalmente mediante un meticuloso enjuague cualquier residuo del producto de los intersticios de las aletas al terminar el lavado. De no hacerse un enjuague satisfactorio, este residuo de producto ataca el aluminio, opacando primero su superficie y reduciendo con el tiempo su resistencia mecánica, como consecuencia de lo cual se desintegrará al aplicársele agua a presión en las sucesivas limpiezas, reduciendo el área de intercambio de calor y bajando la capacidad del condensador.

Revisar la integridad estructural de la estructura de soporte de los componentes. Reapretar todos los tornillos que estén flojos y reponer aquellos que se hayan perdido. Asegurar todos los paneles en su sitio pues su función es proteger los componentes y evitar accidentes. Revisar que los protectores de aspas estén correctamente montados.

CAPÍTULO V: SISTEMA DE REFRIGERACIÓN

Revisar la condición de los diversos componentes de la unidad: compresor (presiones de trabajo, temperaturas en los diversos puntos de importancia, consumo eléctrico, etc.), componentes eléctricos: motor/es eléctricos de movimiento de aire (rigidez del montaje, consumo, estado de las aspas, velocidad de rotación, cojinetes o rodamientos, etc.); contactores, dispositivos de protección, etc. Regulaciones de termostatos y presostatos, cantidad de lubricante en los reservorios de aquellos componentes que requieran lubricación, etc. Al retirar las mangueras de medición de presión de las conexiones del sistema, hágalo con un mínimo de pérdida de refrigerante y coloque en su sitio los tapones en las válvulas de servicio. Verifique la integridad de los "o rings" de los tapones.

Verificar que las tuberías que transportan refrigerante no presenten manchas aceitosas (principalmente en las uniones, conexiones y puntos donde estén sujetas por abrazaderas flojas y que permitan que la tubería vibre. Corrija situaciones de riesgo. Las manchas de aceite en tuberías de refrigerante son evidencia segura de fugas, que deben ser corregidas. En las tuberías recubiertas con aislamiento es más difícil inspeccionar posibles fugas visualmente y en estos casos se recomienda emplear un detector electrónico de fugas o lámpara de luz UV (si la luminosidad ambiente lo permite). Observe la condición del refrigerante a través del visor en la línea de líquido para determinar su alcalinidad o acidez y que no haya habido pérdida de carga de refrigerante.

Prestar atención a sonidos extraños y vibraciones inusitadas, trate de identificar la fuente y corrija la causa.

Es una buena práctica mantener el equipo en condiciones originales, empleando herramientas y repuestos de buena calidad, sustituyendo las partes con apariencia sospechosa.

Programe anticipadamente cualquier trabajo de mantenimiento mayor que surja de la inspección, ubique los manuales del equipo, léalos y asegúrese de comprender todo; en caso contrario, asesórese debidamente antes de comenzar la tarea prevista. Piense en cómo efectuar el trabajo sin dejar escapar refrigerante. Si la reparación es efectuada antes de que se alcance a afectar el compresor (motor quemado), puede recuperar y volver a utilizar el mismo refrigerante en el sistema. En caso de que el compresor sufra daños, es muy probable que el grado de contaminación del refrigerante lo convierta en una sustancia peligrosa que de todas maneras tiene obligación de recuperar para llevarlo a centros de acopio para destrucción.

Finalmente, limpie la zona adyacente a la unidad, retirando basura, materiales de desecho y cualquier objeto que pudiera ser succionado por el aire aspirado en el condensador, creando una situación de riesgo.

Unidad evaporadora

Debido a que se la ubica en el interior de los edificios, no está expuesta a inclemencias climatológica, sin embargo, no debe descuidarse su inspección pues también pueden crearse situaciones de riesgo que dañen al compresor, que es el órgano más sensible de todo sistema y cuya rotura implica necesariamente extraer el refrigerante (muy probablemente contaminado).

En la toma de aire de la turbina o ventilador normalmente se coloca un material filtrante encargado de retener partículas sólidas antes de que ingresen al panal del intercambiador de calor para reducir la necesidad de limpiar este puesto que, debido a que estas unidades están en el interior de los edificios, su limpieza presenta un problema logístico mayor. Este filtro debe limpiarse con la frecuencia necesaria para que la suciedad acumulada y no se convierta en una restricción al flujo de aire. Cuando el filtro se obstruye y disminuye el caudal de aire que pasa por el evaporador, este comienza a acumular escarcha que puede llegar a convertirse en un bloque de hielo y detener el enfriamiento.

Limpiar el drenaje de agua condensada en el evaporador y la bandeja colectora. La acumulación de agua puede provocar herrumbre y rotura de la bandeja o de la base donde está montada la unidad.

El/los ventiladores son movidos por motores eléctricos que deben ser inspeccionados para determinar su consumo eléctrico, su temperatura, estado de rodamientos o cojinetes, conexiones eléctricas, fijación, correas de transmisión (si las hubiere).

La válvula de expansión se ubica normalmente aquí y se debe verificar que su funcionamiento esté en el rango correcto para el sobrecalentamiento que produzca un óptimo aprovechamiento de la capacidad del evaporador y al mismo tiempo garantice que bajo ninguna condición se produzca retorno de líquido al compresor. Comprobar que no existan manchas de humedad de aceite en ninguna sección de tubería ni en el panal del evaporador. Adicionalmente es recomendable inspeccionar empleando un detector electrónico de fugas o empleando una fuente de luz UV (si el equipo ha sido previamente cargado con una sustancia compatible, aprobada por el fabricante del equipo y el compresor, que reacciona con luminiscencia fosforescente en presencia de iluminación en esa longitud de onda.

El bulbo sensor del termostato de control debe

encontrarse bien montado y asegurado en un sitio predeterminado para que el accionamiento del termostato (normalmente remoto) produzca el efecto de enfriamiento deseado.

Tuberías

Las tuberías que conectan condensador y evaporador deben estar bien sujetas con bridas y anclajes rígidos que impidan toda vibración. La vibración es una posible fuente de fugas por fatiga de soldaduras o por pérdida de torque de apriete de conexiones soldadas. El aislamiento de la tubería de líquido debe estar en buen estado para que no haya posibilidad de que se produzca vaporización en el trayecto hasta la válvula de expansión. Emplear un detector de fugas para inspeccionar todo el trayecto.

En sistemas que incluyan tramos verticales extensos, estar pendiente de que el diseño haya incluido suficientes medidas preventivas (trampas de aceite, doble tubería de distinto diámetro, etc.) para garantizar el máximo retorno de aceite al compresor. Si la observación pone en duda el diseño, aplicar su experiencia o consultar con alguien más experimentado. Esto es particularmente válido si la instalación ha presentado problemas anteriormente por sustitución de compresor dañado por falla de lubricación.

Conclusión

Tomar nota de todas las observaciones hechas durante la inspección y las acciones de mantenimiento preventivo llevadas a cabo en el cuaderno de mantenimiento para referencia en el futuro.

Todo detalle es importante y el objetivo del mantenimiento preventivo es evitar la necesidad de un mantenimiento mayor o correctivo solucionando los pequeños problemas que impidan el desarrollo de una situación que genere un daño mayor posterior como consecuencia de no haber actuado a tiempo.

Cuadro de análisis de desperfectos en equipos de aire acondicionado

Este cuadro se incluye solo a título de ejemplo y contempla casos que pueden presentarse en equipos de distinto tamaño y capacidad. Se enfatiza la necesidad de que el técnico de mantenimiento se familiarice con el/los manual/es de la instalación a la que está prestando servicio pues aquella información será mucho más específica para las situaciones de falla que se puedan presentar. Una vez localizada una posible fuente de falla, se recomienda consultar los cuadros de diagnóstico de fallas del componente o dispositivo sospechoso para mejorar el diagnóstico.

OBSERVACIÓN	CAUSA PROBABLE	MEDIDA CORRECTIVA
Presión de descarga elevada en el lado de alta (condensador).	Aire aspirado al condensador muy caliente o insuficiente.	Verificar si capacidad del condensador es suficiente para temperatura ambiente de la zona. Verificar limpieza del panal Verificar ventilador/es, aspas.
	Panal del condensador obstruido.	Eliminar obstrucciones. Limpiar el panal.
	GNC en el sistema de refrigeración.	Purgar el sistema.
	Válvula de retención "check valve" atascada.	Cambiar el componente.
	Sobrecarga de refrigerante.	Extraer el exceso con un equipo de recuperación.
	Ventilador del condensador no trabaja.	Confirmar si le llega energía. Revisar conexiones, reparar o sustituir motor.
Presión de descarga baja.	Aire aspirado al condensador muy frío.	Verificar si la capacidad del condensador está diseñada para esa condición climática.
	Válvulas del compresor dañadas o coquificadas.	Hacer mantenimiento mayor (compresor no hermético) o sustituir (hermético).
Presión de succión alta.	Insuficiente carga de refrigerante.	Inspeccionar fugas en el sistema, corregir si las hubiera (recuperar el gas, o almacenar en tanque recibidor de líquido), agregar refrigerante.

**CAPÍTULO V:
SISTEMA DE
REFRIGERACIÓN**

OBSERVACIÓN	CAUSA PROBABLE	MEDIDA CORRECTIVA
Presión de succión baja.	Sobrecarga de refrigerante.	Extraer el exceso con un equipo de recuperación.
	Insuficiente carga de refrigerante.	Inspeccionar fugas en el sistema, corregir si las hubiera (recuperar el gas, o almacenar en tanque recibidor de líquido), agregar refrigerante.
No enfría o el aire sale caliente.	Insuficiente carga de refrigerante.	Inspeccionar fugas en el sistema, corregir si las hubiera (recuperar el gas, o almacenar en tanque recibidor de líquido), agregar refrigerante.
	Bulbo del termostato fuera de posición.	Colocar bulbo en la posición correcta.
	Termostato defectuoso.	Sustituir el termostato.
	Compresor desenergizado o dañado.	Revisar circuito eléctrico de alimentación. Revisar compresor, en caso necesario sustituir.
	Evaporador congelado.	Descongelar y corregir causa (filtro de succión muy sucio, obstrucción al flujo de aire, etc.).
Compresor ruidoso.	Retorno de líquido.	Chequear sobrecalentamiento TXV. Corregir situación.
	Falla de lubricación.	Compresor hermético: sustituir. Compresor no hermético: reparar.
	Componente interno desajustado o suelto.	Compresor hermético: sustituir. Compresor no hermético: reparar.
Compresor no arranca.	Presostatos de alta o baja accionados.	Verificar causa, corregirla.
	No recibe energía.	Revisar circuito eléctrico.
	Contactor que energiza al compresor no recibe señal del termostato.	Verificar presencia de señal de control. Corregir causa.
Presencia de escarcha en evaporador.	Caudal insuficiente de aire.	Motor de movimiento de aire del evaporador no gira a la velocidad requerida. La correa de transmisión desliza (en evaporadores de transmisión por correa).

5 Aire acondicionado automotriz

El sector de aire acondicionado automotriz es uno de los grandes consumidores de SAO en Venezuela, y gran parte de este consumo se produce como consecuencia de la práctica muy difundida, lamentablemente, de emplear R12 para completar la carga de un sistema originalmente diseñado para operar con R134a [gas empleado en los equipos de A/A automotriz de toda la producción nacional de vehículos desde el año 1996] y en algunos casos, incluso, se llega a liberar totalmente la carga original de R134a para sustituirla por R12, y lo que es más grave aún, sin considerar siquiera los cambios necesarios en el sistema, tales como la sustitución del lubricante ni la compatibilidad de los componentes del sistema.

Compresor AA automotriz.

Los sistemas de A/A automotriz están expuestos a condiciones de trabajo particularmente exigentes: temperaturas muy elevadas alrededor del condensador, compresor, mangueras y otros componentes del sistema alojados en la cavidad del motor del vehículo; regímenes de marcha del compresor que dependen de las necesidades de movilidad del automóvil, no de la carga térmica que deba transferir desde el evaporador al condensador; vibraciones producidas por el movimiento del vehículo; alto porcentaje de lubricante circulando por el sistema, inherente al tipo de lubricante utilizado con R134a [Polialquilglicol - PAG]; tipo de transmisión de la potencia mecánica [correa y polea de acoplamiento electromagnético "clutch"] necesaria para accionar el compresor; en general, condiciones muy exigentes. Los fabricantes han adoptado diversas formas de solución para estas condiciones de trabajo, que contemplan diversidad de controles de operación con miras a mejorar la durabilidad de la instalación.

Una de las fallas más frecuentes es la fuga del gas, generalmente paulatina, ya sea a través de porosidades en las mangueras provocadas por la exposición prolongada a altas temperaturas, conexiones a presión de terminales a las mangueras y conexiones roscadas que se desajustan por efecto de las vibraciones, "O-rings" cuarteados por la temperatura, válvulas de servicio sin sus tapones en las que los gusanillos se dañan por efecto de los contaminantes sólidos en el compartimento del motor, sellos en el eje del compresor, evaporador dañado por diversas causas, internas y externas y otras innumerables razones.

Otra falla recurrente de consecuencias graves, es el daño del compresor por falta de lubricación, debido a que el lubricante es arrastrado en exceso por el gas refrigerante desde este, donde debe estar, hacia otros componentes del sistema (condensador, acumulador de líquido, evaporador, etc.) debido al empleo de mezclas efectuadas de forma empírica, cuyas propiedades de miscibilidad con el lubricante son impredecibles.

El empleo de mezclas zeotrópicas que está comenzando a difundirse, (ejemplo: R414B sustituto "drop in" de R12), no hace sino complicar el panorama, pues estas requieren de una mayor pericia del técnico para hacer su tarea correctamente y ante una fuga, dependiendo del deslizamiento de temperatura de la mezcla, es imprescindible la recuperación del resto de la carga para su destrucción y luego de evacuar el sistema y verificar fehacientemente la ausencia de fugas, efectuar una carga completa en fase líquida, con el mismo producto obtenido desde el cilindro de gas original.

Mencionaremos algunas de estas mezclas con sus propiedades comparadas con las de R12, sin que por el momento podamos recomendar el uso de alguna de ellas en particular:

R406A: Mezcla de R22 (55%) con R142b (41%) y R600a (4%) fue desarrollada como sustituto directo "drop in" de R12, alcanza igual presión y capacidad que el R12 cuando la temperatura de evaporación se encuentra entre 7 y 10°C mientras que la presión de condensación en condensadores trabajando a alta temperatura es tan solo entre 5 y 10 psi mayor que para R12 (lo que resulta ideal en aplicaciones de A/A automotriz). El agregado de R600 (isobutano) mejora la compatibilidad con aceite mineral, particularmente con aceite de viscosidad elevada, normalmente empleados en estas aplicaciones. Su deslizamiento en el evaporador es de 8°C (elevado) y está catalogado como riesgo A1/A1 según la norma ASHRAE 34. También es empleado en algunas aplicaciones de refrigeración.

R414B: Mezcla de R22 (50%) con R142b (9,5%), R124 (39%) y R600a (1,5%), con propiedades similares a la mezcla R406A, donde se incorpora el R124 a fin de reducir la inflamabilidad durante el fraccionamiento. Puede trabajar con aceite mineral y Alquilbenceno. Su deslizamiento en el evaporador es de 6,5°C y también está catalogado como riesgo A1/A1 según la norma ASHRAE 34.

R416A: Mezcla basada en R134a (59%), R124 (39,5%) y R600 (1,5%), donde el R124 contribuye a disminuir las presiones de trabajo mientras que el R600 (butano) mejora el retorno de aceite al compresor. Trabaja a presiones iguales a las de R12 en condensación pero requiere menor presión de evaporación para mantener la temperatura apropiada. A pesar de no ser una mezcla compatible con aceites minerales, la presencia de butano mejora esta condición y permite un retorno aceptable del aceite al compresor. A temperaturas bajas de evaporación hay una pérdida de capacidad. Su deslizamiento es bajo, 1,5°C y está catalogado como riesgo A1/A1 por la norma ASHRAE 34.

Su empleo requiere que previamente se recupere todo el refrigerante R12 del sistema para su reutilización en otro sistema, reciclaje o regeneración de acuerdo a su grado de contaminación o disposición final (destrucción física) en caso de contaminación por encima de lo aceptable.

Se deben instalar conectores de carga y servicio que sean únicos y específicos para la mezcla que va a utilizar.

Si la mezcla contiene R22, las mangueras deberán estar fabricadas con barrera de nylon para prevenir fugas.

Es necesario entender y divulgar **que mezclas de R12 y R134a producen como efecto un incremento de las presiones de trabajo que, dependiendo de los porcentajes, llegan a ser tan elevadas como un 50% a 60% con respecto a las presiones individuales de cualquiera de ellos.** Esto además de representar un riesgo para el técnico y el usuario, somete al sistema a presiones superiores a las que se establecieron como normas de diseño y utilización y consecuentemente aumentan la posibilidad de daños a componentes y fugas catastróficas.

Reconociendo que es mejor prevenir que remediar fugas, recientemente se han introducido en el mercado **fluidos sellantes** que, siendo compatibles con los refrigerantes y lubricantes, pueden ser cargados en un sistema y circulan en este hasta que una fuga obliga a que esta sustancia, que sale mezclada con el refrigerante y el aceite que comienzan a salir por la fuga, entre en contacto con aire, lo que produce una reacción química que solidifica el sellador y bloquea la fuga.

Si bien este producto es un paliativo que remedia fugas menores y permite que el A/A siga funcionando, hay que tener cuidado de identificar su presencia (existen kits para ello), antes de recuperar el refrigerante de un sistema, pues su presencia en el gas extraído por el equipo de recuperación es dañina para este y por lo tanto no se puede emplear equipo de recuperación cuando un sistema contenga este producto, pues los fabricantes de equipos de recuperación, conscientes de este problema, desconocen la garantía si, ante un reclamo, encuentran vestigios de este producto en la máquina.

Otro procedimiento que se está popularizando es el empleo de algunos **fluidos que son fluorescentes** en presencia de luz ultravioleta (UV) y totalmente compatibles con refrigerantes y lubricantes. Al igual que el fluido sellante antes mencionado, se carga una cantidad en el sistema, proporcional a la carga de refrigerante, y este fluido circulará continuamente mezclado con el refrigerante hasta que, al producirse una fuga, saldrá por esta al exterior de la tubería, manguera o componente donde esté dicha fuga. Si se ilumina con una lámpara de luz UV los elementos del circuito de A/A o refrigeración puede verse destacada la fuga por el brillo verde fosforescente del producto que se ha filtrado al exterior en ese sitio. Es de gran ayuda para la detección temprana de fugas pero no es de utilidad en sitios que están ocultos, tal como el evaporador y las tuberías o mangueras que llegan a este.

Detección de fugas con fluido fluorescente en luz UV.

En aquellos casos donde la detección visual es imposible, se impone el uso de los detectores electrónicos que husmean el aire en el entorno de mangueras, tuberías y componentes del sistema de A/A o refrigeración para detectar la presencia de moléculas de refrigerante en cantidades ínfimas, gracias a su alta sensibilidad, que les permite encontrar fugas hasta del orden de 7 gr/año para las unidades más sofisticadas.

Este procedimiento no permite encontrar el punto exacto de la fuga sino la zona donde ella se produce y depende de la capacidad de observación del técnico localizar el sitio exacto. Además, la presencia de contaminantes ambientales no provenientes de la fuga, puede dar lugar a falsas señales de alarma que deben ser confirmadas repetidamente, principalmente si la fuga es muy pequeña.

En resumen, hay recursos técnicos que permiten efectuar una reparación correctamente y solo depende del entrenamiento, capacidad y voluntad del técnico el logro de una detección temprana de fuga, su corrección y prevención de fallas que minimicen las pérdidas de refrigerante en ese sistema.

5.1 Procedimiento de carga para sistemas de aire acondicionado automotriz

El procedimiento para cargar refrigerante en un sistema de aire acondicionado automotriz no difiere del empleado para cargar un sistema comercial pequeño o una nevera doméstica.

Sin embargo, la industria automotriz tiene especificaciones particulares que deben ser tenidos en cuenta al momento de prestar servicio al aire acondicionado de un automóvil.

Es de destacar el hecho de que la industria automotriz adoptó el uso de lubricantes tipo polialquilglicol en los sistemas de aire acondicionado automotriz cargados con R134a, a pesar de la altísima higroscopicidad de este lubricante, principalmente en reconocimiento a sus mejores cualidades como lubricante, cuando se lo compara con un poliolester.

Cuando se requiere agregar carga a un sistema de aire acondicionado automotriz es menester confirmar previamente qué refrigerante hay en el sistema, verificando las etiquetas identificadoras que usualmente están ubicadas en un sitio visible al acceder al compartimiento del motor donde se encuentra también gran parte del circuito de aire acondicionado.

Es conveniente averiguar con el propietario del vehículo si ya ha recibido servicio de carga de refrigerante previamente y si la respuesta es afirmativa, es necesario confirmar mediante un equipo identificador de gases refrigerantes, que el refrigerante sea el que indica la placa, y no una mezcla con otra sustancia, u otra sustancia.

Conectores para R134a en sistemas AA automotriz.

Si se comprueba que el equipo ya no responde a las especificaciones de carga de fábrica, y lo que contiene no es una sustancia pura o una mezcla reconocible por el equipo identificador, lo correcto es extraer la sustancia desconocida, limpiar el sistema, decidir con qué refrigerante se va a trabajar, cargar el lubricante indicado y finalmente cargar el refrigerante. Normalmente, los sistemas se pueden identificar a través de los conectores instalados en los puntos de carga y medición, pues la industria automotriz adoptó normas para diferenciar los sistemas por esa vía. Sin embargo, existen automóviles donde se ha efectuado un retrofit, que pueden estar equipados con convertidores que adaptan un conector a otro.

Equipos de servicio

Debe contar por lo menos con una bomba de vacío, equipo de recuperación, cilindro de recuperación, y herramientas de taller mecánico.

Debe contar con un juego de manómetros para CFCs y HCFCs así como otro juego para HFCs y para cualquier otro tipo de refrigerante que esté empleando regularmente en su taller y mangueras con conectores adaptados a los terminales correspondientes en el vehículo.

Conecte el juego de manómetros al sistema, purgue las mangueras minimizando la liberación de refrigerante al hacerlo y proceda a cargar, por el lado de baja, si es sustancia pura o si está agregando una pequeña cantidad de mezcla zeotrópica para alcanzar las presiones de trabajo ideales, teniendo la precaución de extraer líquido del cilindro de refrigerante zeotrópico, pero evitando que llegue en ese estado al compresor, utilizando para ello la válvula de baja del juego de manómetros (tal como se describió más arriba). Si lo que se va a emplear es una mezcla zeotrópica, y la cantidad es tal que tomaría mucho

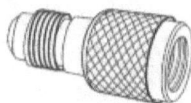

Adaptador para carga de líquido en lado de baja del compresor.

tiempo cargar por pulsos en baja, será necesario cargar por alta, siguiendo las recomendaciones dadas para ello anteriormente. Existe un accesorio que permite asegurar que el refrigerante extraído como líquido del cilindro se vaporice antes de llegar al compresor; esta es una válvula con un orificio a través del cual el refrigerante al pasar se expande, cambia de estado y se inyecta al sistema en estado de vapor saturado. Este accesorio se conecta en la línea de salida de líquido del cilindro.

Una vez completado el proceso de carga de refrigerante, verificar que no hayan quedado fugas en las conexiones donde se conectaron las mangueras de medición y carga. Asimismo asegúrese que todas las mangueras queden bien aseguradas con todas las abrazaderas previstas por el fabricante puesto que están allí para minimizar la vibración de estas y evitar que entren en contacto con elementos mecánicos del motor que puedan dañarlas, ya sea por temperatura o vibración.

Inspeccione una vez más todas las conexiones y mangueras del sistema con un detector de fugas confiable [electrónico o luz UV, preferiblemente o mediante espuma jabonosa o lámpara de halógenos si no dispone de estos equipos]. Lo importante es asegurarse que el sistema **NO TENGA FUGAS** antes de concluir que el trabajo está listo. Debido a la ubicación de ciertos componentes del sistema, esto no es tarea sencilla, pero necesaria para cumplir con la obligación de minimizar la descarga de refrigerantes a la atmósfera.

Detección de fugas

La primera medida de la hermeticidad de un sistema se obtiene observando su capacidad de mantener el vacío una vez que se ha alcanzado el valor deseado con una bomba de vacío de buena calidad [capaz de alcanzar al menos 200 μ conectada al sistema; cerrando las válvulas que conectan a la bomba de vacío y observando la lectura del vacío en el sistema **en un vacuómetro [la lectura que se obtiene en el manómetro compound del juego de manómetros no es lo suficientemente precisa ni detallada para permitirnos apreciar la variación de vacío que produce una fuga pequeña. Si la lectura en el vacuómetro asciende hacia presión atmosférica, debe interpretar esto como una fuga, buscarla y corregirla antes de seguir adelante]**.

Cuando se carga aceite al compresor se presenta una buena oportunidad para agregar una dosis de líquido fluorescente a la luz UV, que en futuros servicios permitirá buscar fugas mediante este método.

CAPÍTULO V: SISTEMA DE REFRIGERACIÓN

Existen una amplia variedad de fuentes de luz UV, desde lámparas diseñadas para ser empleadas en el taller, alimentadas de fuentes externas (110Vac, 12Vdc) y también pequeñas linternas de bolsillo, alimentadas a pilas. Debido a las condiciones de iluminación favorables (bajo nivel) prevalecientes en un compartimiento de motor, el empleo de este método es sencillo y práctico pues, después de haber cargado el sistema con el líquido fluorescente, solo es necesario poner a funcionar el sistema para que circule y se distribuya y luego darle algunas horas de tiempo para que aparezca en los sitios donde el aceite mezclado con el líquido fluorescente haya podido salir al exterior, donde se manifestará brillando ante la luz UV.

Debido a lo complejo de la ubicación de algunos componentes del sistema de AA automotriz, particularmente el evaporador, es muy probable que haya algunos sitios que no estarán a la vista de un examen visual directo con luz UV; en esos casos, el método de detección aplicable es el del detector electrónico que nos indicará la presencia de átomos de cloro o fluor en el aire que rodea el componente, pero no el sitio exacto de la fuga. El método de la espuma jabonosa o de la lámpara de halógenos también serán poco prácticos en estos lugares de difícil acceso

Distintos tipos de fuente de luz UV.

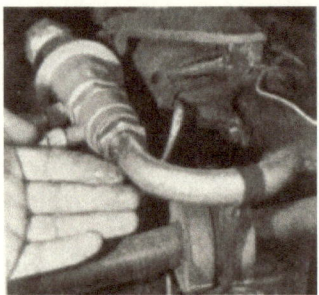

Fuga en sistema automotriz.

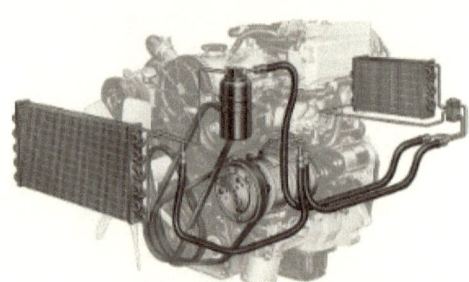

Esquema de sistema de aire acondicionado automotriz.

Equipo automático para servicio y carga refrigerante en AA automotriz (R12 y R134a).

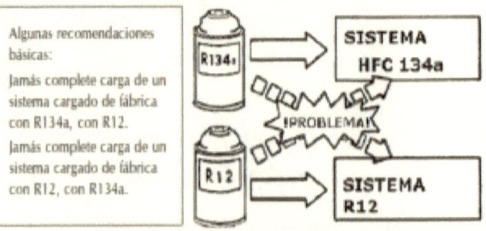

Algunas recomendaciones básicas:
Jamás complete carga de un sistema cargado de fábrica con R134a, con R12.
Jamás complete carga de un sistema cargado de fábrica con R12, con R134a.

Revise el nivel de aceite del compresor y complete con el aceite adecuado antes de cargar el sistema.

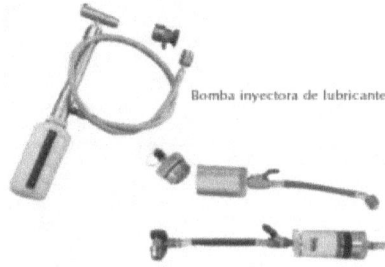

Bomba inyectora de lubricante.

Inyector de lubricante en línea.

Recuerde que el aceite polialquilglicol es sumamente higroscópico y por lo tanto no debe dejar que ningún recipiente que lo contenga permanezca destapado más que lo indispensable para trasegar el lubricante al compresor, el cual debe haber sido previamente evacuado.

Un problema característico que se presenta en los sistemas de aire acondicionado automotriz es el elevado porcentaje de lubricante que migra desde el compresor al sistema (alrededor de un 50% según ciertos estimados). Esto hace necesario que periódicamente sea necesario revisar y en caso necesario reponer lubricante en el compresor. Se puede simplemente agregar lubricante empleando un dispositivo inyector conectado en serie con la manguera por donde se vaya a cargar refrigerante, precargado con la cantidad necesaria (estimada) o, lo que es preferible, extraer el refrigerante con una máquina de recuperación, extraer el aceite del compresor, limpiar el sistema con barrido de nitrógeno, y colocar una nueva carga de aceite siguiendo las recomendaciones del fabricante del compresor.

Mantenimiento preventivo

El mantenimiento preventivo del sistema de aire acondicionado consiste en mantener limpio el condensador y poner a funcionar el equipo periódicamente para que no se resequen los "o rings" en las conexiones roscadas del sistema. Periódicamente se debe inspeccionar que no existan signos de humedad de aceite a lo largo de tuberías, particularmente en las conexiones y acoples de presión tubo-manguera. Debe comprobarse que no falte ninguna de las abrazaderas o soportes que sujetan las mangueras a fin de evitar que sufran daños. Se debe observar el estado de la correa de transmisión y el funcionamiento regular del embrague "clutch" eléctrico, el cual debe hacer ciclar el compresor cuando la temperatura del habitáculo ha alcanzado un valor satisfactorio determinado por la posición del control de temperatura.

6 Lubricación del compresor

Los compresores herméticos usualmente dependen de cojinetes y no de rodamientos para el enlace entre sus componentes [cuerpo del compresor - cigüeñal - biela - perno de pistón - pistón] y, lo que es fundamental, la compresión depende del ajuste pistón - cilindro, muy preciso entre ambos elementos pues no se emplean anillos en estos diseños, y del sello líquido que el lubricante forma sobre las superficies de deslizamiento de estos dos componentes. Esto hace que la lubricación sea crítica y que le dediquemos tiempo a su análisis.

El lubricante tiene la función primordial de mantener la capa líquida de lubricante entre las superficies de fricción y su viscosidad es crítica. Es por ello que se debe impedir a toda costa el retorno de refrigerante demasiado frío al compresor (línea de succión congelada o sudorosa) pues en esas condiciones se encuentra líquido en gran proporción en el gas que ingresa a la carcaza, el cual se disuelve en el lubricante, reduciendo la viscosidad de este último, perdiéndose en ese momento la capa de lubricante entre superficies de fricción, con lo que aumenta la temperatura de los metales en contacto y se produce lo que se conoce como, agarrotamiento o tranca del mecanismo.

El volumen de lubricante debe ser suficiente, no solo para mantener la lubricación, sino para que actúe como medio de intercambio dinámico de calor entre los componentes que producen calor durante su funcionamiento [motor eléctrico y compresor] y la cara interna de la carcaza; para ello, el aceite es succionado desde el fondo de la carcaza mediante una bomba centrífuga instalada en el extremo inferior del cigüeñal, asciende por el interior de este hasta orificios de distribución interna que lo llevan hasta las superficies de metales en fricción, mencionadas más arriba. La cantidad succionada es muy superior a la necesaria para mantener la capa de lubricación entre estas superficies y lo que excede de dicho caudal es dirigido por la misma presión generada por la bomba centrífuga hasta un orificio de descarga ubicado en el extremo superior del cigüeñal, por donde sale en forma de chorro a presión que moja toda la cara interna superior de la tapa del compresor y se esparce en forma de película, distribuida uniformemente en forma radial a partir del punto de impacto del chorro de lubricante y que una vez mojada toda la cara interna de la tapa de la carcaza desciende en forma de película adherida a las paredes internas del compresor hasta retornar al depósito en la parte inferior desde donde se cierra el circuito y vuelve a ser aspirado por la bomba centrífuga para mantener el ciclo cerrado de lubricación - enfriamiento. Esta película distribuida por todas las paredes internas de la carcaza ofrece una ventaja adicional sirviendo como amortiguador de ruidos internos.

Parte del lubricante que moja las paredes de contacto del cilindro con el pistón en presencia del gas a alta temperatura, se evapora y mezcla con este (en los compresores alternativos empleados en refrigeración doméstica esta proporción oscila normalmente entre 2 y 3 %, pero si el lubricante ha sido previamente mezclado con refrigerante líquido esta proporción puede aumentar notablemente) y pasa al circuito de refrigeración que, si está correctamente diseñado, lo devuelve con el gas de retorno. Cuando existen condiciones adversas: aceite no compatible con el gas refrigerante en cuanto a miscibilidad, diseño del circuito de refrigeración con puntos donde el refrigerante pierde velocidad hasta el punto en que se separa del lubricante, filtro secador no compatible (que puede absorber lubricante, además de humedad), entre otras, una cantidad de lubricante cada vez mayor se va quedando retenida en el circuito hasta que la cantidad remanente en la carcaza es insuficiente para mantener las condiciones de trabajo del diseño original, aumenta la temperatura por falta de lubricación y de volumen de intercambio de calor interno y el compresor puede comenzar a ciclar por protector térmico (en el mejor de los casos) o finalmente trancarse, o lo que es peor, quemar los bobinados por recalentamiento.

La calidad del lubricante es fundamental para la vida del compresor. No se deben emplear sino aceites de calidad reconocida y nunca deben cambiarse las especificaciones del fabricante del compresor.

Los lubricantes minerales normalmente se obtienen de la mezcla de aceites nafténicos y parafínicos en fracciones variables. Los aceites parafínicos son mejores lubricantes, pero tienen la característica de poseer un punto de "floculación" [temperatura a la que la parafina deja de ser líquida y se convierte en sólido], por lo cual los lubricantes minerales para refrigeración deben poseer un contenido parafínico controlado (muy bajo). La temperatura de floculación de la parafina se encuentra en el rango de -20 a - 50°C y en el proceso de obtención del lubricante diseñado para compresores se extraen las parafinas de mayor temperatura, para evitar que esta se separe en el proceso de expansión del gas refrigerante en el dispositivo de expansión, depositándose en el orificio, ya sea del tubo capilar o válvula de expansión, llegando a obstruirlo totalmente.

Otras propiedades que deben ser tomadas en cuenta para calificar un lubricante, ya sea mineral a sintético, como "aceite para compresor de refrigeración" son las siguientes:

- **Miscibilidad.** Esta propiedad describe la capacidad que tiene un lubricante dado para mezclarse con el gas refrigerante de tal manera que permanezca unido a este durante todo su trayecto a lo largo del circuito de refrigeración fuera del compresor, a fin de asegurar su retorno a este. Es por ello que se debieron desarrollar lubricantes especiales para trabajar con refrigerantes HFC pues estos no se mezclan aceptablemente ni con aceites minerales ni alquilbencenos.

- **Índice de viscosidad.** Debe ser alto. Esta propiedad está vinculada con el mantenimiento de un rango de viscosidad estrecho dentro de un amplio rango de temperaturas, tal como las que se encuentran entre la carcaza, las válvulas y el evaporador. A la temperatura de trabajo [alta] (cuando debe trabajar como lubricante, en contacto con las partes metálicas móviles del compresor) debe mantener la viscosidad necesaria para mantener la capa límite de lubricación permanentemente entre las dos superficies metálicas y cuando se encuentra en el evaporador [a temperatura baja] no debe aumentar su viscosidad pues de hacerlo perdería miscibilidad, tendería a separarse y quedarse adherido en las paredes internas del evaporador lo cual reduciría la eficiencia de intercambio térmico del gas con el ambiente del gabinete.

- **Buena estabilidad química.** La condición ideal es que no reaccione químicamente con ninguno de los materiales contenidos en el interior del sistema de refrigeración, correspondientes a los componentes del sistema. Esto no incluye la indeseable y posible reacción con humedad o impurezas tales como GNC y solventes de limpieza, puesto que estas deben ser excluidas del sistema durante la limpieza y evacuación ya que son sustancias reactivas por su propia naturaleza.

- **Buena estabilidad térmica.** Sometido a las altas temperaturas a las que operan normalmente las válvulas del compresor, como consecuencia del trabajo de compresión que se lleva a cabo en la cámara del cilindro, no debe carbonizarse. Puesto que este es el sitio más caliente del interior del compresor, es allí donde esta propiedad es de máxima importancia. Idealmente, no debe carbonizar por debajo de 160°C.

- **Punto de fluidez bajo.** Esto determina que a la mínima temperatura que pueda encontrarse en el evaporador, el lubricante mantenga la viscosidad suficientemente baja como para que siga fluyendo normalmente. Esta propiedad está vinculada con el índice de viscosidad.

- **Viscosidad.** Esta propiedad debe ser cuidadosamente seleccionada en el momento de especificar un lubricante para refrigeración. Debe ser suficientemente alta a la temperatura de trabajo del compresor de manera que mantenga la capa límite entre los metales que deslizan entre sí, sin que esto implique un consumo de energía adicional. Mientras mayor sea la capacidad del compresor y las dimensiones de las partes en contacto mayores, las tolerancias de ajuste se tornan mayores y ello requiere lubricantes más viscosos.

Los compresores de alta eficiencia, que requieren reducir el consumo de energía, emplean lubricantes de menor viscosidad, lo que obliga a especificaciones de ajuste mecánico más estrecho para que se mantenga la capa lubricante. Mientras menos viscoso sea el aceite, consumirá menos energía bombearlo a lo largo del circuito de lubricación.

6.1 Cambio del aceite

En compresores herméticos, en aplicaciones a circuito cerrado, en sistemas de refrigeración de neveras y congeladores domésticos, no es recomendable sustituir el aceite dado que es prácticamente imposible extraer todo el aceite de la carga original pues siempre quedará aceite entre las espiras de las bobinas, los poros de fundición, las paredes de la carcaza y recovecos, uniones y cámaras del compresor, de modo que la cantidad extraída será siempre menor que la carga especificada y los fabricantes generalmente no aprueban esta práctica por los riesgos de cometer errores en el acto por la dificultad de cálculo de la cantidad necesaria, compatibilidad del aceite que se haya elegido para cargar, con el aceite original, posibilidad de contaminar el sistema, y otras varias posibilidades.

En aplicaciones a circuito abierto (tal como la que presentan los compresores empleados en máquinas de recuperación y máquinas de reciclaje de refrigerantes), será necesario agregar periódicamente aceite para reponer la cantidad que pueda haber sido arrastrada por el refrigerante recuperado. El fabricante del equipo de recuperación o reciclaje incluirá en su manual las instrucciones para este proceso.

6.2 Humedad y ácidos - efectos sobre el lubricante

La presencia de humedad en sistemas de refrigeración es una de las principales causas de fallas de funcionamiento en sistemas de compresión de vapor y es de primordial importancia entender la naturaleza de la interacción entre la humedad y el aceite y el refrigerante.

Existen dos formas en que la humedad puede presentarse en un sistema: libre y disociada. Cuando está en forma libre, es visualmente perceptible como agua y es muy poco frecuente encontrarla en esta condición en un sistema de refrigeración.

En forma disociada, su percepción visual es imposible a bajas concentraciones y en altas concentraciones puede apreciarse como vapor. Su contenido en aire se expresa como humedad relativa ambiente. Esta forma de presentación es la que normalmente causa problemas en sistemas de refrigeración.

El volumen de humedad contenido en una gota de agua que nos parece insignificante, es suficiente para crear reacciones indeseables en un sistema de refrigeración y su eliminación no es tan simple como parece; se requiere niveles de vacío profundo.

La primera manifestación de humedad en un sistema se observa como un funcionamiento intermitente del ciclo de refrigeración en el evaporador. Cuando los niveles de humedad son demasiado elevados como para que la capacidad del filtro secador (la cual se mide en gotas) la absorba totalmente, el excedente se difunde en el refrigerante y se traslada con este hasta el dispositivo de expansión donde al comenzar el proceso de expansión del refrigerante, la absorción de calor resultante reduce la temperatura por debajo del punto de congelación del agua provocando que esta se disocie, cambie de estado y se congele en el interior del capilar, esto provoca una restricción que impide el paso de refrigerante; al no haber paso de refrigerante no hay efecto refrigerante y la temperatura del dispositivo de expansión asciende. Al hacerlo el agua se descongela y se reestablece el flujo, solo para repetirse. En ocasiones, se puede incluso obstruir el flujo y hacer que la presión de succión en el compresor alcance niveles de vacío.

Aún cuando los niveles de humedad remanentes en el sistema sean insuficientes para provocar la situación antes descrita en el sistema; o sea la humedad restante es superior a la que puede absorber el filtro secador pero inferior a la que causaría la formación de hielo en el dispositivo de expansión, esta cantidad es suficiente para provocar otro tipo de problemas: reacciones químicas, cuyos efectos no se ponen en evidencia sino hasta que causan síntomas de mal funcionamiento provocados por la corrosión o la formación de lodos en el aceite, que solo se pueden comprobar mediante un análisis del aceite o la observación de los componentes internos del compresor, una vez abierto este.

Corrosión.
- **Refrigerante clorado + agua = ácido clorhídrico**
- **Refrigerante fluorado + agua = ácido fluorhídrico**
- **Refrigerante clorado ó fluorado + agua + calor = más ácido**

Las expresiones muestran lo que sucede con la presencia de humedad en el sistema, particularmente en la carcaza del compresor, donde la temperatura es elevada por efecto del trabajo de compresión. Si el agua sola tiene un efecto corrosivo sobre los metales, los ácidos producidos mediante la reacción química de la humedad con los diversos refrigerantes tienen un efecto corrosivo superior. El acero y el hierro son los primeros que se corroen y luego le siguen el cobre, bronce y otros metales.

6.3 Tipos de lubricantes

- **Lubricantes minerales**

Los lubricantes minerales empleados en los orígenes de la refrigeración por compresión mecánica eran medianamente tolerantes a la presencia de humedad, en comparación con la tolerabilidad de los actuales refrigerantes sintéticos, y muy en particular los poliolésteres que es necesario emplear en sistemas que requieren HFC para su operación.

Los lubricantes minerales, obtenidos por destilación de petróleo, deben ser especialmente seleccionados para tolerar diversas condiciones de trabajo: debe ser un excelente lubricante a altas temperaturas; permanecer inalterable en un rango de temperaturas extendido [desde la temperatura en la válvula de descarga del compresor que puede alcanzar valores puntuales elevados, hasta la temperatura de evaporación del gas con que se lo emplea]; capacidad de mezclarse adecuadamente con el refrigerante (miscibilidad) de manera que la proporción de aceite que inevitablemente es transportado por el refrigerante a lo largo del sistema de refrigeración permanezca unido a este y retorne al compresor; índice de viscosidad alto, de manera que al bajar su temperatura en el evaporador no aumente su viscosidad y tienda a depositarse allí, separándose del refrigerante que vuelve al compresor; punto de floculación bajo [definido este como la temperatura a la cual el componente parafínico de un aceite mineral se solidifica, depositándose como sedimento, lo cual invariablemente se produce en el dispositivo de expansión, creándose como consecuencia una restricción al flujo de refrigerante que puede llegar a convertirse en obstrucción permanente]; higroscopicidad, definida como la capacidad de retener humedad mediante la interacción de fuerzas de atracción molecular de una sustancia con el agua; como las principales propiedades a buscar en un aceite lubricante de refrigeración.

- **Lubricantes sintéticos tipo alquilbenceno**

Los lubricantes sintéticos tipo alquilbenceno, debido a sus virtudes sobresalientes en propiedades lubricantes y sobre todo a su alta estabilidad química y térmica y ausencia de parafinas, han venido sustituyendo a los aceites minerales en sistemas operando con CFC y HCFC. El hecho que sean altamente giroscópicos es considerado por los fabricantes de compresores como una variable manejable mediante la implementación de medidas de control de humedad durante la producción y carga del lubricante y en cuanto a la creación de las condiciones aceptables en un sistema, alcanzando niveles de deshidratación máximos que se logran mediante el empleo de filtros secadores de suficiente capacidad y un efectivo proceso de deshidratado del sistema mediante vacío profundo.

- **Lubricantes sintéticos tipo poliolésteres**

Los lubricantes sintéticos denominados poliolésteres, son muchísimo más higroscópicos que los aceites minerales, y aún comparados con los sintéticos tipo alquilbenceno, con niveles de saturación de humedad del orden de 1000 ppm, en comparación con 100 ppm para los aceites minerales y 200 ppm para los alquilbencenos. Por lo tanto, las precauciones necesarias durante su carga, así como los niveles de humedad requeridos son igualmente estrictos, y deben emplearse métodos cuidadosamente controlados durante su empleo. Por ejemplo: al abrirse un recipiente sellado que contenga lubricante tipo polioléster, debe utilizarse de inmediato todo su contenido vaciándolo en el interior del sistema sin pérdida de tiempo y proceder a la evacuación del sistema de inmediato pues el solo contacto del lubricante con el aire atmosférico hace que sus niveles de contenido de humedad aumenten por encima de los valores tolerables para el sistema de refrigeración. Si hablamos de pequeños recipientes, de quedar algún remanente en el recipiente original, este solamente debe ser abierto en el preciso momento de cargar el sistema, y debe ser sellado inmediatamente después, tratando de que el contenido de la botella quede expuesta al aire el menor tiempo posible. De no tomarse esta precaución, es posible que sea necesario desechar el resto del producto porque habrá absorbido una cantidad de humedad que luego será prácticamente imposible de extraer.

En caso de tratarse de contenedores tipo tambor [pipote], del cual se extraiga lubricante mediante una bomba mecánica atornillada a una de las bocas de acceso al recipiente, es necesario conectar un dispositivo de control de entrada de aire, roscado en la otra boca de acceso al tambor, dotado de un recipiente relleno de material secante, tal como silicagel, idealmente con indicativo de saturación de humedad por cambio de color, a través del cual deba pasar el aire que el pipote aspira a medida que se bombea aceite de este. De no hacerse así, el lubricante que aún queda en el pipote se saturará de humedad con las mismas consecuencias descritas para los recipientes pequeños.

- **Lubricantes sintéticos tipo alquilglicoles**

Estos fueron los primero lubricantes desarrollados para ser empleados con el refrigerante R134a y en la actualidad solo son empleados en aire acondicionado automotriz. Si bien sus propiedades lubricantes son mejores que las de los poliolésteres, son mucho más higroscópicos, con niveles de saturación de humedad del orden de 10.000 ppm. Ello exige extremo cuidado cuando se presta servicio a sistemas de aire acondicionado automotriz, para evitar las consecuencias que estos niveles de humedad provocarán en el sistema, de no efectuarse un vacío adecuado. Los lodos que se forman como consecuencia de esto obstruyen los filtros secadores y dispositivos de expansión y producen daños a los compresores por fallas de lubricación.

6.4 Reacciones de los lubricantes con la humedad

La humedad, previamente mezclada con refrigerante, produce inevitablemente ácido. Las mezclas de estos ácidos con el lubricante producen una emulsión formada por una mezcla íntima de glóbulos sumamente finos de ambas sustancias que recibe el nombre de "lodo".

El ataque de este lodo sobre las superficies metálicas produce corrosión que carcome el metal generando óxidos de este, que se van añadiendo como partículas sólidas a la emulsión aumentando la viscosidad de esta. El desenlace es la formación de sedimentos que se manifiestan en el fondo del compresor y circulan por el sistema de lubricación multiplicando su efecto deteriorante. El sedimento que sea arrastrado por el flujo de refrigerante también se depositará en forma de líquidos fangosos, polvos finos, sólidos granulosos o sólidos pegajosos, provocando variedad de malfuncionamientos, entre ellas, taponamiento de filtros de malla finos, válvulas de expansión y tubos capilares. Debido a su naturaleza ácida, corroen toda superficie sobre la que se depositan y son residuos peligrosos que deben manejarse con extremo cuidado por los técnicos cuando intervienen un sistema que ha alcanzado tal grado de deterioro.

- **Empleo de anticongelantes**

La práctica del empleo de anticongelantes - alcohol, "floss", o cualquier producto comercial que actúe en el sistema mezclándose con el agua para reducir su punto de congelamiento debe eliminarse por completo.

Estos aditivos son productos químicos que contribuyen y aceleran la formación de ácidos más complejos, agravando aún más el deterioro acelerado de un sistema de refrigeración.

Crean la ilusión de que no hay agua pues impiden que esta se congele en el dispositivo de expansión y por supuesto permiten que el exceso de esta permanezca en el sistema ya que, por supuesto, es imposible de retener en el filtro secador que, como dijimos, solo está diseñado para absorber una cantidad razonable de esta que pudiera quedar como consecuencia de un vacío no lo suficientemente profundo o prolongado necesario para erradicar toda la humedad necesaria.

6.5 Eliminación de la humedad y otros contaminantes volátiles [GNC] de un sistema de refrigeración

La única manera de controlar la humedad es eliminándola del sistema. Para ello se debe utilizar vacío que solo puede alcanzarse con bombas de dos etapas, capaces de alcanzar niveles de al menos 200 micrones cuando son conectadas a un sistema. Estas bombas de vacío generalmente deben poder alcanzar

CAPÍTULO V: SISTEMA DE REFRIGERACIÓN

lecturas de 50 micrones cuando se mide el vacío directamente en la conexión de entrada a la bomba; si ello no es posible, entonces será necesario darle mantenimiento, lo cual incluye: a) desgasificar el aceite de la bomba empleando la válvula de balasto (o purga) que se encuentra en toda bomba de buena calidad, cuya función es extraer humedad que se ha condensado en el aceite de la bomba de vacío durante su uso; b) si después del desgasificado aún no se obtiene una lectura satisfactoria, se debe cambiar el aceite; d) después del cambio de aceite aún no se logra el resultado esperado, entonces habrá que hacer un mantenimiento mecánico de la bomba, sustituyendo los componentes que se desgastan con el uso.

Se puede observar que las lecturas posibles en un manómetro - vacuómetro o manómetro de baja, [llamado también manómetro "compound" **por su doble función de medición de presiones positivas y niveles de vacío referidos a la presión atmosférica en una misma carátula**] no son suficientemente precisas para conocer a ciencia cierta los valores de vacío que realmente se están alcanzando cuando se está utilizando una bomba de vacío. Como esto es de fundamental importancia cuando se hace servicio a sistemas que emplean gases y lubricantes más higroscópicos, se recomienda agregar al juego de herramientas del técnico un vacuómetro que permita leer valores en escala de micrones, por ser esto mucho más preciso.

Debido a la necesidad de asegurarnos que se esté extrayendo toda la humedad posible del sistema, si no tuviésemos este instrumento, el único camino alternativo posible es extender el tiempo de extracción de vacío, como ultimísimo recurso, y aplicar calor a las diversas partes del sistema en forma segura (soplador de aire caliente, elemento calefactor eléctrico, u otro elemento recomendado por el fabricante del equipo, **evitando emplear un soplete para esta función por los riesgos que presenta este método**).

Como puede apreciarse en la segunda escala de la gráfica, se comparan lecturas en Torr, con las escalas que se encuentran: a) en un manómetro de baja presión (en el extremo derecho de la escala) y b) con la escala que es posible apreciar en un vacuómetro (extremo izquierdo de la escala), **los valores de vacío necesarios para desalojar la humedad atrapada en el lubricante y los componentes internos del compresor, no son apreciables en la escala de los manómetros comunes empleados en refrigeración.**

A temperatura ambiente del orden de 30°C, la humedad que pueda haber en forma de vapor libre dentro del circuito comienza a evaporar cuando se alcanzan niveles de vacío de 29" de Hg, pero para disociar el agua contenida en el lubricante, retenida en los materiales aislantes, en las cavidades y poros de los metales y en todo el volumen internos del sistema, la cual se encuentra molecularmente asociada, y retenida por fuerzas de atracción muy altas, se requiere alcanzar niveles de vacío muy superiores, tal que extraigan todo lo que sea posible, puesto que aún falta incorporar al sistema el gas refrigerante, el cual también posee una cantidad de humedad atrapada en él y que, en un sistema debidamente deshidratado, debiera constituir la mayor proporción de humedad contenida.

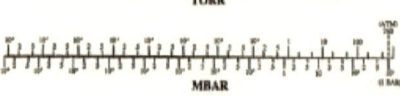

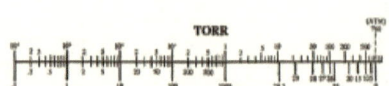

Escalas comparativas - rango de un vacuómetro vs rango de un manómetro "compound".

Presión atmosférica = 14,696 psia = 760 mm Hg
[Torr] = 1,013 Bar = 101,3 kpa abs

Tabla de Conversiones Vacío - Presión.

	mBar	Bar	Torr [mm Hg]	Pa (Nm⁻²)	Atm	Lb in⁻²	kg cm⁻²	pulg. Hg	2pulg. H₂O	mm H₂O
1 mBar =	1	1x10⁻³	0.75	10²	9,869x10⁻⁴	1,45x10⁻²	1,02x10⁻³	2,95x10⁻²	0,402	10,197
1 Bar =	10³	1	7,5x10²	1x10⁵	0,9869	14,5	1,02	29,7	4,01x10²	1,02x10⁴
1 Torr (mm Hg)	1,333	1,333x10⁻³	1	1,333x10²	1,316x10⁻¹	1,934x10⁻²	1,36x10⁻³	3,937x10⁻²	0,535	13,59
1 Pa (Nm⁻²)	0,01	1 x 10⁻⁵	7,5 x 10⁻³	1	9,869 x 10⁻⁶	1,45 x 10⁻⁴	1,02 x 10⁻⁵	2,953 x 10⁻⁴	4,01x10⁻³	0,102
1 Atm =	1,013x10³	1,013	7,6x10²	1,013x10⁵	1	14,7	1,033	29,92	4,06fx10²	1,033x10⁴
1 lb in⁻² =	68,95	6,895x10⁻²	51,71	6,895x10³	6,805x10⁻²	1	7,03x10⁻²	2,036	27,68	7,03x10²
1 kg cm⁻² =	9,807x10²	0,981	7,356x10²	9,807x10⁴	0,968	14,22	1	28,76	3,937x10²	10⁴
1 pulg Hg =	33,86	3,386x10⁻²	25,4	3,386x10³	3,342x10⁻²	0,491	3,45x10⁻²	1	13,6	3,45x10²
1 pulg H₂O =	2,491	2,491x10⁻³	1,868	2,491x10²	2,458x10⁻³	3,613x10⁻²	2,54x10⁻³	7,356x10⁻²	1	25,4
1 mm H₂O =	9,80x10⁻²	9,80x10⁻⁵	7,354x10⁻²	9,807	9,677x10⁻⁵	1,42x10⁻³	10⁻⁴	2,896x10⁻³	3,194x10⁻²	1

TEMPERATURA DE EBULLICIÓN DEL AGUA		PRESIÓN DE VAPOR ABSOLUTA				VACÍO INDICADO EN EL MANÓMETRO DE BAJA
°C	°F	Micrones [μ]	mm Hg [Torr]	Libras/pulg.² [psia]	Pulgadas de Hg	Pulgadas de Hg
100	212	760.000	760	14,696	29,92	0,00
96	205	635.000	635	12,279	25,00	5,00
90	194	525.526	526	10,162	20,69	9,81
80	176	355.092	355	6,866	13,98	16,02
70	158	233.680	234	4,519	9,20	20,80
60	140	149.352	149	2,888	5,88	24,12
55	122	92.456	92	1,788	3,64	26,36
40	104	55.118[1]	55	1,066	2,17	27,83
30	**86**	**35.560**	**36**	**0,614**	**1,25**	**28,75**
27	80	25.400	25	0,491	1,00	29,00
24	76	22.860	23	0,442	0,90	29,10
22	72	20.320	20	0,393	0,80	29,20
21	69	17.780	18	0,344	0,70	29,30
18	64	15.240	15	0,295	0,60	29,40
15	59	12.700	13	0,246	0,50	29,50
12	53	10.160	10	0,196	0,40	29,60
7	45	7.620	7,6	0,147	0,30	29,70
0	32	4.572	4,5	0,088	0,18	29,82
-6	21	2.540	2,5	0,049	0,10	29,90
-14	6	1.270	1,3	0,0245	0,05	29,95
-30	-24	254 [2]	0,25	0,0049	0,01	29,99
-37	-35	127	0,13	0,00245	0,005	29,995
-51	-60	25.4	0,03	0,00049	0,001	29,997
-57	-70	12.7	0,01	0,00024	0,0005	29,998
-68	-90	2.54	0,003	0,000049	0,0001	29,999

[1] Nivel de vacío que puede obtenerse empleando un compresor hermético.

[2] Nivel de vacío que debe alcanzarse para extraer el agua atrapada en el aceite y los materiales aislantes de un compresor hermético.

En **negrita**: lecturas en el vacuómetro y manómetro de baja que corresponden a los valores de vacío necesarios para que el agua comience a evaporarse, si la temperatura ambiente fuese la indicada. Es necesario obtener vacíos muy superiores (idealmente llegar al punto [2]) para extraer el agua atrapada, que es la que provoca problemas a nivel de reacciones químicas.

Procedimientos de evacuación a vacío profundo y triple evacuación

Se puede lograr una **buena deshidratación** en un sistema de refrigeración efectuando tres ciclos de evacuación sucesivos, tal como se describe a continuación:

Aplique vacío **simultáneamente a los lados de alta y baja presión del sistema de refrigeración** empleando un juego de manómetros, mangueras del mayor diámetro posible, y una **bomba de vacío en buenas condiciones y con el aceite en buen estado** hasta que el manómetro de baja del juego de manómetros indique una lectura que esté por debajo de **29,7 pulgadas de mercurio** (fondo de escala) [esto equivale a un rango entre 5 y 10 Torr]. [Ver escalas comparativas de Vacío en gráfica mostrada más arriba]. **Mantenga succionando la bomba un tiempo prudencial** (que dependerá de las dimensiones internas del sistema y de la capacidad de la bomba) y luego cierre la conexión del juego de manómetros a la manguera conectada a la bomba de vacío y abra la válvula de una manguera conectada desde el juego de manómetros (por ejemplo a través de una conexión "T" o "Y" ubicada entre el punto de conexión central del juego de manómetros y la manguera conectada a la bomba de vacío), al regulador de presión de un cilindro de nitrógeno seco, graduado a un valor del orden de 1 a 3 psig. Inyecte nitrógeno lentamente al sistema, haciendo que el nivel de vacío ascienda, hasta alcanzar una lectura de **cero** en el manómetro de baja; cierre la entrada de nitrógeno, deje reposar el sistema unos pocos minutos en estas condiciones y luego repita el procedimiento de succionar vacío e inyectar nitrógeno seco por segunda vez. Finalmente aplique nuevamente vacío, esta vez hasta alcanzar valores que estén entre 1000 micrones y vacío absoluto (por debajo de 1 Torr). [Nótese que 29 pulgadas de mercurio equivalen aproximadamente a 25 Torr].

Una vez alcanzado el mejor nivel de vacío que su bomba le permita, cierre la conexión del juego de manómetros a la bomba de vacío. En estas condiciones verifique a través de un **vacuómetro**, previamente conectado al sistema, que no se produzca la menor variación [ascendente] del nivel de vacío alcanzado, lo que de producirse estaría indicando la presencia de una fuga o mala conexión.

Este procedimiento de la triple evacuación extrae eficientemente humedad del sistema aprovechando la higroscopicidad del nitrógeno seco, [contenido de humedad en su forma comercial del orden de 5 ppm] el cual, al ingresar al sistema, se pone en contacto con las moléculas de vapor de agua que el ciclo de vacío precedente ha evaporado, extrayéndola del aceite, materiales aislantes y gases no condensables contenidos en el sistema, humedeciéndose el nitrógeno hasta su saturación (que depende de la temperatura), con este vapor de agua, que luego acompañará al nitrógeno, que es muy higroscópico, durante su extracción en el siguiente ciclo de evacuación.

Es de hacer notar que a través de la observación de la lectura de un vacuómetro conectado al sistema, puede detectarse la presencia de sustancias, tal como el agua, cuyo punto de evaporación se alcance durante el proceso de evacuación. Si en el sistema no hay fugas, la lectura de vacío desciende continuamente; cuando alcanza el nivel de vacío que corresponde a la temperatura de ebullición de una determinada sustancia, el descenso de la lectura de vacío se detiene, indicando que se está evaporando esa sustancia y mientras esto esté sucediendo tanto la temperatura como el nivel de vacío no variarán pues el calor latente de vaporización de esa sustancia consume la energía disponible. Al evaporarse toda la sustancia se reanudará el descenso del vacío hasta el valor que determine, o la calidad de la bomba en sí o la presión de vapor del aceite de vacío empleado en ella.

Si la extracción de vacío se mantiene durante un tiempo exageradamente largo, con una bomba de buena calidad, se corre el riesgo de comenzar a volatilizar algunos aditivos del lubricante cuyo punto de ebullición esté dentro del rango alcanzado por la bomba, o incluso algunas fracciones de mayor punto de ebullición de aceites minerales, desvirtuando algunas propiedades del lubricante, tal como la inhibición de formación de espumas por batido o ingreso de refrigerante líquido al compresor e incluso algún aditivo de mejoramiento de las propiedades lubricantes.

Debe utilizarse mangueras diseñadas para trabajar en vacío pues de no hacerlo así, las paredes de la manguera colapsarán cerrando el flujo de moléculas que se trasladan en el proceso de vacío.

No se debe pensar que una vez alcanzado un nivel de vacío bueno, se ha logrado el objetivo de extraer toda la humedad y gases no condensables del sistema. La extracción de toda la humedad y GNC requiere tiempo pues, aunque imperceptible, durante ese tiempo hay una migración de moléculas desde el sistema hacia la bomba de vacío. Cuando se alcanza el vacío esperado, lo que se logra es cambiar el estado de estas sustancias que deseamos extraer, pero hay que darles tiempo para el largo viaje que deben hacer las moléculas en fase vapor, a través del sistema, conexiones y mangueras hasta llegar a la bomba de vacío. Por supuesto, esto requiere experiencia pues de prolongarse este tiempo excesivamente comenzaremos, como ya dijimos más arriba, a extraer productos que no debemos pues forman parte del lubricante.

Importancia de la deshidratación de un sistema antes de cargarlo con refrigerante

La presencia de humedad es uno de los mayores problemas que se pueden presentar en un sistema de refrigeración. Puede introducirse al sistema a través de los tubos que hayan quedado destapados durante demasiado tiempo durante el proceso de instalación y seguramente habrá sido absorbida por los materiales aislantes del motor eléctrico o por el aceite refrigerante, antes, durante, o después de su carga si no se han tenido las debidas precauciones.

Los aceites sintéticos son notablemente más higroscópicos que los aceites minerales y por lo tanto se debe actuar con mucha cautela para garantizar que esta humedad sea extraída antes de cargar el refrigerante.

7 Herramientas y equipos de servicio

Cualquiera que sea el tipo de equipo de refrigeración que requiera servicio, las herramientas e instrumentos son los mismos. Los procedimientos son los que variarán, en función de la simplicidad o complejidad del equipo. Los procedimientos de recuperación y reciclaje, que han sido parte integral del mantenimiento de grandes equipos por razones económicas, ahora se incorporan como una obligación para cualquier equipo que emplea SAO, por razones ecológicas y legales, e implican la imperiosa necesidad de incorporar al equipamiento de los técnicos equipo de recuperación y cilindros para gases recuperados.

La seguridad en estas actividades debe ser considerada como una actividad prioritaria, tanto en el orden personal como en lo concerniente al equipo y al entorno, por lo cual siempre deben adoptarse medidas preventivas en todos estos órdenes, siguiendo las recomendaciones de las **Hojas de especificaciones de seguridad de materiales** "Material Safety Data Sheets" MSDS de los materiales y sustancias empleados en el proceso:

Elementos de protección personal: según sea el caso, deberá hacerse uso de lentes o antiparras de seguridad, guantes de material apropiado, ropa o protecciones contra salpicaduras de sustancias peligrosas, casco (en caso de trabajos en equipos industriales), máscaras de respiración asistida (en caso de trabajos efectuados en ambientes cerrados con sustancias cuyo MSDS así lo indique) y cualquier otra protección que se considere recomendable para minimizar los riesgos para el operario, sus ayudantes y otras personas en el entorno.

Elementos de prevención de ocurrencia de eventos que pongan en peligro al técnico, tal como bloqueo mecánico de interruptores principales (si existe la posibilidad) y señalizaciones visuales que instruyan a terceros sobre acciones que no deben llevarse a cabo mientras se está efectuando servicio a un equipo.

Empleo de instrumentos de medición y herramientas que garanticen la seguridad tanto para el técnico como para el equipo.

Herramientas de servicio

Instrumentos de medición

El servicio técnico de un equipo de refrigeración debe iniciarse por un diagnóstico correcto, el cual depende del uso de instrumentos que permitan medir las condiciones de trabajo encontradas, y a partir de las lecturas obtenidas, aplicando los conocimientos teóricos sobre las propiedades del refrigerante, especificaciones de los componentes y las condiciones de trabajo óptimas para ese equipo, tomar las medidas correctivas, empleando las herramientas apropiadas.

Los principales instrumentos de medición son:

Juego de manómetros: este instrumento consiste en un par de manómetros, normalmente del tipo "Bourdon" - aunque ya existen versiones digitales programadas que, además de proveernos lecturas de presión, nos indican las temperaturas correspondientes para distintos gases y guardan en memoria lecturas para posteriores comparaciones. Adicionalmente se pueden seleccionar las unidades de medida en que se desea hacer la lectura.

El juego de manómetros tradicional cuenta con dos instrumentos, dos válvulas y tres conexiones; las dos válvulas abren o cierran permitiendo que las tres conexiones se intercomuniquen entre sí. Los dos instrumentos, uno, combinado o "compound" donde se puede leer desde vacío absoluto (con baja precisión) hasta valores relativamente bajos de presión, suficientes para las presiones que se encuentran en el lado de baja del sistema y el otro instrumento cuya escala cubre el rango de presiones que se encuentran en el lado de alta del sistema. Las escalas de presiones son complementadas con escalas correspondientes de temperatura para una determinada familia de refrigerantes. Se debe tener la precaución de emplear el juego de manómetros de acuerdo al gas del sistema, previniendo el riesgo de que la presión del sistema para algunos gases sea más alta de lo que indica el tope de escala del instrumento y que dañar el mecanismo, o perforar el tubo de "Bourdon" con la consiguiente fuga de gas. (El refrigerante R410, particularmente, produce presiones altas en los sistemas y requiere el uso de manómetros especiales).

Existen otros juegos de manómetros: de cuatro válvulas; de cuatro conexiones, etc., pero su uso no

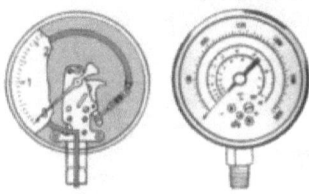

Manómetros.

está muy difundido en nuestro mercado. Estos instrumentos simplifican las maniobras de recuperación, evacuación y carga de un sistema.

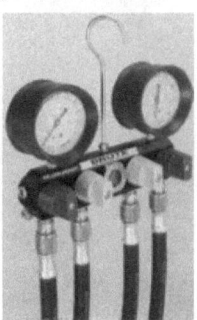

Manómetro de 4 válvulas.

CAPÍTULO V: SISTEMA DE REFRIGERACIÓN

Pinza amperométrica y multímetro: ambos instrumentos de medición de parámetros eléctricos. Necesarios para medir tensiones entre diversos puntos de un circuito, valores de resistencia óhmica y la corriente que circula en un conductor. Existen versiones analógicas y digitales y es importante familiarizarse con sus características de precisión, repetitividad, tolerancia, etc., particularmente si van a ser empleados en mediciones de circuitos de control con componentes de estado sólido, puesto que un instrumento que puede ser considerado aceptable para mediciones en controles electromecánicos donde las tensiones de control son más altas, puede no ser preciso en circuitos digitales.

Pinza amperométrica y multímetro.

Termómetros

La refrigeración es una técnica cuyos valores fundamentales son temperaturas. No debemos evaluar resultados en refrigeración basándonos en sensaciones táctiles o visuales. El instrumento necesario es el termómetro y debe ser considerado imprescindible para cualquier servicio. Existen termómetros analógicos y digitales y de diversos rangos de temperatura. En refrigeración se emplean termómetros con rangos desde temperaturas de congelación hasta temperaturas de condensación y más, necesarios para medir temperaturas de descarga.

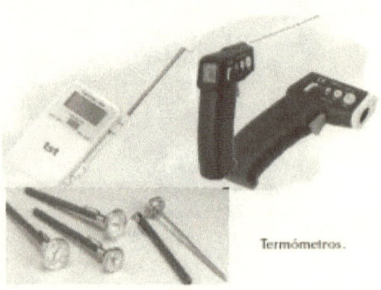

Termómetros.

Vacuómetro

La necesidad de alcanzar vacíos altos (en el orden de los 200μ o más) implica tener la posibilidad de medir estos valores, que no son apreciables en la escala de un manómetro "compound" de "Bourdon". Para ello es necesario emplear un vacuómetro, ya sea analógico o digital. Los vacuómetros digitales son los preferidos pues, a diferencia de los analógicos, basados en mecanismos; no son afectados por presiones positivas; por lo cual son ideales para su empleo en circuitos de refrigeración.

Vacuómetros.

Balanza de precisión

Al efectuar procesos de recuperación y carga de refrigerantes, se hace imprescindible el empleo de balanzas que permitan apreciar la mínima tolerancia admisible en una carga a un equipo determinado; por supuesto esto variará enormemente entre una nevera doméstica y un chiller industrial y la balanza debe ser la adecuada para cada caso. Además, la balanza debe ser capaz de soportar el peso bruto del cilindro contenedor de refrigerante, antes de comenzar a utilizarlo. Existen balanzas de accionamiento mecánico o electrónico, siendo estas últimas las preferidas por su confiabilidad, repetitividad y precisión. Versiones especialmente diseñadas permiten programar anticipadamente la carga deseada y otras disponen de un interruptor de seguridad que detiene equipo de recuperación ante una señal proveniente de un cilindro de recuperación indicando que este está lleno hasta su límite de seguridad (80% del total). Esta característica es altamente recomendable desde el punto de vista de seguridad del técnico, de la ecología y del equipo.

Balanza electrónica.

Detector electrónico de fugas

Este instrumento permite localizar en el aire ambiental la presencia de moléculas de cloro, o flúor o hidrocarburos o amoníaco u otros gases; no son universales y es necesario utilizar uno específico para cada tipo de refrigerante. Son instrumentos muy sensibles, capaces de detectar concentraciones en el orden de decenas de ppm con tolerancias del orden de ± 5 ppm. Por lo mismo, es necesario emplearlos en ambientes donde no existan otras fuentes de contaminación, aparte de la fuente de fuga, para evitar falsas advertencias.

Detector electrónico de fugas.

En servicios a equipos industriales es necesario emplear otros instrumentos para medir condiciones de trabajo particulares, tales como: termocuplas, manómetros para medición de presión de lubricación, sensores de vibraciones en rodamientos, etc.

Analizador de gases refrigerantes

El analizador de gases refrigerantes es una unidad portátil, en principio un cromatógrafo gaseoso simplificado, diseñado para reaccionar solo a la presencia de determinadas sustancias. Permite discriminar entre diversos tipos de gases y establece el resto cuya formulación no está incluida en el programa, como % de contaminantes.

Analizador de gases refrigerantes de maleta.

Herramientas manuales

Luego que se ha efectuado el diagnóstico de un sistema, se han registrado los valores de las condiciones de trabajo encontradas, si se ha detectado alguna situación que amerite corrección, surge la necesidad de prestar el servicio pertinente, lo cual requiere el uso de herramientas de buena calidad y en buenas condiciones. Entre ellas podemos mencionar:

- Calibrador de capilares.
- Alicates:
  - de electricista.
  - tipo "Pico de loro".
  - de corte.
  - de presión.
  - cortador de capilares.
  - de presión con perforador de tubería de cobre (llamado "de pinchar").
  - de presión con mordazas conformadas para obturar por compresión tubería de cobre.
  - Llaves de servicio con mecanismo de trinquete "ratchet".

  - Dados cuadrados medidas varias.
  - Dados hexagonales, medidas varias.
- Llave de boca ajustable.
- Juego de llaves combinadas (boca - hexagonal o dodecagonal)
  - En milímetros.
  - En pulgadas.
- Juego de llaves "allen".
  - En milímetros.
  - En pulgadas.
- Juego de destornilladores:
  - Punta plana.
  - Punta "Phillips".
- Espejo de inspección.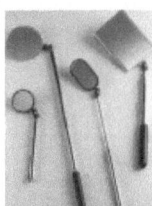

CAPÍTULO V: SISTEMA DE REFRIGERACIÓN

- Lámpara de luz ultravioleta [UV] para detección de fugas.

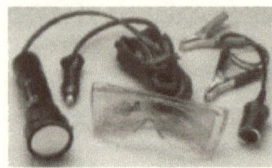

- Inyector dosificador de lubricante o líquido fluorescente.
  - Jeringa desechable
  - Reusable calibrado.

- Llave torquimétrica para determinar torque de apriete de uniones roscadas críticas.
- Peines para limpieza y enderezado de aletas de evaporadores y condensadores.
- Cortadores de tubos de cobre:
  - Mini - Para tubos desde 1/8" hasta 7/8".
  - Normal - Para tubos desde 1/4" hasta 1 5/8".
- Desrebabador de bordes en tubos de cobre.

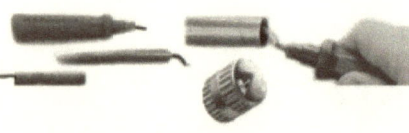

- Doblador de tubos de cobre:
  - A palanca.

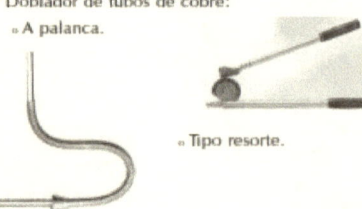

  - Tipo resorte.

- Abocardador [conformador de extremos de tubería de cobre [1/8" a 3/4"] para conexión tipo "flare - 45°".]

- Expansor de tubería de cobre.
- Martillo de 6 ~ 10 onzas.
- Varillas de soldadura de plata al 5%.
- Fundente en pasta.
- Líquido fluorescente [aprobado] como aditivo para detección de fugas.
- Aceite para bomba de vacío.
- Aceite para sistemas de refrigeración.
  - Mineral.
  - Alquilbenceno.
  - POE [Poliolester].
  - PAG [Polialquilglicol].

Equipo especializado

Además de las herramientas mencionadas, que se emplearán de acuerdo a la magnitud del servicio necesario y el tipo de equipo, es necesario contar con equipo especializado para diversos procesos, a saber:

Bomba de vacío.

La bomba de vacío debe tener las siguientes características:

- Poseer un sistema rotativo de paletas con dos etapas en cascada.

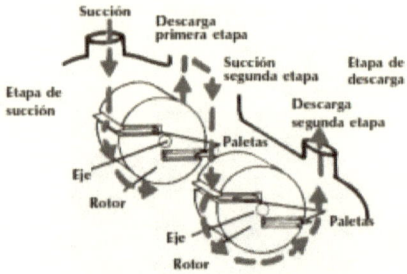

Ciclo de bomba de vacío de dos etapas.

- Debe alcanzar un vacío de al menos 15 μ. (cuando se mide con el vacuómetro conectado directamente al conector de succión de la bomba - ¡no mediante una manguera!).
- Capacidad volumétrica acorde con las dimensiones del equipo a evacuar (para evacuar equipos domésticos es suficiente comenzar con 2 cfm [pies cúbicos por minuto] ~ 57 lt/min).

- Capacidad de aceite suficiente para diluir los contaminantes gaseosos extraídos del sistema sin pérdida de eficiencia.
- Válvula de purga "balast", para extraer los gases diluidos en el aceite de la bomba provenientes de la extracción de los sistemas en que se ha conectado.

- Motor de alto par de arranque [HST - High Starting Torque] para arranque en cualquier condición de carga.
- Mecanismo antirreversa; para impedir que se devuelva el rotor si se detiene el motor.
- Construcción robusta para soportar trabajo pesado.
- Liviana.

Bombas de vacío.

Debe reemplazarse el aceite cuando, después de purgarlo con balasto abierto, no alcance el nivel de vacío deseado (medido directamente en el conector de succión de la bomba).

Equipo de recuperación de refrigerante

El equipo de recuperación de refrigerante se ha convertido en una herramienta imprescindible de todo taller que preste servicio a equipos de refrigeración y aire acondicionado pues a partir de la publicación del Decreto 3.228 es obligatorio recuperar todo refrigerante que afecte la capa de ozono. Consisten básicamente en una unidad condensadora, equipada con un compresor, hermético o libre de aceite, ventilador/es de gran caudal y filtros para atrapar impurezas a la entrada de la unidad. Por razones de seguridad es conveniente que disponga de un circuito que interrumpa el funcionamiento del equipo cuando el sensor de llenado del cilindro de recuperación indica que ha alcanzado el límite máximo de llenado seguro.

Cilindros de recuperación de refrigerantes

Los cilindros de recuperación de refrigerante deberán ser del tipo reutilizable, y preferiblemente deberán contar con sensor de límite de llenado para evitar que se sobrepase el límite de seguridad inadvertidamente. Deberán ser claramente identificados mediante etiquetas con toda la información necesaria para su posterior reconocimiento.

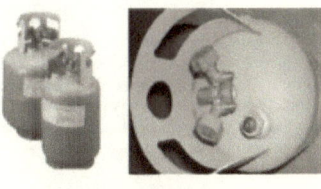

Equipos de recuperación de refrigerantes.

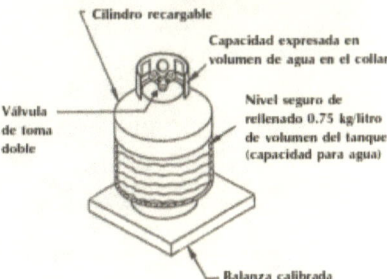

Bombonas para recuperación de refrigerantes.

**CAPÍTULO V:
SISTEMA DE
REFRIGERACIÓN**

Equipo para soldar

De acuerdo al tipo de trabajo a efectuar, se puede emplear una bombona de gas butano o un equipo oxiacetilénico.

Cilindro de nitrógeno

El cilindro de nitrógeno es un elemento que debe pasar a formar parte del equipamiento básico de cada taller de refrigeración, debido a su gran utilidad para efectuar limpieza interna de equipos, impedir la acción oxidante del trabajo de soldadura en las tuberías soplándolo a bajo presión y caudal por

Equipos de soldar.

Cilindros de nitrógeno

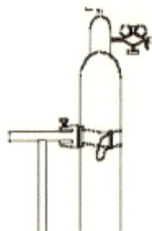
Ejemplo de fijación.

el interior del tubo que se está soldando y deshidratado de equipos. Su manejo requiere precauciones particulares debido principalmente a que el contenido se encuentra a muy alta presión [2000 psig]. Se debe utilizar solo a través de un regulador de presión diseñado para operar con este gas (existen reguladores para oxígeno, anhídrido carbónico y otros gases, pero no son compatibles). Durante su permanencia en el taller y su transporte debe estar firmemente asegurado para prevenir que una caída pueda dañar la válvula desprendiéndola, lo que causaría que el cilindro salga propulsado por la presión del gas a alta presión en su interior. Los cilindros de nitrógeno se identifican con el color verde oscuro.

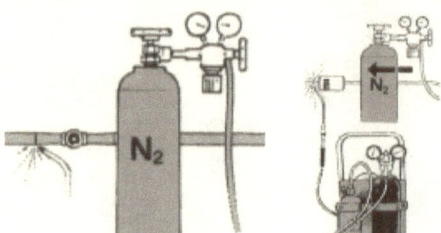
Nitrógeno empleado dentro de tubería para evitar oxidación durante soldadura.

CAPÍTULO VI:
CONSIDERACIONES SOBRE LA INSTALACIÓN
Y MANTENIMIENTO DE SISTEMAS

CAPÍTULO VI
CONSIDERACIONES SOBRE LA INSTALACIÓN Y MANTENIMIENTO DE SISTEMAS

1 Instalación de sistemas

El **fabricante** ha diseñado y construido el equipo siguiendo, en general, los principios fundamentales de ingeniería y, en particular, de refrigeración; en cuanto al dimensionamiento del circuito, selección y empleo de componentes apropiados y de calidad; y adicionalmente, se hayan incorporado al cálculo los factores de seguridad que requieran las aplicaciones y situaciones en que se utilizará el equipo. Los equipos son inicialmente diseñados para un determinado fluido refrigerante cuyos parámetros tales como temperaturas y presiones críticas determinan cuáles componentes han sido incorporados al sistema.

El técnico de servicio debe atender las especificaciones de diseño para la toma de decisiones y tener cuidado al introducir cambios, ya sea en el fluido refrigerante o en los componentes mecánicos que conforman el sistema, de no violar los límites del diseño.

En el caso de equipos de instalación simple, es responsabilidad del **propietario**, estar pendiente en instalar la unidad correctamente, acompañado de su correspondiente manual de instalación y certificado de garantía.

Si se trata de una instalación de refrigeración compleja (aire acondicionado central, equipo de refrigeración comercial o industrial), cuya complejidad de instalación requiere la intervención de un técnico, es responsabilidad del **propietario**, contratar los servicios de una empresa competente que garantice una instalación adecuada de los elementos mecánicos del sistema en general.

El propietario debe evitar en todo momento la contratación de técnicos en refrigeración que no tengan el soporte de conocimiento adecuado tanto en el ámbito ambiental como profesional.

IMPORTANTE: los equipos de refrigeración son sumamente susceptibles a diversas influencias del entorno: particularmente la alimentación eléctrica, la temperatura ambiente y las condiciones de contaminación del aire que le sirve de medio de intercambio de calor. En este sentido, **las deficiencias en estos tres factores son las mayores causas de fallas de equipos** y por consiguiente el **diagnóstico preventivo** de la calidad de estos parámetros es clave para un buen funcionamiento de los sistemas.

Los técnicos instaladores y los técnicos de servicio deben estar pendientes de **observar** estos parámetros y dar las recomendaciones pertinentes a los usuarios cuando observen alguna deficiencia en estas condiciones de trabajo para que se tomen las medidas correctivas o preventivas que pueden consistir en instalar un regulador o estabilizador de voltaje, incrementar la frecuencia de limpieza del condensador, ubicar el artefacto en lugares donde las temperaturas sean menores o en sitios donde haya mejor circulación de aire, para mencionar solo algunas de ellas.

Después de haber realizado una instalación adecuada al diseño del equipo o sistema, el usuario debe asegurarse de darle el uso que corresponda (según el diseño), y de darle el cuidado y mantenimiento preventivo adecuados, para que la unidad alcance o supere la vida media esperada.

2 Inspección periódica y mantenimiento preventivo

Una vez instalado el equipo y verificadas las condiciones normales de operación, cualquier variación en estas puede ser indicio del comienzo de una condición de falla. Mientras más temprano se detecte una condición de operación que no responda al funcionamiento normal, es más probable hacer una reparación de menor costo y menos invasiva, que no necesite extraer el refrigerante del sistema.

Es menos costoso:

- limpiar periódicamente el condensador (y en general todo el compartimiento donde se ubican el compresor y sus accesorios y en algunos casos el condensador),
- eliminar el hielo adherido a las paredes del evaporador, sin emplear objetos punzopenetrantes,
- cambiar empacaduras de puertas en mal estado,
- observar que el compresor arranque y pare a intervalos regulares de cierta duración y no en intervalos cortos (síntoma de operación por actuación del protector termo-amperométrico),
- revisar que la temperatura de conservación o congelación se alcance con el termostato de control puesto en posiciones intermedias (nunca en el extremo superior),
- otros aspectos de cuidado regular del equipo, que esperar hasta que la situación irregular provoque finalmente la falla del compresor e

irremediablemente la necesidad de su sustitución con la consiguiente obligación de recuperar el gas que (en caso de motor quemado), no podrá ser ni siquiera regenerado y deberá ser destruido.

Considerando que un sistema de refrigeración esta diseñado para operar bien durante un largo periodo de tiempo, el cual, oscila entre 5 años para pequeñas unidades comerciales de uso intensivo y a más de 30 años para grandes unidades de refrigeración industrial (y en ocasiones mucho más tiempo), hay que tomar en cuenta la importancia que tiene un programa de mantenimiento preventivo y la revisión permanente de las condiciones de trabajo del equipo, observando variaciones de estas que pudiesen indicar una situación que derive en una falla a corto, mediano o largo plazo.

Las personas responsables del cuidado y mantenimiento del equipo deben estar preparadas para determinar, a partir del seguimiento del desempeño normal, cuándo algún parámetro esté presentando desviaciones que hagan sospechar que un componente del sistema esté presentando funcionamiento irregular.

En tal caso, corresponderá sustituir este dispositivo una vez confirmado el diagnóstico preliminar, a fin de evitar que su accionamiento fuera de los parámetros de diseño provoque daños consecuentes a otros componentes de mayor costo, cuya reparación o sustitución represente no solo costos mayores sino también la necesidad de realizar reparaciones que requieran extraer el gas del sistema, con la secuela de riesgos que ello implica de fugas de este a la atmósfera. **Mientras antes se lleve a cabo un diagnóstico acertado de una falla menor, mucho más efectiva será la reparación que deba efectuarse.**

3 Diagnóstico efectivo de fallas

Cuando un sistema se daña, bien sea porque se quema el bobinado del motor del compresor o por cualquier otra causa es necesario e importante efectuar un diagnóstico que permita determinar cuál fue la **causa primitiva** que provocó el daño al compresor o a cualquiera de los elementos que conforman el sistema.

Existe una gran variedad de causas que pudieron originar el desperfecto, es posible que la causa haya sido externa (alimentación eléctrica deficiente) o interna (componente auxiliar o de control del sistema de refrigeración defectuoso); o carga de gas incorrecta, por exceso o por defecto; empleo de técnicas de limpieza y evacuación del sistema incorrectas; incompatibilidad de lubricante-refrigerante, entre otras, es muy importante conocer el origen de la falla y corregirla (descartando que no haya sido falla interna del propio compresor) antes de sustituirlo; de otra manera, tarde o temprano la falla se repetirá.

Cada fabricante de compresores ha publicado guías de diagnóstico de defectos en sistemas de refrigeración (ver ejemplos de tablas de diagnóstico causa - efecto para diversos casos [capítulo V] y en general, todas ellas coinciden en las mismas situaciones y decisiones correspondientes. Es responsabilidad del técnico aplicar esos criterios sugeridos por cada refrigerante en la solución de problemas en el ejercicio de su trabajo.

4 Fugas

4.1 Tipos de fugas

Hay algunas excepciones en la consideración de lo que denominamos fugas que debemos conocer.

La excepción más conocida, por su frecuencia es la que denominamos "De minimis", que significa simplemente el refrigerante que se fuga durante actos humanos de buena fe (sin mala intención), durante la recuperación, reciclaje o disposición de refrigerante.

Las otras excepciones son:

- Refrigerantes que son emitidos durante el curso de operación normal de un equipo de refrigeración atribuible a pérdidas por sellos, poros en mangueras, y en general fugas de muy baja intensidad y difícil detección (sin embargo, la reparación de toda fuga detectable es obligatoria).
- Mezclas de nitrógeno con vestigios de R22 que son empleadas como gases para detección de fugas.
- Pequeñas liberaciones de refrigerante como resultado del purgado de mangueras o durante la desconexión de estas después de una carga o servicio a un equipo.

Dicho lo anterior, se puede clasificar las fugas de refrigerantes en cuatro tipos. Estos son:

a. **Fuga accidental catastrófica:** cuando una falla mecánica (por ejemplo la ruptura accidental de una tubería) causa la pérdida total, o una cantidad significativa, de la carga de refrigerante de un sistema. Como consecuencia de esto el equipo detendrá su funcionamiento inmediatamente. Son muy difíciles de eliminar pues en su gran mayoría son producidas por accidentes tales como colisiones o golpes provenientes de objetos externos u otras causas de difícil prevención.

b. **Fuga accidental gradual:** cuando una fuga lenta se produce, por ejemplo como consecuencia de un sello mecánico defectuoso. Este tipo de fuga puede pasar desapercibida por largo tiempo pues el equipo seguirá funcionando hasta que la pérdida de carga sea detectada debido al accionamiento de algún dispositivo de protección o a la disminución de rendimiento del equipo. Su prevención dependerá de un buen programa de mantenimiento preventivo.
c. **Descarga de refrigerante en ocasión de un servicio:** cuando una cantidad de refrigerante es liberado a la atmósfera por un técnico de servicio para desarrollar algún procedimiento en el equipo. Este tipo de fuga es evitable y por lo tanto inaceptable. Los técnicos deben aprender los procedimientos necesarios para evitarlas.
d. **Descarga de refrigerante en sistemas con dispositivos de purga de aire:** cuando un dispositivo automáticamente descarga una mezcla de aire/refrigerante a la atmósfera. Un buen programa de revisión y registro periódico de los parámetros de funcionamiento del equipo puede ser de gran ayuda para prevenir estos eventos.

4.2 Métodos de localización de fugas

- Es esencial una **exhaustiva búsqueda de fugas** empleando un dispositivo adecuado. **Cargar un sistema si se sospecha la presencia de una fuga es una violación del Artículo 32 del Decreto N° 3.228.**
- Lámparas detectoras de halógenos y detectores electrónicos de cloro no sirven con refrigerantes HFC. En estos casos deben usarse detectores de Fluor.
- Puede emplearse una solución espumosa de jabón con buenos resultados en la mayoría de los casos, teniendo la precaución de no emplear este método en la zona de baja temperatura del sistema donde el agua pueda congelarse sobre la superficie fría.
- No debe olvidarse verificar que no queden fugas en los puntos de conexión al sistema cada vez que se desenrosquen los conectores de las mangueras con que se haya estado prestando servicio.
- Recuerde que los gases refrigerantes son más pesados que el aire y por lo tanto, cuando busque fugas en un sistema comience por la parte superior de este.

Busque fugas y si las hubiere tome las medidas correctivas apropiadas.

4.3 Verificación de la estanqueidad de un sistema sin usar refrigerante puro

Al efectuar una prueba de estanqueidad con nitrógeno debe tomarse en cuenta tanto la presión como la temperatura ambiente puesto que si se comprueba que la presión decae sin que se haya producido un descenso de la temperatura, esto debe interpretarse como la confirmación de la presencia de una fuga, la cual debe ser localizada obligatoriamente y reparada antes de introducir la carga de refrigerante. Una vez que se ha verificado lo anterior, es necesario ubicar los puntos donde se encuentran las fugas.

- **Empleo de nitrógeno puro y solución jabonosa.**

  El método más sencillo para ubicar las fugas de gas es mediante el empleo de una solución jabonosa espumante. Para ello se presuriza el sistema con nitrógeno a niveles de presión 10% por encima de la presión de trabajo del sistema para que el gas fugado por la avería pueda ser detectado visualmente con la solución jabonosa. Existen productos Químicos diseñados para esta tarea que presentan una mayor tensión superficial que la mezcla de agua y jabón convencional, lo cual ayuda en la detección más confiable de fugas.

- **Empleo de carga residual de un sistema que ha perdido parte de su carga por fuga, suplementada con nitrógeno.**

  En un sistema que ha sufrido una fuga considerable pero no total, se puede emplear la presión residual de refrigerante, siempre que esta esté aún por encima de 5 psig (aproximadamente). Antes de recuperar el gas restante se aumenta la presión interna con nitrógeno hasta la presión de prueba especificada, que normalmente es de 120 psig. (8 bar). Esta mezcla contiene suficiente cantidad de refrigerante para detectar fugas empleando una lámpara de haluro o un detector electrónico. Este método tiene la desventaja de que es prácticamente imposible recuperar esta cantidad de refrigerante que terminará siendo descargado a través de la bomba de vacío empleada para evacuar el sistema antes de la carga.

- **Lámpara detectora de halógeno**

    Consiste en un pequeño tanque portátil de propano, una manguera de inspección y un quemador que contiene un elemento de cobre. El gas alimenta una pequeña llama en el quemador, la cual aspira el aire necesario para la combustión a través de una manguera, que se emplea para husmear en la zona de sospecha. Cuando la manguera pasa cerca de una fuga, el refrigerante proveniente de esta se mezcla con el aire aspirado y llega al quemador. Pequeñas cantidades de refrigerantes arden en presencia de cobre con color verde brillante. Cantidades mayores arden con color violeta. El operador deberá estar entrenado para interpretar colorimétricamente la llama, la cual debe observar mientras mueve la manguera husmeando por todo el sistema. Su sensibilidad es relativamente baja [menos de 10 gr/año], requieren de un operador hábil, son de manejo relativamente incómodo comparadas con los nuevos métodos y por ello está cayendo en desuso.

    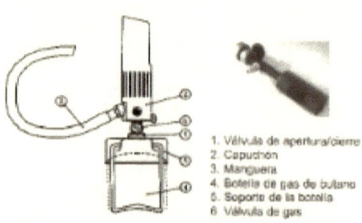

    Lámpara detectora de halógenos.

    1. Válvula de apertura/cierre
    2. Capuchón
    3. Manguera
    4. Botella de gas de butano
    5. Soporte de la botella
    6. Válvula de gas

- **Detección electrónica**

    Entre los recursos tecnológicos disponibles se está popularizando el empleo de detectores electrónicos de fugas, con una sensibilidad apreciable [mejor que 10 gr/año], que operan con distintos principios activos: efecto corona, sensor electroquímico calentado, diodo de cátodo frío y sensor de bomba de iones, siendo cuatro de los más comerciales. Los sensores tienen una vida útil limitada y deben ser reemplazados periódicamente. Son muy prácticas y su uso se está popularizando. Su desventaja consiste en que deben emplearse en zonas de baja contaminación ambiental pues pueden ser afectadas por diversas sustancias presentes en el aire, produciendo alarmas espurias, por lo que es aconsejable confirmar las alarmas de estos instrumentos por otros métodos tradicionales para localizar con precisión el lugar, tal como la espuma jabonosa.

Detector electrónico de fugas.

Detección por inyección de sustancia fluorescente a la luz UV

Otro de los recursos tecnológicos que se han incorporado al uso cotidiano consiste en la inyección en el sistema de refrigeración de una sustancia fluorescente inerte. Este producto circula en el sistema y en el sitio en que se produzca una fuga se filtra al exterior mezclado con el aceite y el gas que escapan y se puede observar su presencia cuando se ilumina con una luz UV. Debido a su compatibilidad con los fluidos empleados en sistemas de refrigeración y su estabilidad química frente a los materiales que componen un sistema de refrigeración, se puede incorporar este producto en un sistema en el momento de la carga inicial y luego, durante las inspecciones periódicas del sistema, se pueden detectar con facilidad, visualmente, fugas cuando estas son aún menores, aún no detectables por los instrumentos como reducción en las presiones de trabajo o incremento en los tiempo de marcha del compresor.

5 Sustitución de componentes

Cuando se sustituyen componentes, debe asegurarse que el sustituto sea exactamente igual al sustituido, en lo que respecta a prestaciones; y de similar o mejor calidad. Si no se consigue uno que reúna estos requisitos, se deben analizar las consecuencias de aceptar las desviaciones y si eso implica el riesgo de que esta decisión no sea totalmente segura o satisfactoria, y si la necesidad de que el equipo reanude su funcionamiento lo antes posible, quizás sea necesario emplear este componente solo temporalmente para que el usuario pueda seguir utilizando el equipo, pero se debe corregir el sistema a especificaciones originales tan pronto se consiga el componente que sí responda a las solicitaciones de diseño.

CAPÍTULO VI:
CONSIDERACIONES SOBRE LA INSTALACIÓN Y MANTENIMIENTO DE SISTEMAS

Esto es de particular importancia cuando se trata de elementos de protección térmica o termo-amperométricas y de dispositivos de arranque. En muchos casos se emplean sustitutos genéricos o aproximados que no garantizan protección en todos los casos de funcionamiento del sistema de refrigeración en condiciones extremas de aplicación, como se explicó en el Capítulo IV.

5.1 Compresor

Si es necesario sustituir el compresor, surge la necesidad de decidir entre dos alternativas:

1) **Sustituir por otro idéntico:**
   a) que funcione con el **mismo gas**, o
   b) que funcione con un refrigerante sustituto de los llamados "drop in" (que pueden ser utilizados sin cambiar el tipo de lubricante).

2) **Emplear un compresor diseñado para que funcione con un** gas refrigerante sustituto, incompatible con el lubricante del compresor original, en cuyo caso se deberá efectuar un "retrofit", que implica hacer ajustes a algunos componentes, sustitución de otros y efectuar una limpieza interna del sistema para eliminar el lubricante no compatible hasta los límites exigidos por el fabricante del compresor que se vaya a emplear.

La mejor solución es aquella que se basa en un diagnóstico acertado, solucione la causa primitiva de la falla del sistema y sea más simple y efectiva, dando como consecuencia una mayor vida útil de la instalación con la menor necesidad de efectuar servicios de reparación futuros.

5.2 Ajuste del sistema a las nuevas condiciones de trabajo

Después de haber modificado de alguna manera un sistema de refrigeración, por empleo de un refrigerante distinto al de diseño original del sistema, es preciso verificar si es necesario ajustar el dispositivo de expansión, cuya calibración es crítica para asegurar que el equipo opere equilibradamente en todas las condiciones de trabajo del sistema. Ya sea tubo capilar o válvula termostática, se debe observar cómo opera el equipo en todas las situaciones de carga para verificar que el equilibrio se mantenga.

Asimismo debe observarse que la carga de nuevo refrigerante calculada sea la correcta para todas las condiciones de trabajo, puesto que ya la cantidad prevista de refrigerante mostrada en la placa del sistema no tendrá validez. Debido a que las propiedades físicas, tales como presiones y temperaturas críticas de las diversas sustancias puras y mezclas desarrolladas para sustituir refrigerantes SAO, no son idénticas a las de los refrigerantes sustituidos, deberá verificarse que las nuevas condiciones de trabajo no estén produciendo temperaturas o presiones que generen situaciones de riesgo en la instalación.

CAPÍTULO VII RECUPERACIÓN, RECICLAJE Y REGENERACIÓN

1 Definiciones

1.1 Proceso de recuperación

Proceso que consiste en retirar un refrigerante de un sistema de refrigeración y depositarlo en un recipiente externo sin necesariamente probarlo o someterlo a tratamiento alguno.

1.2 Proceso de reciclado

Proceso que se define como la acción para reducir los contaminantes en un refrigerante usado, separando el aceite, así como los no condensables, utilizando dispositivos que eliminan la humedad, la acidez y las partículas suspendidas.

1.3 Proceso de regeneración

Se conoce como la acción de reprocesar el refrigerante recuperado hasta las especificaciones de un producto nuevo por medios que pueden incluir la destilación. Este proceso requiere análisis químicos del refrigerante luego de procesado, para determinar que cumple con las especificaciones apropiadas del producto según los estándares respectivos.

Por la naturaleza del proceso, siempre esta vinculado al uso de procesos o procedimientos, disponibles solamente en instalaciones o plantas que tienen instalaciones especializadas en el procesamiento de gases refrigerantes.

2 Equipos y herramientas necesarias para la recuperación

2.1 Maquinas recuperadoras o recicladoras

Muchas compañías han desarrollado equipos capaces de recuperar o reciclar gases refrigerantes, los diseños van desde equipos sencillos de muy poco peso (portátiles) y de bajo consumo de energía, capaces solamente de recuperar, hasta equipos de alta capacidad capaces de recuperar, reciclar y cargar nuevamente los sistemas de refrigeración.

Las máquinas de recuperación o reciclado vienen en varias formas y tamaños pero los tipos más comunes emplean un pequeño compresor reciprocante como una bomba de vapor. Adicionalmente existen equipos que operan con compresores libres de aceite y bomba de desplazamiento positivo de accionamiento neumático. Es importante conocer las características específicas de la máquina que se está empleando pues, dada la amplia variedad de modelos que van desde las más simples a unidades muy sofisticadas, las prestaciones varían y estas determinan cómo se puede utilizar esa máquina en particular. El desconocimiento de esta información puede llevar a su uso incorrecto y daño o destrucción.

2.2 Cilindros recargables para recuperar

El contar con cilindros adecuados para la recuperación es indispensable, ya que con ello se asegura un mejor control de la recuperación y un manejo seguro del refrigerante. Los cilindros de recuperación en general son cilindros de media presión calibrados para soportar una presión de aproximadamente 300 libras/plg3.

Los **cilindros de recuperación** se identifican por la banda amarilla pintada en la sección superior de estos, por lo cual se los conoce como "cilindros tope amarillo". Estos son entregados al usuario por primera vez totalmente deshidratados y al vacío; por lo tanto, cuando se los emplea por primera vez es de suma importancia que se los designe con una etiqueta permanente que indique claramente el refrigerante recuperado en él a fin de evitar que se produzcan inadvertidamente mezclas. Mantenga una ficha que indique la cantidad y condición del refrigerante recuperado en ese cilindro que le permita llenar posteriormente los formularios de reporte que sean necesarios para el control posterior de refrigerante recuperado.

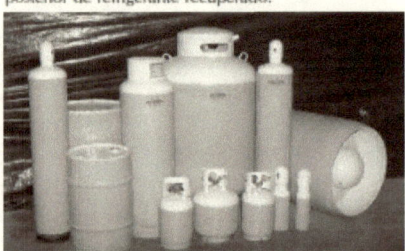

Cilindros de recuperación de refrigerantes.

2.3 Otros equipos y herramientas

- Válvulas o herramientas para perforar (válvulas pinchadoras).
- Juego de manómetros con su respectivo Manifold (dos válvulas-tres vías, como mínimo)
- Implemento de seguridad: Lentes y guantes de protección.

3 Identificación y pruebas de contaminación de los refrigerantes comunes

Siempre ha sido necesario saber qué refrigerante es el empleado en un sistema a fin de no cometer errores en el servicio. Con la exigencia actual de recuperación, este conocimiento se ha convertido en indispensable.

El refrigerante recuperado puede ser reutilizado si está libre de contaminantes o si puede ser reciclado o regenerado hasta alcanzar valores de pureza aceptables.

Nota: El empleo de gases recuperados en sistemas nuevos puede violar las condiciones de la garantía de éste.

Los procedimientos de reciclaje o regeneración son solamente aplicables a sustancias puras.

3.1 Métodos para identificar el tipo de refrigerantes en sistemas

Los refrigerantes se pueden identificar de la siguiente manera:

- Sello estampado en la placa de la máquina o el cilindro.
- El tipo de válvula de expansión [TEV] empleado cuando sea específico para un tipo de refrigerante.
- La presión de equilibrio para la temperatura.
- Etiquetas fijadas por el técnico responsable de un cambio de refrigerante "retrofitting" en un servicio anterior.

3.2 Métodos de prueba de campo para refrigerante y aceite

Existen kits que miden el nivel de acidez en muestras de aceite de compresores y la presencia de ácido/humedad en muestras de vapor de refrigerante en un sistema. También se emplean visores de líquido con sensores de acidez/humedad que permiten evaluar la condición del fluido en el sistema y decidir sobre las alternativas de usar o descartar. Los fabricantes de equipos y compresores establecen los límites de contaminantes que un refrigerante puede contener para ser utilizado sin riesgo para el equipo.

4 Métodos de recuperación de refrigerantes en sistemas

El método para recuperar refrigerante depende de varios factores, pero principalmente se considera como importante el estado físico en el que se encuentra el refrigerante que se quiere recuperar, en tal sentido se puede hablar de métodos básicos para la recuperación:

4.1 Recuperación en fase Vapor.
4.2 Recuperación en fase líquido.

4.1 Recuperación en fase Vapor

Este procedimiento, por lo general se tarda más tiempo, ya que el flujo de masa de materia es menor en fase gaseosa. En los grandes sistemas de refrigeración esto exigirá más tiempo que cuando se transfiere líquido.

Se debe tener presente que las mangueras de conexión entre la unidad de recuperación, los sistemas y los cilindro de recuperación deben ser de longitud mínima posible así como del diámetro máximo posible, esto con la finalidad de contribuir a aumentar el rendimiento del proceso.

El refrigerante en fase vapor es normalmente aspirado por la succión de la máquina de recuperación y una vez condensado en la máquina es enviado al cilindro de recuperación.

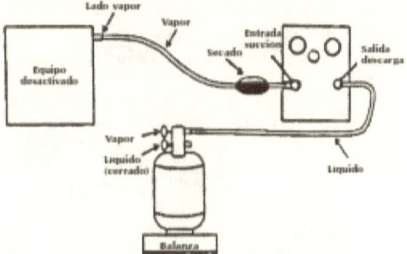

Hay dos formas de conectar la máquina de recuperación para recuperar vapor, en la cual se conectan, según sea el caso:
- ambos lados del sistema del cual se pretende extraer el refrigerante, empleando un juego de manómetros, a la succión de la máquina recuperadora, en aquellos casos en que tenemos acceso por ambos lados (válvulas de servicio instaladas); por ejemplo (sistemas comerciales medianos).
- Sólo el lado de baja, donde hay que instalar una válvula de pinchar para extraer el refrigerante y la cantidad a recuperar es pequeña (neveras, congeladores y aires acondicionados de baja capacidad)

4.2 Recuperación en fase líquida

Puesto que los compresores reciprocantes solo pueden trabajar con fluidos en fase vapor, es necesario vaporizar todo el refrigerante que se extrae del sistema antes de que llegue al compresor. Para evaporar el refrigerante que se encuentre en estado líquido en el sistema, es necesario agregar calor a este; lo cual debe efectuarse mediante prácticas seguras, por ejemplo: manteniendo los ventiladores de evaporación funcionando o, en el caso de chillers, manteniendo agua circulando (lo cual adicionalmente previene que esta se congele); colocando recipientes con agua tibia en los compartimientos de los gabinetes, etc. En caso de que la máquina de recuperación no contenga un sistema de vaporización, se la debe proteger contra el ingreso de líquido utilizando el juego de manómetros para dosificar mediante sus válvulas de operación el ingreso del fluido desde el sistema a la máquina (empleándolo efectivamente como un dispositivo de expansión) durante las etapas iniciales de recuperación.

El refrigerante líquido puede ser recuperado por técnicas de decantación, separación o "push-pull" [succión y retroalimentación], con el consiguiente arrastre de aceite.

Conexión por descarga o salida, en la cual se conecta una toma de la línea de líquido del cilindro directamente en un punto en que pueda extraerse el refrigerante líquido. Luego se conecta la toma para vapor del mismo cilindro a la toma de entrada de la máquina de recuperación. La unidad de recuperación extrae el gas del cilindro interpuesto ["buffer"], reduciendo la presión, con lo cual se permitirá que el líquido fluya del sistema al cilindro de recuperación. [Algunas máquinas de recuperación incluyen un cilindro de recuperación interno para el

almacenaje de pequeñas cantidades de refrigerante (hasta 1 kg)].

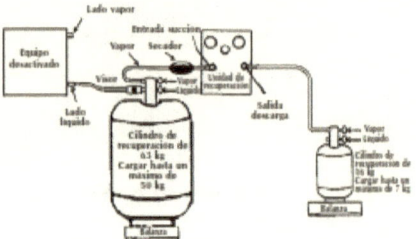

Máquina de recuperación conectada para recuperar líquido.

Método "PUSH/PULL"

Las operaciones de "push/pull" se llevan a cabo usando vapor del cilindro para empujar el refrigerante líquido fuera del sistema. Vea el esquema de conexiones de mangueras en la figura siguiente.

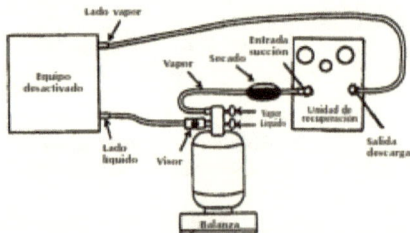

Máquina de recuperación conectada para operación "Push-Pull".

Se conecta una manguera desde el puerto de líquido de la unidad cuyo refrigerante se quiere extraer, que debe estar desactivada, a la válvula de líquido en un cilindro de recuperación, como se indica en la figura precedente; se conecta otra manguera desde la válvula de vapor del cilindro de recuperación a la entrada de succión de la máquina de recuperación y finalmente, se conecta una tercer manguera desde la salida o descarga de la máquina de recuperación al puerto de vapor del equipo.

El cilindro recuperador aspirará el refrigerante líquido (movimiento "pull") de la unidad desactivada cuando la máquina de recuperación haga disminuir la presión en el cilindro. El vapor aspirado del cilindro por la máquina recuperadora será entonces empujado (movimiento "push") de vuelta, es decir,

2.3 Otros equipos y herramientas

- Válvulas o herramientas para perforar (válvulas pinchadoras).
- Juego de manómetros con su respectivo Manifold (dos válvulas-tres vías, como mínimo)
- Implemento de seguridad: Lentes y guantes de protección.

3 Identificación y pruebas de contaminación de los refrigerantes comunes

Siempre ha sido necesario saber qué refrigerante es el empleado en un sistema a fin de no cometer errores en el servicio. Con la exigencia actual de recuperación, este conocimiento se ha convertido en indispensable.

El refrigerante recuperado puede ser reutilizado si está libre de contaminantes o si puede ser reciclado o regenerado hasta alcanzar valores de pureza aceptables.

Nota: El empleo de gases recuperados en sistemas nuevos puede violar las condiciones de la garantía de éste.

Los procedimientos de reciclaje o regeneración son solamente aplicables a sustancias puras.

3.1 Métodos para identificar el tipo de refrigerantes en sistemas

Los refrigerantes se pueden identificar de la siguiente manera:

- Sello estampado en la placa de la máquina o el cilindro.
- El tipo de válvula de expansión [TEV] empleado cuando sea específico para un tipo de refrigerante.
- La presión de equilibrio para la temperatura.
- Etiquetas fijadas por el técnico responsable de un cambio de refrigerante "retrofitting" en un servicio anterior.

3.2 Métodos de prueba de campo para refrigerante y aceite

Existen kits que miden el nivel de acidez en muestras de aceite de compresores y la presencia de ácido/humedad en muestras de vapor de refrigerante en un sistema. También se emplean visores de líquido con sensores de acidez/humedad que permiten evaluar la condición del fluido en el sistema y decidir sobre las alternativas de usar o descartar. Los fabricantes de equipos y compresores establecen los límites de contaminantes que un refrigerante puede contener para ser utilizado sin riesgo para el equipo.

4 Métodos de recuperación de refrigerantes en sistemas

El método para recuperar refrigerante depende de varios factores, pero principalmente se considera como importante el estado físico en el que se encuentra el refrigerante que se quiere recuperar, en tal sentido se puede hablar de métodos básicos para la recuperación:

4.1 Recuperación en fase Vapor.
4.2 Recuperación en fase líquido.

4.1 Recuperación en fase Vapor

Este procedimiento, por lo general se tarda más tiempo, ya que el flujo de masa de materia es menor en fase gaseosa. En los grandes sistemas de refrigeración esto exigirá más tiempo que cuando se transfiere líquido.

Se debe tener presente que las mangueras de conexión entre la unidad de recuperación, los sistemas y los cilindro de recuperación deben ser de longitud mínima posible así como del diámetro máximo posible, esto con la finalidad de contribuir a aumentar el rendimiento del proceso.

El refrigerante en fase vapor es normalmente aspirado por la succión de la máquina de recuperación y una vez condensado en la máquina es enviado al cilindro de recuperación.

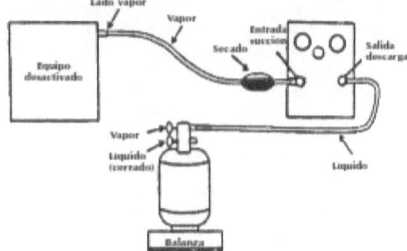

comprimido hacia el lado correspondiente al vapor en la unidad desactivada.

Una vez que la mayoría del refrigerante haya sido trasegado del sistema al cilindro de recuperación, la máquina de recuperación comenzará a ciclar controlada por su presostato de baja presión de succión, removiendo el resto del refrigerante en forma de vapor. Cuando la máquina de recuperación ya no continúe ciclando y se detenga por completo, estará indicando que se ha recuperado todo el refrigerante posible de ese sistema.

5 Aspectos importantes en la recuperación de gases refrigerantes

- **Cuidado de la máquina de recuperación para evitar mezclas de gases**

Es necesario limpiar la máquina de recuperación cuidadosamente cuando se la emplee para recuperar otro tipo de refrigerante. Use el calentador, si la máquina viene equipada con uno, para extraer y trasegar todo el refrigerante a un cilindro evacuado que esté lo más frío posible de manera que el residuo que pueda quedar en la máquina en forma de vapor sea lo menor posible antes de evacuar la máquina concienzudamente con una bomba de vacío. La falla en limpiar cuidadosamente la máquina de recuperación entre cambios de tipo de refrigerante puede ser causa de creación de mezclas inaceptables, con las consiguientes pérdidas económicas.

- **Selección de cilindros para recuperación de refrigerantes y verificación de su estado, integridad y condición para ser empleado antes de conectarlo**

El cilindro de recuperación debe ser claramente identificado y etiquetado con información sobre su contenido. Si se trata de un cilindro que ya contiene productos recuperados, asegúrese que su contenido sea de igual tipo y que esté en similares condiciones que el producto que se pretende recuperar y que aún quede suficiente capacidad en él para contener la cantidad que se espera trasegar a él. Debido a que el fluido recuperado contendrá una cantidad de aceite, asegúrese de que el cilindro de recuperación no sobrepase el 70 al 75% de su máxima capacidad de carga. Examine el cilindro cuidadosamente antes de emplearlo para asegurarse de que este sea seguro y esté en buenas condiciones de uso. Cuando presuma que este está vacío compruebe que su peso concuerde con la "tara" estampada en el cilindro.

- Cuando se recupere refrigerante de un sistema, ya sea por puesta fuera de servicio o mantenimiento, este debe ser almacenado en cilindros para gases recuperados, identificados por sus colores gris y amarillo. Este gas podrá ser limpiado en una máquina de reciclaje y reutilizado, o enviado a los centros de regeneración y reciclaje para su reprocesamiento o disposición final, en caso que no sea posible su regeneración.

- Jamás deben mezclarse diferentes tipos de refrigerantes en un cilindro o sistema de refrigeración. **Las mezclas que se obtienen en estos casos son totalmente irrecuperables y la única opción es su destrucción.**

- **Etiquetado de los cilindros de recuperación para indicar su contenido**

Los cilindros de recuperación deben ser claramente identificados en cuanto a su contenido. La etiqueta debe indicar el grado o tipo, el peso, la condición [en cuanto sea posible definirla], el sitio de donde se extrajo el contenido, el responsable y la fecha en que se hizo la recuperación. En caso de cargas parciales, detallar cada caso individualmente.

- **Carga de cilindros con mezclas zeotrópicas - separación diferencial y efectos que esto puede causar en un proceso de recuperación**

Bajo ciertas circunstancias es posible que una mezcla zeotrópica en un sistema con fugas haya sufrido cambios por efecto de la separación diferencial, lo cual presentará dificultades cuando se trate de identificar el refrigerante recuperado. En estos casos identifique el cilindro indicando la incertidumbre sobre el contenido.

- **Puntos que se deben recordar cuando se recupera refrigerante:**
a) **Debe existir siempre un diferencial de temperatura/presión para que exista flujo** desde el sistema a un cilindro de recuperación empleando una máquina de recuperación.
b) Mantenga **el sistema del cual va a descargar el refrigerante lo más caliente posible**; retire toda la carga refrigerada del gabinete y la escarcha/hielo del evaporador antes de comenzar a recuperar el gas.
c) Mantenga el **cilindro de recuperación tan frío como sea posible** a fin de facilitar el flujo de refrigerante.

d) Para **sistemas de grandes dimensiones** emplee un cilindro de almacenamiento como pulmón intermedio entre el sistema y la máquina de recuperación a fin de extraer primero el refrigerante líquido, a fin de acelerar el proceso.
e) **Mantenga** baja la presión de succión del compresor de la máquina de recuperación para maximizar su vida útil.
f) Cuando se extraiga un refrigerante muy contaminado **emplee filtros de limpieza** [de motor quemado] en la línea de succión para proteger al compresor de la unidad de recuperación.
g) **No exceda el límite de carga de los cilindros de recuperación,** verifique continuamente su peso en la balanza o emplee cilindros con sensor de llenado, conectados a la máquina de recuperación, si esta está equipada con dispositivo de corte por señal desde el sensor del cilindro.

- **Recupere refrigerante de un sistema solo hasta que los manómetros de servicio indiquen presión manométrica cero (presión atmosférica)**

Aunque el sistema aún contendrá vapor de refrigerante cuando la presión del manómetro indique cero, existe el **riesgo potencial** de que si se sigue llevando el sistema a niveles de vacío parcial empleando la máquina de recuperación, en caso de existir una fuga en el sistema, se introduzca aire en éste que la máquina de recuperación cargaría en el cilindro. Esto crearía una situación de riesgo puesto que algunos refrigerantes pueden hacerse combustibles cuando se los mezcla con aire a presión.

Las máquinas de recuperación son ineficientes cuando se las emplea por debajo de presión atmosférica en su succión mientras que la presión de descarga (la del cilindro) se incrementa.

Al completarse un proceso de recuperación, la manguera de succión, manómetros, etc. estarán a presión atmosférica y por lo tanto no habrá pérdida apreciable de refrigerante a la atmósfera. La línea que conecta la máquina de recuperación al cilindro estará, sin embargo, en muchos casos con refrigerante líquido a alta presión, que no debe liberarse a la atmósfera. Para evitar esta liberación deben emplearse **mangueras con conexiones autosellantes o con válvulas de cierre manuales.** Este refrigerante puede retroalimentarse a la succión de la máquina de recuperación para su reenvío al cilindro.

- **Reglas generales en la recuperación de gases refrigerantes**

Las siguientes precauciones generales son aplicables en todos los casos:

1. No sobrecargar el cilindro, controlar la carga por peso.
2. No mezclar tipos de refrigerante o lo que es igual, no poner un tipo de refrigerante en un cilindro cuya etiqueta indique que contiene otro tipo distinto.
3. Usar siempre cilindros limpios, libres de contaminación de aceite, ácido, humedad, no condensables, partículas sólidas, etc.
4. Revisar visualmente cada cilindro antes de su empleo y asegurarse que soporte la presión del fluido a cargar en el.
5. Rotar el uso de los cilindros de recuperación enviándolos al proveedor para su inspección rutinaria.
6. Emplee mangueras con los mayores diámetros internos posibles y el menor número de restricciones.
7. Emplee mangueras de la menor longitud posible.
8. Solo emplee para recuperar/almacenar cilindros grises con la parte superior amarilla.

- **Riesgos potenciales presentes cuando se recuperan refrigerantes y otros contaminantes en cilindros de recuperación**

Se deben inspeccionar cuidadosamente mangueras, manómetros y puntos de acceso antes de comenzar el proceso de recuperación. Se debe emplear el equipo de protección personal necesario, además de aplicar las medidas preventivas correctas. En el caso de hidrocarburos la inflamabilidad debe ser considerada siempre y todas las fuentes de ignición deben ser aisladas, removidas o extinguidas durante el proceso de recuperación. No omita considerar las condiciones de seguridad de la máquina de recuperación.

- **Peligros en el manejo de refrigerante recuperado, aceite de refrigeración y otros contaminantes**

El nivel de riesgo de manejo de estas sustancias contaminadas se incrementa con relación a los productos vírgenes en la posible formación de ácidos en la mezcla aceite/refrigerante, lo que puede causar irritación cutánea.

CAPÍTULO VII:
RECUPERACIÓN, RECICLAJE Y REGENERACIÓN

determinar presencia de cloruros), mediciones imprescindibles para la certificación.

El refrigerante resultante debe ser totalmente indistinguible del virgen y se puede comercializar como tal o diluirlo en este si los volúmenes de producción fuese insignificante.

Todas las precauciones y buenas prácticas mencionadas en la operación de recuperación deben ser tomadas en cuenta en este proceso.

En la figura siguiente, la unidad de recuperación esta conectada al refrigerador mediante una válvula punzonadora típica. Debido a que la carga de refrigerante es pequeña, solo hace falta recuperar vapor. Si se instalan válvulas punzonadoras en ambos lados del sistema (lado de alta y lado de baja), la recuperación será más rápida.

Máquina regeneradora.

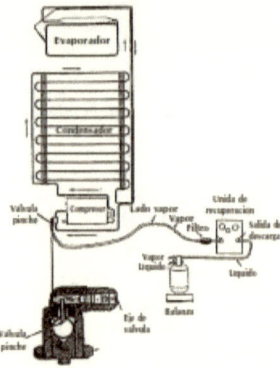

Conexión de equipo de recuperación a una nevera doméstica y vista en corte de válvula de "pinchar".

8 Procedimientos para la recuperación de refrigerante

No existen diferencias sustanciales entre los procedimientos para extracción de refrigerante de los distintos sistemas de refrigeración y aire acondicionado, los cuales revisaremos a continuación.

- Sistema de un refrigerador domestico.
- Sistema de un Aire Acondicionado (A/A).
- Sistema Comercial de Cámara Fría.
- Sistema de A/A de Vehiculo.

8.1 Procedimiento para recuperar refrigerante en un refrigerador doméstico

Es posible recuperar refrigerante de un sistema herméticamente cerrado que no está dotado de válvulas de servicio. Para esto, hay que instalar una válvula punzonadora en el sistema, siguiendo las instrucciones del fabricante, y utilizar una unidad de recuperación para extraer el refrigerante de la unidad. Las válvulas punzonadoras nunca deben dejarse instaladas de modo permanente sino que hay que retirarlas después de su utilización si están instaladas en él tubo de proceso.

8.2 Procedimiento para recuperar refrigerante en un sistema de aire acondicionado

- **Recuperación fase líquida**

En la figura siguiente se puede ver una unidad condensadora típica para instalaciones de aire acondicionado doméstico tipo "split". Estos equipos están dotados comúnmente de válvulas de servicio instaladas en las tuberías. Al recuperar refrigerante de un sistema de este tipo con alto contenido de refrigerante, primero debe transferirse el líquido para acelerar el procedimiento. Si, adicionalmente, está cargado con una mezcla zeotrópica, entonces esto es imprescindible.

En este dibujo se puede observar el método "push/pull" (aspiración y compresión). El tubo de líquido del sistema se conecta a la válvula de líquido en el cilindro de recuperación. La válvula de vapor en el cilindro se conecta a la toma de entrada (de aspiración) de la unidad de recuperación. La salida de descarga en la unidad de recuperación se

- **Requerimientos específicos para el almacenaje y disposición de aceite refrigerante descartado**

Los aceites refrigerantes descartados deben ser considerados "residuos controlados" pues contienen refrigerantes disueltos y deben ser tratados correspondientemente. La empresa que haya dado origen al aceite desechado debe responsabilizarse por su envase, almacenaje, etiquetado (identificación), registro documental y disposición a través de una persona o empresa autorizada.

- **Métodos para minimizar la retención de refrigerante en aceite.**

Someter el aceite a una reducción de presión, agitación y aumento de temperatura, simultáneamente si fuese posible, son todas medidas que ayudan a minimizar la cantidad de refrigerante retenida en el aceite. Este refrigerante extraído debe ser recuperado y almacenado para su destrucción.

6 Método de reciclaje de refrigerante

Las unidades de reciclaje operan en forma muy similar a las máquinas de recuperación, pero adicionalmente limpian los refrigerantes recuperados, reduciendo los niveles de contaminación, mediante la separación del aceite y la eliminación de gases no condensables a través de un proceso de evaporación en una cámara de separación y la utilización de filtros secadores de núcleo, cuya finalidad es reducir la humedad, la acidez y las partículas sólidas.

Después de uno o varios ciclos de reciclado, hasta alcanzar el grado de descontaminación requerido, los refrigerantes reciclados son trasegados hacia el interior de cilindros reutilizables, identificados como recipientes de gases recuperados (grises con tope amarillo), que deberán ser etiquetados con las características del gas contenido.

Algunas unidades de reciclaje, empleadas mayormente en el sector de A/A automotriz, también cuentan con el equipo necesario para recargar los refrigerantes reciclados en los sistemas de refrigeración a los que se ha prestado servicio. Estos equipos están automatizados y controlados por un programa

Este proceso se diferencia de la recuperación en que, además de una limpieza básica que se puede lograr en aquella, este mejora las propiedades del producto, sin que se pueda comprobar fehacientemente si se ha llegado a los niveles de calidad establecidos por los estándares de un refrigerante virgen; es por esta razón que **no debe comercializarse**

y solo debe emplearse en sistemas de refrigeración de la misma empresa que lo recicló.

Todas las precauciones y buenas prácticas mencionadas en la operación de recuperación deben ser tomadas en cuenta en este proceso.

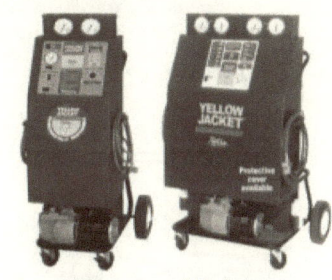

R12   R12 y R134A

Máquinas para servicio automotriz - recuperan, reciclan, evacúan y cargan.

7 Método de regeneración de refrigerante

La regeneración consiste en reprocesar un refrigerante contaminado para llevarlo al grado de pureza correspondiente a las especificaciones del refrigerante virgen establecidas por la norma de calidad ARI-700.

Dentro de los procesos a los cuales se puede someter un gas contaminado para lograr su regeneración se encuentra la destilación, proceso sumamente complejo y que solo se puede realizar con equipos especiales diseñados para este fin.

Adicionalmente, la norma ARI-700, define un estricto control de calidad con el que deben cumplir los gases para garantizar su calidad y posterior utilidad. Para realizar estas pruebas se requiere de la utilización de complejos equipos de laboratorio para análisis químicos (por ejemplo: cromatógrafo de gases [para determinar la pureza y la presencia de gases no condensables], titulador coulométrico de Karl Fisher [para determinar la humedad] y en general, equipamiento de laboratorio para reacciones de titulación y detección de diversos tipos de impurezas: residuo de alta ebullición o no volátil [para medir presencia de lubricantes], partículas sólidas [para medir presencia de insolubles], reacción por borboteo en mezcla de tolueno, isopropanol y agua con indicador azul de bromotimol titulada con hidróxido de potasio [para medir acidez], reacción por añadido a solución de nitrato de plata en metanol [para conecta al tubo de aspiración en el sistema de aire acondicionado. Si existen válvulas disponibles en el recipiente del sistema (lado de alta presión) el lado de salida de la unidad de recuperación podría conectarse ahí igualmente. El líquido fluye ahora del lado del líquido en el sistema de aire acondicionado y va al cilindro. La unidad de recuperación mantendrá la presión dentro del cilindro mas baja que en el sistema de aire acondicionado y sostendrá el flujo del líquido.

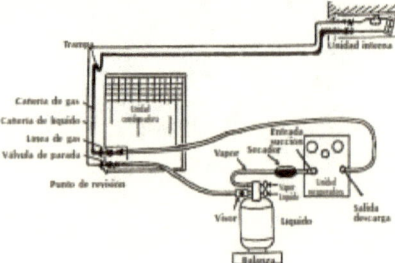

Conexión en modo "Push-pull" de equipo de recuperación a sistema de AA tipo "Split".

- **Recuperación en fase vapor**

Cuando la transferencia del líquido se ha terminado, quedara todavía un poco de vapor del refrigerante en el sistema. Para transferir todo el refrigerante al cilindro de recuperación, conecte la manguera de aspiración de la unidad de recuperación a la tubería de gas del sistema de aire acondicionado. Conecte la manguera de la salida de descarga de la unidad de recuperación al cilindro por la toma de vapor. Haga funcionar la unidad de recuperación hasta que el manómetro de aspiración indique presión cero (atmosférica). En ese momento, el proceso de recuperación se habrá completado.

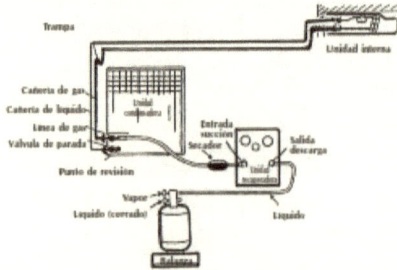

Conexión de equipo de recuperación para extracción de vapor en sistema de AA tipo "Split".

8.3 Procedimiento para recuperar refrigerante en un sistema de refrigeración comercial de cámara fría

- **Recuperación fase líquida**

Conecte la manguera de líquido del cilindro de recuperación a la válvula interruptora de la salida del sistema en el recipiente/condensador. Para controlar el flujo del líquido, instale una mirilla en la manguera que va al cilindro. Desde el lado de aspiración y entrada de la unidad de recuperación conecte la manguera al lado correspondiente al vapor en el cilindro (utilice un filtro secador). El lado de salida de descarga en la unidad de recuperación se conecta con el lado de alta presión del sistema en la válvula interruptora de alta presión de la entrada del condensador o del compresor.

Todas las válvulas interruptoras del sistema deben estar abiertas, incluidas las válvulas solenoides. Haga funcionar la unidad de recuperación y preste atención al visor de líquido. Cuando no se observe mas liquido en el visor, se habrá transferido todo el refrigerante líquido del sistema.

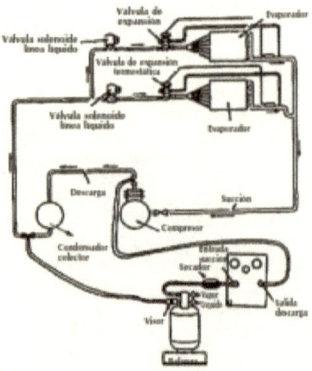

Conexión de equipo de recuperación en modo "Push-pull" a sistema comercial multievaporador para extracción de líquido.

CAPÍTULO VII:
RECUPERACIÓN, RECICLAJE Y REGENERACIÓN

- **Recuperación fase vapor**

Cuando se ha terminado de transferir el líquido, conecte las mangueras del lado de aspiración/entrada de la unidad de recuperación al lado de baja o alta presión del compresor. El mejor modo de recuperación se logra conectando las mangueras (con el múltiple de servicio) a ambos lados de presión (alta y baja). El lado de descarga/salida de recuperación se conecta al cilindro (lado del vapor). Asegúrese de que todas las válvulas interruptoras/de servicio estén abiertas para evitar el "bloqueo" del refrigerante. En la figura siguiente se puede ver cómo se hacen las conexiones para una recuperación de este tipo.

8.4 Procedimiento para recuperar refrigerante en un sistema de aire acondicionado automotriz

- **Recuperación fase vapor**

Los sistemas de aire acondicionado de vehículo están dotados comúnmente de válvulas de servicio tanto del lado de alta como de baja presión. **La carga de refrigerante de este tipo de sistema es pequeña y por lo tanto solo hace falta transferir vapor.**

Conecte la manguera del lado de aspiración/entrada de la unidad de recuperación al lado de baja presión del compresor del sistema y la manguera de descarga a la válvula de vapor en el cilindro de recuperación. Haga funcionar la unidad recuperadora de 3 a 5 minutos. Conecte otra manguera al lado de alta presión del sistema y termine la recuperación. Haga funcionar la unidad recuperadora nuevamente hasta que los manómetros indiquen presión 0 [presión atmosférica]. En la figura siguiente se ilustra un ejemplo de recuperación de vapor para estos sistemas.

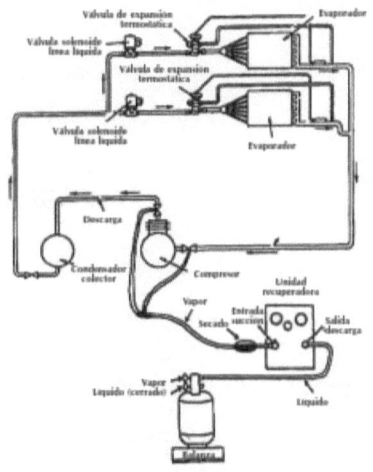

Conexión de equipo de recuperación a sistema comercial multievaporador para extracción de vapor.

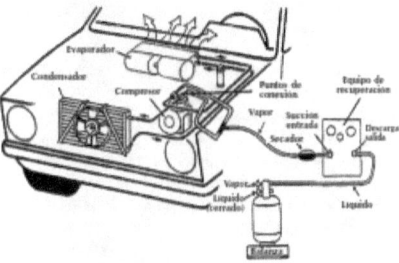

Conexión de equipo de recuperación a sistema en AA automotriz para extracción de vapor.

CAPÍTULO VIII
RECOMENDACIONES DE BUENAS PRÁCTICAS EN REFRIGERACIÓN

El técnico de refrigeración debe prestar atención a una cantidad de **detalles y tener presente que los sistemas de refrigeración son instalaciones complejas**, donde es necesario poseer conocimientos de **química, física, electricidad, mecánica, conservación del medio ambiente, medidas de seguridad personal, control de riesgos**, para entender realmente lo que allí sucede y las consecuencias de trabajar en refrigeración empíricamente.

En primer lugar, debe **proceder de acuerdo con principios de seguridad**, puesto que las normas establecidas **le protegen a él contra accidentes de trabajo** y previenen que sus actos puedan **afectar a terceros o causar daños materiales**.

En segundo lugar debe tomar conciencia de la necesidad de corregir hábitos de trabajo que, si bien hasta ahora le han dado resultado, puesto que **el usuario final normalmente acepta como buena una reparación que a simple vista produce el resultado esperado (enfriar algo)**, y ello es suficiente para cobrar por su trabajo. En realidad, si el servicio no se ha hecho según las normas, respetando todas las especificaciones del fabricante y en caso de modificaciones necesarias, aplicando los conocimientos técnicos necesarios para una decisión correcta; está abusando de la confianza del cliente y causando un daño al ambiente.

En este contexto, es necesario que entienda que la aplicación de buenas prácticas es imprescindible para que los equipos alcancen su vida útil esperada y el número de reparaciones necesarias sea el mínimo posible, a excepción del imprescindible mantenimiento preventivo.

Con relación a la protección de la capa de ozono, principalmente, es importante que el técnico, tome conciencia y actúe de tal manera de **prevenir** fugas de refrigerante empleando buenas técnicas de disposición y distribución de tuberías, buenas técnicas de conexión de tuberías, buenas técnicas de soldadura, buenas técnicas de amortiguación de vibraciones y en general, buenas prácticas de diseño de circuitos de refrigeración. Adicionalmente se deben aprender técnicas de servicio que reduzcan significativamente la cantidad de gases refrigerantes que se expelen durante los procedimientos de servicio y mantenimiento. En todos estos casos, es el técnico de servicio el que tiene en sus manos la decisión de contribuir a la solución de un problema o ser parte de este.

Cada técnico puede pensar que la cantidad de refrigerante que él deja escapar en un servicio es insignificante y que por lo tanto, no es grave. Este es un error de interpretación que se debe corregir porque el problema es la suma de todas esas "insignificantes" cantidades que cada uno [y son unos cuantos miles] de los técnicos aporta, día tras día al pote.

Para ayudarle a mejorar su desempeño se han recopilado las siguientes recomendaciones, basadas en la experiencia y que, de aplicarse a conciencia, pueden ser de gran ayuda para reducir notablemente la cantidad de **SAO** y otros gases refrigerantes que contribuyen al calentamiento global, que se liberan a la atmósfera, así como a mejorar las condiciones de seguridad.

Se ha hecho hincapié en el aspecto seguridad pues se ha considerado necesario ir creando conciencia de seguridad en la profesión, con vistas al futuro posible empleo de sustancias [HC] cuyo uso va a generar situaciones de riesgo que ameritan una profunda conciencia de seguridad.

Para una correcta interpretación de la gran mayoría de estas recomendaciones es evidente que es imprescindible tener conocimientos de refrigeración más allá de los adquiridos empíricamente.

1 Seguridad personal

- **Seleccione, verifique y emplee equipos de seguridad y protección personal adecuados**

Durante las actividades laborales normales el operador de equipo o técnico de servicio debe disponer de, y emplear, equipo de protección personal adecuado y verificar su efectividad antes de emplearlo.

El equipo de protección personal debe ser empleado donde quiera que exista un riesgo, pero su uso no implica descartar la necesidad de adopción de prácticas seguras de trabajo, de tal manera que las prendas de protección personal constituyan tan solo una medida de precaución adicional, un refuerzo a la seguridad del operario, no su única defensa.

- **Efectúe su trabajo teniendo en cuenta todas las exigencias de seguridad personal y de prevención de riesgos, lo cual incluye verificar si se requieren permisos de la empresa o de las autoridades para ciertos tipos de tareas de alto riesgo**

En **proyectos de grandes dimensiones** a menudo existen **reglas** que exigen se **realice una evaluación** de riesgos previa al comienzo de una obra. En algunos casos, tales como **trabajos de soldadura** o que involucren **interrupciones del servicio eléctrico**, será necesario verificar que tales operaciones sean **previamente autorizadas**, particularmente si ello pudiese crear situaciones de riesgo a terceros en las áreas de trabajo. La evaluación previa de riesgos es un proceso que suele surgir naturalmente del sentido común y lo lógico es que su práctica se formalice de manera que **la seguridad se convierta en un elemento clave de la práctica** en el oficio de la refrigeración.

- **Riesgos para la salud**

  Los principales riesgos para la salud, que se corren durante el empleo de gases refrigerantes son:
  a) Asfixia, debido a que los vapores son más pesados que el aire.
  b) Generación de vapores irritantes o tóxicos si se enciende una llama en presencia de vapores de refrigerante.
  c) Quemaduras por congelamiento causadas por contacto de alguna parte desprotegida del cuerpo con refrigerante líquido o en fase de evaporación.

- **Equipo de protección personal y recomendaciones adicionales**

  a) Cuando las **concentraciones de vapores pudieran alcanzar valores elevados** será necesario el empleo de equipo de asistencia respiratoria.
  b) En ocasiones puede ser necesario interrumpir la alimentación eléctrica de otros sistemas, además del equipo, así como otras potenciales fuentes de ignición en los casos en que corresponda.
  c) Disperse nubes de vapores con agua rociada.
  d) Las herramientas y equipos deben ser intrínsecamente seguros.
  e) El equipo eléctrico debe tener su aislamiento íntegro y estar aterrado (conectado a tierra) para prevenir la acumulación de carga estática.

- **Condiciones que dan lugar a situaciones de riesgo en términos de inflamabilidad, combustibilidad, concentraciones porcentuales que deben evitarse, fuentes potenciales de ignición y acciones a tomar en caso de fugas y derrames**

  a) Antes de entrar en un espacio en donde pudiera haber altas concentraciones de refrigerante, es recomendable verificar esta condición empleando un detector de fugas confiable. En sótanos y cuartos de máquinas dispuestos en recintos cerrados existe mayor probabilidad de altas concentraciones de refrigerante por cuanto los CFC, HCFC, HFC y HC son más pesados que el aire y por lo tanto tienden a descender.
  b) Antes de efectuar trabajos que impliquen la necesidad de trabajar con la cabeza dentro de la tina de un gabinete exhibidor horizontal verifique que no exista concentración de refrigerante en esta. Si tiene dudas, es preferible dejar el detector de fugas encendido y con el sensor en el punto más bajo de la tina de manera de recibir una advertencia en caso de que se produzca una fuga que pudiera acumularse allí.
  c) Algunos refrigerantes se tornan combustibles cuando se los mezcla con aire a cierta presión. Tome precauciones cuando recupere refrigerantes de sistemas que hayan presentado fugas.

  Los hidrocarburos son inflamables en aire en concentraciones a partir de valores tan bajos como 1,8% en volumen con respecto a éste. A partir de este punto, cualquier fuente de ignición, llamas, chispas por descarga de estática o arcos eléctricos pueden iniciar la reacción. En el caso de una fuga o derrame asegúrese de que las fuentes potenciales de ignición sean aisladas, retiradas o extinguidas inmediatamente, ventile el área exhaustivamente y prevenga a las personas que se encuentren en las cercanías, evitando desatar el pánico.

2 Carga de refrigerante en un sistema

- **Razones para asegurarse de la integridad, hermeticidad y limpieza de los sistemas**

  Es esencial que los sistemas sean lo suficientemente resistentes, desde su diseño y construcción, para soportar las máximas presiones de operación predecibles; suficientemente herméticos para garantizar la inexistencia de fugas del fluido refrigerante, particularmente si es una SAO, puesto que las fugas conducen a pérdidas de eficiencia energética y a fallas en los sistemas que por supuesto cuestan dinero y finalmente; suficientemente limpios de tal manera que ni el refrigerante ni el lubricante se contaminen al ser agregados al sistema.

- **Procedimientos de prueba de resistencia, presión y fugas**

  Las pruebas de resistencia deben efectuarse con nitrógeno libre de oxígeno a una presión igual a 1,3

CAPÍTULO VIII: RECOMENDACIONES DE BUENAS PRÁCTICAS EN REFRIGERACIÓN

veces la Máxima Presión de Trabajo, durante un tiempo lo suficientemente largo que nos permita asegurar que el sistema no ha sufrido deformación u otro tipo de cambios no predecibles.

Las pruebas de presión y búsqueda de fugas deben efectuarse con nitrógeno libre de oxígeno a una presión que sea por lo menos 1,1 veces la Máxima Presión de Trabajo, y nuevamente, durante un tiempo suficientemente largo que nos permita verificar que no haya una reducción **en la presión** que sería indicativa de una fuga.

En caso de fugas muy difíciles de detectar se puede utilizar, como último recurso, el procedimiento de localización de fugas consistente en agregar a la carga de nitrógeno trazas de vapor de refrigerante, y emplear un detector electrónico adecuado para el refrigerante que se utilizará en el sistema.

Cuando se efectúen pruebas de fugas en sistemas que ya hayan sido cargados con refrigerante, recuerde que estos son más pesados que el aire y será más probable detectar su presencia en la parte inferior del componente examinado (si las fugas son pequeñas).

- **Procedimiento para conexión y desconexión del juego de manómetros a un sistema dotado de válvulas de servicio de alta y baja presión, sin perder refrigerante**

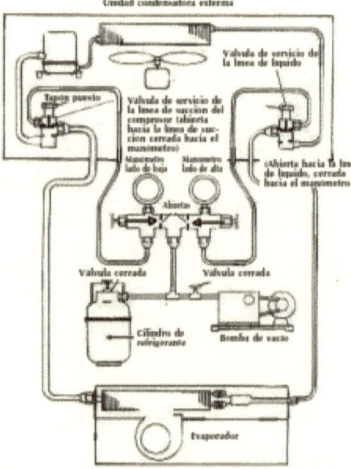

Condiciones iniciales de las válvulas para minimizar fugas de refrigerante.

Condiciones iniciales de las válvulas

Las válvulas de servicio están con sus tapones roscados metálicos puestos y con sus émbolos en la posición que bloquea la conexión de servicio [1] y totalmente abierta la conexión de las líneas de refrigerante a la succión y descarga del compresor, respectivamente.

El juego de manómetros de tres vías y dos válvulas, tiene sus mangueras conectadas y abiertas las válvulas de alta y baja presión.

Procedimiento para conectar el juego de manómetros

1. Remueva los tapones de las conexiones de servicio, tanto en las válvulas de servicio en el compresor como en el tanque recibidor.
2. Cerciórese de que las válvulas del juego de manómetros estén ambas abiertas (girando ambas en sentido antihorario).
3. Conecte las mangueras en los puntos de baja y alta del sistema y la manguera central a una bomba de vacío para extraer los GNC [gases no condensables] de las mangueras y el cuerpo del juego de manómetros.
4. Efectúe un vacío y cierre las válvulas del manómetro en sentido horario.
5. Verifique que la válvula de servicio [de una vía] que conecta el tanque recibidor con la línea de líquido del sistema esté abierta totalmente (debe estar totalmente girada en sentido antihorario).
6. Verifique que las válvulas del manómetro estén cerradas (girando el vástago en sentido horario).
7. Gire media vuelta en sentido horario las válvulas de servicio de succión y descarga, [lo cual las abre parcialmente y conecta el sistema al juego de manómetros].
8. Verifique las presiones de trabajo y ponga en marcha la maquina (en caso de que haya estado detenida).
9. Esté preparado para apagar la máquina en caso de observarse alguna condición que indique falla o alguna fuga en las conexiones de servicio efectuadas.
10. Al terminar la medición, cierre las válvulas de servicio de succión y descarga del sistema, retire las mangueras del sistema siguiendo el procedimiento descrito a continuación.

Conecte mangueras del juego de manómetros y aparatos de carga de tal manera de minimizar la contaminación por pérdida de gas a la atmósfera y los riesgos personales y de daños a la propiedad.

Cuando sea necesario purgar una manguera, asegúrese que contenga solo vapor a la menor presión posible, nunca líquido.

Procedimiento para desconectar el juego de manómetros

1. Cierre totalmente (en sentido antihorario) la válvula de servicio ubicada en la línea de descarga.
2. Asegúrese de que el punto de conexión central del manómetro esté cerrado y luego abra ambas válvulas (alta y baja presión) en el juego de manómetros para reducir cualquier presión de descarga que pudiera haberse acumulado.
3. Cierre ambas válvulas (alta y baja presión) en el juego de manómetros.
4. Desconecte la manguera desde el juego de manómetros a la descarga, ponga en su sitio el tapón de la válvula de descarga.
5. Cierre totalmente (en sentido antihorario) la válvula de servicio ubicada en la línea de succión y desconecte la manguera.
6. Ponga en su sitio el tapón de la válvula de servicio de succión.
7. Verifique que no hayan quedado fugas en las válvulas.

Desconecte manómetros, mangueras, equipo de recuperación y cilindro, minimizando pérdidas a la atmósfera y riesgos de daños a la salud y a la propiedad.

- **Identifique el tipo de refrigerante y su estado (líquido o vapor)**

Frecuentemente, no es posible distinguir entre tipos de refrigerantes debido a que numerosos sustitutos de CFC poseen relaciones presión-temperatura muy similar y cuando se trate de sustitutos no definitivo o temporal no habrá cambios en los dispositivos que pudieran ser indicativos. Por ejemplo: puede ser que se esté empleando el mismo compresor/unidad condensadora, válvula de expansión, aceite, etc. Un cambio en el tipo de desecante pudiese ser un indicativo de que ha habido un cambio, pero no necesariamente a cuál refrigerante. ¡La única manera de saber qué refrigerante hay en el sistema dependerá de las etiquetas que hayan sido estratégicamente colocadas, originalmente por la fábrica del equipo y posteriormente, si se efectuó un cambio, por el técnico que lo realizó!

Las etiquetas son esenciales para prevenir la formación de mezclas extrañas que se convertirán en productos destinados a su destrucción.

Una vez identificado el refrigerante, es entonces necesario determinar su estado: **líquido, vapor o ambos**. Para ello se deben medir las presiones en los manómetros conectados al sistema y la temperatura del fluido por medio de termómetros o termocuplas y con estos datos consultar la Tabla presión-temperatura para ese fluido en particular [Ver Anexo II]. De la tabla pueden obtenerse los diversos estados de un determinado fluido, dependiendo de los valores de presión y temperatura obtenidos de las lecturas: si está saturado, o sea líquido y vapor presente, entonces la presión y temperatura deberán ser consistentes con la condición saturada. Si la lectura de presión del refrigerante es menor que la presión de saturación para su temperatura, entonces está en estado de vapor sobrecalentado en el sistema.

- **Identifique la condición del refrigerante: subenfriado, saturado o sobrecalentado**

Usando manómetro y termómetro la presión y temperatura del refrigerante son comparadas con la presión y temperatura de saturación.

- Si la temperatura es inferior a la de saturación, el producto está en estado de líquido subenfriado.
- Si coexisten líquido y vapor a una misma temperatura y presión, estamos en presencia de un producto en su condición de saturación.
- Si el vapor ha sido calentado por encima de su temperatura de saturación y por lo tanto no contiene líquido, es llamado vapor sobrecalentado.

- **Cuando esté efectuando una carga con una mezcla zeotrópica en fase líquida por el lado de baja presión del sistema, para alcanzar el nivel correcto de carga**

Mientras que la práctica normal es cargar líquido en el lado de alta presión del sistema con el compresor detenido, cuando se debe agregar una pequeña cantidad de refrigerante para ajustar una carga insuficiente, es más práctico agregar vapor por el lado de succión del sistema.

Con mezclas zeotrópicas es necesario extraer el refrigerante del cilindro en su fase líquida para evitar cambios en las concentraciones relativas de los componentes de la mezcla, tanto en el cilindro como en la carga que se esté efectuando. **Una carga de líquido por el lado de baja de un sistema debe hacerse con extremo cuidado**. El mejor método consiste en emplear un juego de manómetros de servicio, utilizando las válvulas del cuerpo de distribución del juego de manómetros para inyectar, por pulsos, el líquido en la línea de succión poco a poco, observando al mismo tiempo la temperatura en la línea de succión del compresor y la manguera de conexión desde el juego de manómetros al sistema. **Desde el cilindro debe salir líquido, pero en la maniobra no debe permitirse que el refrigerante llegue al compresor en este estado pues puede dañarlo.**

El punto a enfatizar es **la habilidad para extraer líquido del cilindro y convertirlo en vapor antes de que llegue a la succión del compresor.** Existen dispositivos para cargar líquido en la línea de succión que dosifican la entrega, vaporizándolo antes de su entrada al sistema.

- **Separación diferencial en mezclas zeotrópicas y los efectos que esto puede tener durante el proceso de carga**

Las mezclas zeotrópicas tienen proporciones de componentes en fase líquida, diferentes a las que mantienen en fase vapor; esto significa que las concentraciones de los productos químicos constituyentes son presumiblemente distintas en los vapores en la parte superior del cilindro con respecto al líquido en la parte de abajo. A menos que todo el contenido del cilindro se vacíe y transfiera al sistema de refrigeración en una sola operación, será necesario que la transferencia se efectúe en la fase líquida, ya sea invirtiendo el cilindro o utilizando la válvula de líquido. Si se omite esta exigencia, la consecuencia será un sistema que no alcanzará la eficiencia esperada y simultáneamente cambiará la composición química del refrigerante restante en el cilindro, convirtiéndolo en una sustancia inútil.

- **Riesgos potenciales que se pueden presentar cuando se cargan mezclas zeotrópicas refrigerantes en sistemas**

A medida que se extiende el uso de mezclas zeotrópicas, la carga en fase líquida se hace cada vez más imprescindible y aumenta el riesgo de pérdidas de refrigerante líquido que pueden causar quemaduras. Se deben tomar las precauciones necesarias, verificando mangueras, manómetros y puntos de acceso antes de cargar y se debe usar equipo de protección personal, además de las medidas preventivas adecuadas.

- **Cómo saber cuando se ha completado la carga**
  a) La **cantidad correcta**, por **peso**, ha sido transferida al sistema.
  b) Las **temperaturas de evaporación y condensación** son las **correctas** para esa aplicación, [Verificadas por medio de los manómetros del sistema].
  c) Se observa la presencia permanente de **líquido a la entrada del dispositivo de expansión**, [mediante la observación del visor de la línea de líquido].
  d) Los **productos refrigerados** alcanzan y mantienen la **temperatura de conservación especificada**.

- **Acciones a desarrollar si se descubre una fuga después de haber desconectado las mangueras del juego de manómetros**

Una vez desconectadas las mangueras de un sistema es indispensable efectuar una búsqueda exhaustiva de fugas. Cualquier fuga detectada debe ser eliminada inmediatamente y el sistema revisado nuevamente. Por supuesto, el sistema ya habrá sido verificado exhaustivamente antes de la carga de refrigerante; sin embargo, es posible que se generen fugas por el simple hecho de desconectar las mangueras del sistema.

- **Emplee tapones roscados y con sello**

Recuerde **reponer y ajustar los tapones en las conexiones de servicio del sistema** después de haber efectuado un servicio. Si encontró que **la conexión no estaba protegida con su tapón** o que éste no está en buen estado, coloque usted uno **nuevo que tenga su sello en buen estado.**

- **Identificar el sistema en el que haya efectuado un servicio y sustituido el refrigerante** ["retrofit"]

Debe colocar etiquetas que indiquen claramente todos los cambios efectuados: **refrigerante, lubricante, filtro secador, dispositivo de expansión y cualquier otro componente** pues las alternativas que presentan los HFC y los nuevos refrigerantes sustitutos permanentes dan lugar a distintas opciones. Recuerde que quien vaya a prestar servicio a ese sistema después de usted, dependerá de esa información para hacer bien su trabajo.

3 Riesgos que presentan los hidrocarburos [HC] y mezclas que contienen hidrocarburos cuando son empleados como refrigerantes

Estos productos representan un **riesgo severo de explosión.** Los vapores son más pesados que el aire y por lo tanto pueden extenderse a nivel de piso hasta alcanzar un sitio donde entre en contacto con una fuente de ignición y luego retornar como una deflagración. Los límites de inflamabilidad varían, de acuerdo al producto, entre 1,85% y 10,2% en volumen relativo al de aire.

La inflamabilidad es un factor de consideración primordial en el caso de los hidrocarburos y todas las fuentes de ignición deben ser aisladas, retiradas o extinguidas durante el proceso de carga.

Con **temperaturas de ignición entre 365°C y 500°C**, debe tenerse sumo cuidado cuando se esté trabajando en las proximidades de sistemas cargados con hidrocarburos. Las precauciones deben extremarse cuando se estén efectuando operaciones de soldadura y desoldado de tuberías.

4 Manejo, uso y almacenaje seguro de gases comprimidos

Las recomendaciones que a continuación se mencionan aplican tanto para cilindros de gases vírgenes como para cilindros cargados con gas recuperado no regenerable con las precauciones adicionales asociadas al manejo de sustancias que pueden ser de naturaleza ácida.

Para realizar el transporte de cilindros, deben ser seguros, estar claramente identificado y sellado, sin riesgos de fugas a la atmósfera y cumplir con toda la regulación establecida en el país para tal actividad.

4.1 Recomendaciones para el manejo y uso

- Utilice guantes de trabajo adecuados para la tarea.
- Emplee medios de auxilio mecánicos tal como montacargas u otros dispositivos adecuados para el transporte de contenedores pesados, aún en distancias cortas.
- No remueva las cubiertas protectoras de las válvulas (cuando ellas formen parte del cilindro) hasta que el cilindro haya sido sujetado a una base firme que garantice su estabilidad.
- Cuando las situaciones así lo requieran, emplee protecciones corporales para ojos y cara. La selección práctica entre lentes de seguridad, antiparras para protección contra sustancias químicas y máscara facial completa dependerá de la presión y naturaleza del gas con que se esté trabajando.
- Cuando se esté operando con gases tóxicos, asegúrese de tener a mano equipos portátiles de respiración asistida por presión positiva o un respirador de aire conectado a una línea de aire en las cercanías del área de trabajo.

- Verifique la presencia de fugas de gases empleando métodos adecuados (existen en el mercado monitores de gases inflamables y gases tóxicos).
- Verifique la existencia de una cantidad de agua suficiente para prestación de primeros auxilios, combate de incendios o dilución de materiales corrosivos en casos de derrames o fugas.
- Emplee reguladores de presión a la salida de los cilindros de gas a alta presión cuando se esté trasegando el contenido a un sistema que está diseñado para trabajar en un rango de presiones inferior al del gas contenido en el cilindro de origen.
- Nunca permita que un gas en su fase líquida quede atrapado en determinadas partes de un sistema pues esto puede provocar una ruptura hidráulica.
- Antes de conectar un cilindro para cargar un sistema, verifique la imposibilidad de que se produzca un retorno desde el sistema hacia el cilindro.
- Asegúrese de que los sistemas eléctricos en el área cumplan con las normas aplicables para cada tipo de gas.
- Nunca emplee llama directa y dispositivos de calentamiento eléctrico para aumentar la temperatura de un cilindro. La máxima temperatura que puede aplicarse a un cilindro es 45°C.
- Nunca intente re-comprimir un gas o una mezcla de gases de un contenedor sin consultar al proveedor.
- Nunca intente trasegar gases de un contenedor a otro a menos que haya obtenido previa autorización de su proveedor y conozca los riesgos asociados con esa tarea.
- No intente aumentar la velocidad de transferencia de líquido de un cilindro a otro presurizando el contenedor sin antes consultar con el proveedor.
- No use los cilindros como rodillos o soportes o para cualquier otra función que no sea contener el gas que en él se ha cargado.
- Nunca permita que las válvulas de los cilindros conteniendo oxígeno u otro oxidante se contaminen con aceite, grasa u otra sustancia fácilmente combustible.
- Mantenga las válvulas de salida de los cilindros limpias y libres de contaminantes, particularmente aceite y agua.
- No someta los cilindros a golpes mecánicos que puedan causar daño a sus válvulas o dispositivos de seguridad.
- Nunca intente reparar o modificar las válvulas o dispositivos de seguridad de un cilindro.

CAPÍTULO VIII: RECOMENDACIONES DE BUENAS PRÁCTICAS EN REFRIGERACIÓN

- Válvulas que se encuentren dañadas deben ser reportadas al proveedor de inmediato y el cilindro debe ponerse fuera de servicio.
- Cierre la válvula de salida de gas al concluir una extracción, aún cuando el cilindro permanezca conectado a un equipo.
- Vuelva a poner en su lugar tapas, tapones de válvulas (cuando ellas hayan sido provistas con el cilindro) tan pronto como éste haya sido desconectado del equipo.

4.2 Recomendaciones para el almacenaje

- Las áreas de almacenamiento deben ser bien ventiladas y su acceso debe estar restringido a personal autorizado. Deben mantenerse despejadas y estar claramente identificadas como área de almacén y exhibir señalizaciones indicadoras de los riesgos presentes, según corresponda (inflamables, tóxicos, radioactivos, etc.).
- El almacén de cilindros debe ubicarse en un área libre de riesgos de incendio y aislado de fuentes de calor e ignición. Se recomienda designar el sector como "zona de no fumar". Los cilindros deben estar a resguardo de la radiación solar y las inclemencias atmosféricas.
- Los cilindros que se almacenen a la intemperie deben estar adecuadamente protegidos contra la oxidación y condiciones climáticas extremas.
- El almacenaje de cilindros debe prevenir condiciones que pudieran generar corrosión de estos.
- Los cilindros almacenados deben estar adecuadamente asegurados para evitar que se caigan o rueden.
- Las válvulas de los cilindros deben estar herméticamente cerradas y sus conexiones tapadas o taponadas, si así fuese indicado.
- Si el cilindro prevé el uso de una tapa protectora para cubrir la válvula, esta debe estar siempre en su lugar y apropiadamente sujeta al cilindro.
- Almacene cilindros vacíos separados de los llenos y estos últimos en orden de antigüedad para que el inventario más antiguo salga primero.
- Los cilindros de gases deben ser separados en el área de almacenamiento de acuerdo con su clasificación (tóxicos, inflamables, oxidantes, etc.)
- Los gases inflamables deben ser almacenados separados de otros materiales combustibles.
- Las cantidades de gases inflamables o tóxicos almacenados deben ser las menores posibles.
- Los cilindros de almacenaje deben ser inspeccionados periódicamente en cuanto a su condición general y fugas.
- Los cilindros pequeños no deben almacenarse apilados uno sobre otros.
- Los cilindros deben almacenarse en posición vertical (a menos que su diseño indique que su posición de almacenaje es horizontal), deben estar sujetos mediante cadenas a puntos de anclaje que los mantengan en la posición predeterminada o, en su defecto, unidos en paquetes estables que se mantengan naturalmente en la posición prefijada.
- El almacenaje en posición vertical es el recomendado cuando el diseño del cilindro es para esta posición.
- Los cilindros contentivos de refrigerantes están presurizados y siempre deben ser tratados con precaución. Verifique su condición física, válvulas y tapones o precintos antes de manipularlos.
- Los cilindros deben estar claramente identificados mediante etiquetas, indicando el contenido y los riesgos relacionados con el producto.
- Los cilindros que se almacenen a la intemperie deben estar adecuadamente protegidos contra la oxidación y condiciones climáticas extremas.
- El almacenaje de cilindros debe prevenir condiciones que pudieran generar corrosión de estos.
- Almacene cilindros vacíos separados de los llenos y estos últimos en orden de antigüedad para que el inventario más antiguo salga primero.
- Cuando los cilindros sean transportados en vehículos deben estar sujetos y protegidos contra daños y el vehículo debe estar adecuadamente ventilado.

4.3 Otras recomendaciones de manejo y almacenaje

Para el manejo y almacenaje de gases a alta presión y gases comprimidos (licuados) en contenedores de traslado, (cilindros) es necesario cumplir con las siguientes recomendaciones prácticas. De acuerdo a diversas características de estos productos y propiedades individuales y los procesos en que son empleados, que los catalogan en diversas categorías (sustancias corrosivas, tóxicas, inflamables, pirofóricas, oxidantes, radioactivas o inertes), pueden requerirse precauciones adicionales a las aquí mencionadas.

- Solamente personal entrenado debe manipular gases comprimidos.
- Observe y acate todos los reglamentos y requisitos establecidos por las normas con relación al almacenaje de contenedores a presión.
- No remueva, oculte o dañe las etiquetas provistas en el contenedor para identificar su contenido o prevenir sus riesgos.
- Confirme la identidad del gas antes de emplearlo.
- Conozca y comprenda las propiedades y riesgos asociados con el uso de un determinado gas antes de emplearlo (Lea la Hoja de Datos de Seguridad de la Sustancia [MSDS: Material Safety Data Sheet] - Ver Anexo I).
- Establezca e implemente planes para cubrir cualquier situación de emergencia que pudiera surgir en relación con el gas en cuestión.
- Cuando tenga dudas respecto al manejo y uso adecuado de un gas, contacte a su proveedor para obtener asistencia.

5 Técnicas de trasegado seguras

La práctica de trasegar refrigerante de un cilindro de gran tamaño a cilindros de servicio de menor capacidad es una fuente de riesgos y de posibles descargas de refrigerante a la atmósfera.

Los siguientes puntos deben ser tenidos en cuenta:
- Nunca exceda la capacidad de carga especificada para un cilindro. Siempre cargue por peso y manteniéndose por debajo del límite de carga antes mencionado. En un cilindro sobrecargado cada aumento de temperatura de 1°C puede resultar en un aumento de presión de 100 psi.
- El refrigerante fluirá naturalmente desde un cilindro más caliente a uno más frío. Enfríe el cilindro receptor en un congelador o nevera, jamás mediante el recurso de purgar su contenido residual a la atmósfera.
- Emplee mangueras de trasegado lo más cortas posibles e inspecciónelas regularmente.

6 Más consideraciones de buenas prácticas en refrigeración

Muchos de los procedimientos que reconocemos como buenas prácticas en refrigeración son ya de uso cotidiano por los técnicos preparados y con elevado sentido de responsabilidad profesional. Otros, introducidos por el desarrollo de nuevas herramientas, pueden necesitar de algún cambio en los procedimientos habituales.

- Los condensadores solo pueden limpiarse externamente empleando solventes químicos adecuados a los materiales, sistemas de limpieza al vapor, aspiradoras y brochas y en última instancia sopleteados con nitrógeno. **Jamás usar refrigerante para esta operación.**
- Cuando se descubra que un sistema tiene una fuga, esta debe ubicarse y repararse antes de proceder a cargarlo con refrigerante. Si la carga total del sistema se ha perdido, se debe utilizar nitrógeno para la presurización y prueba de fugas para posteriormente evacuarlo y hacer una segunda prueba de hermeticidad en vacío.
- La prueba de detección de fugas en sistemas que aún no hayan sido cargados debe hacerse empleando nitrógeno seco libre de oxígeno o nitrógeno con trazas de R22, cuando las condiciones de trabajo así lo recomienden, **jamás con refrigerante puro.**
- En la etapa de especificación y diseño de sistemas debe tomarse en consideración minimizar la posibilidad de fugas que pudieran presentarse a futuro, recurriendo, por ejemplo, a especificar conexiones soldadas con preferencia a conexiones roscadas, pues es un hecho que existe mayor posibilidad de fugas en estas últimas.
- Siempre que sea posible deben emplearse sustancias inocuas para la capa de ozono y del menor índice de calentamiento global posible.
- Son más seguras las conexiones soldadas que las conexiones roscadas.
- Los puntos de conexión a un sistema deben ser preferiblemente protegidos con tapas de metal puesto que las de plástico son menos confiables.
- Siempre que el diseño del sistema lo permita debe incluir la opción de comprimir el gas del sistema en un tanque acumulador de líquido, donde se pueda acumular toda la carga mientras se efectúan operaciones de mantenimiento o servicio.
- El tamaño del tanque acumulador de líquido de un sistema debe ser suficiente para contener la carga total del sistema.

ANEXO II

TABLA PRESIÓN - TEMPERATURA PARA ALGUNOS REFRIGERANTES

Temperatura		R22	R407		R410A	R12	R134A	R404	R406A		R408A	R409A	
°C	°F		$P_{líquido}$	P_{vapor}					$P_{líquido}$	P_{vapor}		$P_{líquido}$	P_{vapor}
-40,0	-40,0	0,5	3,0	4,4	11,6	11,0	14,8	4,3	8,8	16,7	2,8	—	—
-37,2	-35,0	2,6	5,4	0,6	14,9	8,3	12,5	6,8	5,9	14,7	5,1	—	—
-34,4	-30,0	4,9	8,0	1,8	18,5	5,5	9,9	9,5	2,6	12,4	7,6	0,2	9,9
-31,7	-25,0	7,4	10,9	4,1	22,5	2,3	6,9	12,5	0,4	10,0	10,4	1,8	7,0
-28,9	-20,0	10,1	14,1	6,6	26,9	0,6	3,7	15,7	2,3	7,1	13,5	3,9	3,8
-26,1	-15,0	13,2	17,6	9,4	31,7	2,5	0,6	19,3	4,4	4,1	16,8	6,2	0,3
-23,3	-10,0	16,5	21,3	12,5	36,8	4,6	1,9	23,2	6,7	0,0	20,4	8,7	1,7
-20,6	-5,0	20,1	25,4	15,9	42,5	6,8	4,0	27,5	9,2	1,5	24,4	11,4	3,8
-17,8	0,0	24,0	29,9	19,6	48,6	9,2	6,5	32,1	11,9	3,6	28,7	14,4	6,1
-15,0	5,0	28,2	34,7	23,6	55,2	11,8	9,1	37,0	14,9	5,8	33,3	17,6	8,6
-12,2	10,0	32,8	39,9	28,0	62,3	14,6	11,9	42,4	18,1	8,2	38,3	21,1	11,4
-9,4	15,0	37,7	45,6	32,8	70,0	17,5	15,0	48,2	21,6	10,9	43,7	24,9	14,4
-6,7	20,0	43,0	51,6	38,0	78,3	21,0	18,4	54,5	25,3	13,7	49,5	29,0	17,6
-3,9	25,0	48,8	58,2	43,6	87,3	24,7	22,1	61,2	29,3	16,9	55,8	33,4	21,2
-1,1	30,0	54,9	65,2	49,6	96,8	28,5	26,1	68,4	33,6	20,2	62,5	38,1	25,0
1,7	35,0	61,5	72,6	56,1	107,0	30,4	30,4	76,1	38,2	23,9	69,7	43,2	29,2
4,4	40,0	68,5	80,7	63,1	118,0	36,9	35,0	84,4	43,2	27,9	77,4	48,6	33,6
7,2	45,0	76,0	89,2	70,6	130,0	43,7	40,1	93,2	48,5	32,1	85,6	54,4	38,5
10,0	50,0	84,0	98,3	78,7	142,0	46,7	45,5	103,0	54,2	36,7	94,3	60,6	43,6
12,8	55,0	92,6	108,0	87,3	155,0	52,1	51,3	113,0	60,2	41,6	104,0	67,2	49,2
15,6	60,0	102,0	118,0	96,8	170,0	57,7	57,5	123,0	66,6	46,9	114,0	74,2	55,2
18,3	65,0	111,0	129,0	106,0	185,0	63,8	64,1	135,0	73,4	52,5	124,0	81,7	61,5
21,1	70,0	121,0	141,0	117,0	201,0	70,3	71,2	147,0	80,7	58,6	135,0	89,6	68,4
23,9	75,0	132,0	153,0	128,0	217,0	77,0	78,8	159,0	88,3	65,0	147,0	98,0	75,6
26,7	80,0	144,0	166,0	140,0	235,0	84,2	86,8	173,0	96,3	71,9	159,0	107,0	83,4
29,4	85,0	156,0	180,0	153,0	254,0	91,8	95,4	187,0	105,0	79,2	173,0	116,0	91,6
32,2	90,0	168,0	195,0	166,0	274,0	99,8	104,0	202,0	114,0	87,3	186,0	126,0	100,0
35,0	95,0	182,0	210,0	181,0	295,0	108,3	114,0	218,0	123,0	95,3	201,0	137,0	110,0
37,8	100,0	196,0	226,0	196,0	317,0	117,2	124,0	234,0	133,0	104,0	217,0	148,0	120,0
40,6	105,0	211,0	243,0	211,0	340,0	126,6	135,0	252,0	144,0	113,0	233,0	159,0	130,0

Nota: los valores en negrilla y cursiva están expresados en pulgadas columna de mercurio["Hg]; el resto está expresado en lbs/ pulgada² [psig].

www.ingramcontent.com/pod-product-compliance
Lightning Source LLC
Chambersburg PA
CBHW030757180526
45163CB00003B/1067